水道水質管理と水源保全

各国の制度と動向

国包章一 編著

技報堂出版

書籍のコピー，スキャン，デジタル化等による複製は，
著作権法上での例外を除き禁じられています。

はじめに

　水道の水質管理や水源保全に諸外国がどのように取り組んでいるのかは、非常に興味のあるところである。その実情について知ることは大変参考になる。しかし、いざとなると欲しい情報が日本語では容易に手に入らない。一念発起して自分で調べようとしても、面倒で言葉の壁もあり、行き当たりばったりになってしまって、なかなか十分な成果が得られない。そのため、世界の動きについ縁遠くなりがちである。国際化とか、情報化とか言われながら、これではいかにも情けない。本書は、このような思いから企画したものである。

　本書の主旨は、水道水の安全性を確保するための諸外国における制度や取り組みについて詳らかにすることにある。水道水の安全性を確保するためには、単に技術的なことだけでなく、制度や水道の運営のあり方などもそれに劣らず重要である。このような考え方に立って、本書では、技術的なことに多く触れながらも、それ以外のことに、あるいはそれを越えたところに意識して焦点を合わせるようにした。したがって、本書はいわゆる技術書では必ずしもない。本書は、水道分野はもとより、公共政策、水資源、環境保全、下水道など、水環境管理に関連する様々な分野の専門家のほか、行政担当者や実務担当者から教育者や研究者まで、広い範囲の方々に読んでいただきたいと考えている。

　本書では、世界各国の中から、アメリカ合衆国、イギリス（イングランドおよびウェールズ）、オーストラリア、オランダ、韓国、カナダ、ドイツおよびニュージーランドの7ヶ国を対象として選び、これに欧州連合（EU）を加えた。外国のことだけでは物足りないので、横並びで日本のことも取り上げた。もっとも、日本のことについては厚生労働省健康局水道課のホームページなど手近に豊富な情報があり、本書の紙幅に制約もあることから、最小限の記述にとどめさせていただいた。さらに、冒頭に総論としての位置づけで、水道の水質管理に関する世界的な動向などについてまとめて述べた。

国ごとに割り当てた各章では、概要、国としての基礎データ、水道の基本情報のほか、水道水質管理に関係する主な法令、水道水質基準などについて、共通して紹介するようにした。ただし、本文の解説の項目立てや記述方法については、細かく統一することを避けて、各国の実情や特徴に合わせて自由度を持たせるようにした。その結果、相互の比較しやすさや読みやすさといった点で、少し問題が残ったかも知れないが、これについてはご容赦いただきたい。また、固有名詞など外国語の翻訳に際しては、一般に広く使われている訳語を採用したが、決まった訳語がないものについては独自に和訳すると同時に、原語を併記するようにした。このほか、いくつかのトピックを取り上げて、Box 記事として紹介した。

　本書の執筆に際しては、インターネットを最大限に活用した。今日では、インターネットを通して、最新の様々な情報を容易に入手することができる。そして、読者の便宜を図るため、本書では、参考文献リストをまとめて収録した CD を巻末に添付した。大半の文献については、url をコピーペーストするだけで容易にアクセスできるので、大いに活用していただきたい。とは言え、即時性の高いインターネットには、そうであるがゆえにまた別の問題点もある。例えば、以前にあった情報が突然なくなっていたり、ページが組み替えられたりといったことである。著者一同、印刷直前まで url の確認に努めたが、上記のような事情により、時間の経過に伴って不都合が生じる恐れが高くなることには、いかんともしがたい。もっとも、そのような場合でも、ホームページの初期画面からのアクセスを試みたり、いくつかのキーワードで検索したりすれば、目当ての文献にたどり着ける可能性が高いので、簡単にあきらめないでいただきたい。

　本書の内容の多くは、平成 19 ～ 21 年度厚生労働科学研究費補助金による健康安全・危機管理対策総合研究事業「飲料水の水質リスク管理に関する統合的研究」（研究代表者：松井佳彦）の一環として、同水質管理分科会が取りまとめた成果に基づいている。この成果の一部については、すでに水道協会雑誌に数編の論文として発表している。本書の原稿は、これらを土台に作成した。このことについてご快諾いただいた公益社団法人日本水道協会に、この場を借りて感謝申し上げる。

　本書の企画から最終的な仕上げに至るまで、小林康彦氏には多くの貴重なご助言とご示唆をいただいた。ここに深甚の謝意を表す次第である。元々、本書は、当技報堂出版（株）から 1994 年に刊行された、同氏の編著による「水道の水源水質の保全」の改訂版とすることを考えていた。最終的には新たな別の書籍とさせていただいたが、読者諸氏にはこの姉妹編としてご活用いただければありがたい。

また、本書の執筆には、大学や水道事業体の第一線で活躍中の方々に、多忙の中時間を割いてご協力いただいた。活動を始めてから、かれこれ7年にもなる。ここにこのような形でその努力に報いることができて、大変良かったと思っている。

　末尾ながら、技報堂出版(株)には本書の出版をお引き受けいただき、また、同編集部小巻慎氏には、本書の編集作業に終始大変お骨折りいただいただけでなく、こちらからの無理なお願いも快く受け入れていただいた。ここに、心よりお礼申し上げる。

2014年4月

著者を代表して、そして編者として

国 包 章 一

名　　簿 (所属／太字は担当箇所)

編　者

国　包　章　一（元 静岡県立大学環境科学研究所）

著　者 (五十音順)

伊　藤　裕　之（神戸市水道局　**8章**）
沖　　　恒　二（横浜市水道局　**4章**）
国　包　章　一（前出　**序章／1章／9章**）
小　島　克　生（元 名古屋市上下水道局　**3章**）
滝　沢　　　智（東京大学大学院工学系研究科　**2章**）
寺　嶋　勝　彦（大阪市水道局　**5章／10章**）
保　坂　幸　尚（東京都水道局　**6章**）
山　田　俊　郎（岐阜大学工学部　**7章**）

執筆協力者 (五十音順)

伊佐治　知　明（元 名古屋市上下水道局　**3章**）
小　熊　久美子（東京大学大学院工学系研究科　**2章**）
小　田　琢　也（神戸市水道局　**8章**）
金　　　京　柱（メタウォーター株式会社　**7章**）
鄭　　　鏞　俊（Catholic University of Pusan　**7章**）

掲載図表リスト（末尾数字は掲載頁）

第1章　水道の水質管理に関する世界の動向と日本の現状
- 図-1.1　水安全計画策定の手順の概要／24
- 図-1.2　上水道・水道用水供給事業の水源の種類別取水量［平成23（2011）年度］／31
- 図-1.3　日本における水質基準、水質管理目標設定項目および要検討項目の概要／33
- 表-1.1　日本における水道の種類と箇所数／29
- 表-1.2　日本における水道施設の整備と給水サービスの現状／30
- 表-1.3　日本の水道水質管理に関係する主な法令／32
- 表-1.4　日本の水道水質基準／33-34
- 表-1.5　水質管理目標設定項目と目標値／34-35
- 表-1.6　要検討項目と目標値／35

第2章　欧州連合(EU)における水道の水質管理と水源保全
- 表-2.1　EUの歴史／47
- 表-2.2　EUの水道水質管理に関係する主な法令／50-51
- 表-2.3　飲料水指令が定める水質項目と基準／53-54
- 表-2.4　水枠組指令(WFD)の日程／63
- 表-2.5　水枠組指令(WFD)の目次と内容／65

第3章　アメリカ合衆国における水道の水質管理と水源保全
- 図-3.1　水質基準見直しのスキーム／86
- 図-3.2　水源保護計画の作成手順／95
- 図-3.3　TMDL(許容負荷量)プログラム／97
- 表-3.1　アメリカ合衆国の水道水質管理に関係する主な法令／78
- 表-3.2　アメリカ合衆国の安全飲料水法に基づく水質基準／79-85
- 表-3.3　カリフォルニア州の水質基準／87
- 表-3.4　大腸菌群の基準、検査、基準違反時の対応／89
- 表-3.5　保持すべき残留消毒剤の基準と測定頻度／91
- 表-3.6　消費者信頼レポートの水質データの実例(検出された項目のみ掲載)／93
- 表-3.7　第1リスクレベル(糞便性大腸菌群または大腸菌MCL超過)の周知方法および周知文の例／94
- 表-3.8　水源評価の作成方法／96

第4章　イギリス(イングランドおよびウェールズ)における水道の水質管理と水源保全
- 表-4.1　水事業会社(2012年現在)／105
- 表-4.2　イギリスの水道水質管理に関係する主な法令／107
- 表-4.3　イギリスの水道水質基準／107-109
- 表-4.4　各給水地方の水事業会社取水水源種別構成比／114

第5章　オーストラリアにおける水道の水質管理と水源保全
表-5.1 オーストラリアの水質ガイドライン値／124-127
表-5.2 オーストラリア(ニューサウスウェールズ州)の水道水質管理に関係する主な法令／130
表-5.3 微生物検査の試料数／132

第6章　オランダにおける水道の水質管理と水源保全
図-6.1 オランダの水道会社とその配水区域／140
図-6.2 24の水管理委員会の管轄区域／151
表-6.1 オランダの水道水質管理に関係する主な法令／142
表-6.2 健康に関係する微生物の項目／143
表-6.3 健康に関係する化学物質の項目／144
表-6.4 浄水処理の管理に関する指標項目／145
表-6.5 感覚的・外観上の指標項目／145
表-6.6 前兆的な汚染指標項目／146
表-6.7 管理上(監視)の測定項目／147
表-6.8 検査上(内部監査)の測定項目／147-148
表-6.9 管理上(監視)および検査上(内部監査)の測定頻度／148

第7章　韓国における水道の水質管理と水源保全
図-7.1 水源種別年間取水量／161
図-7.2 浄水処理方式別施設能力(万 m³/日)／161
図-7.3 韓国の水道および飲料水などの種類と関連法／168
表-7.1 水道法に示されている水の分類と水道の定義／159
表-7.2 韓国の水道の状況(2012年12月末現在)／160
表-7.3 韓国の水道水質管理に関係する主な法令／164-167
表-7.4 韓国における水道水質基準および浄水処理基準／170-171
表-7.5 韓国における水道水質監視項目／173
表-7.6 流域環境庁の管轄区域／180

第8章　カナダにおける水道の水質管理と水源保全－オンタリオ州を中心として－
図-8.1 カナダ・アメリカ合衆国国境間の水域／191
図-8.2 マルチバリアアプローチの概念／194
図-8.3 NGOのEcojusticeによる2011年の各州・準州の水道水質管理の評価／200
図-8.4 オンタリオ州における公営水道運営免許認可の流れ／205
図-8.5 CTC水源保護地域(CTC Drinking Water Source Protection Region)／214
表-8.1 カナダ飲料水水質ガイドライン(単位：mg/L)／196-197
表-8.2 給水人口と試料数／197
表-8.3 最大許容濃度が定められている放射性核種／198
表-8.4 NGOのEcojusticeによる各州・準州の水道水質管理の評価の推移／200-201
表-8.5 カナダ(オンタリオ州)における水道水質管理に関係する主な法令／202

表-8.6 オンタリオ州における水道システムの分類／204

第9章　ドイツにおける水道の水質管理と水源保全
表-9.1 ドイツの水道水質管理に関係する主な法令／224-225
表-9.2 ドイツの水道水質基準／227-228
表-9.3 ドイツの水源保護区域において規制されている行為の例／238
表-9.4 排水規則に基づく都市下水放流水の最低要件／239
表-9.5 排水賦課金法に基づく有害物質と有害単位／240

第10章　ニュージーランドにおける水道の水質管理と水源保全
表-10.1 水道事業者の分類／248
表-10.2 ニュージーランドの水道水質管理に関係する主な法令／249
表-10.3 ニュージーランドの水道水質基準／252-254
表-10.4 水質基準を満足していると判定できる超過(陽性)数の上限／254
表-10.5 原水中のオーシスト数と求められる log 除去率／255
表-10.6 大腸菌の検査頻度／257

目　次

序　章　1

第1章 水道の水質管理に関する世界の動向と日本の現状　7

1.1 水と衛生に関する世界の現状と課題　8
1.1.1 水と環境衛生／8
1.1.2 水供給と衛生処理／10
1.1.3 ヒ素，フッ素および硝酸態窒素による地下水の汚染／12
1.1.4 その他の課題／14

1.2 水道水質管理に関するWHOを中心とした世界の動向　19
1.2.1 WHOなどの動向／19
1.2.2 水安全計画／23
1.2.3 水道水の安全性と消毒および煮沸勧告／25
1.2.4 再生水の利用とその安全性／26

1.3 日本における水道の水質管理と水源保全／28
1.3.1 水道の概要／28
1.3.2 水道水質管理の制度と動向／32
1.3.3 水道水源の水質保全／40

第2章 欧州連合(EU)における水道の水質管理と水源保全　45

2.1 成り立ちと行政の仕組み　46
2.1.1 EUの歴史／46
2.1.2 EUの組織と法制度／48

2.2 水質管理の制度と動向　51
2.2.1 水質管理に関する制度／51
2.2.2 EUの水に関連する情報源／60

2.3 水枠組指令(WFD)　61
2.3.1 WFD導入の背景および目的と日程／61
2.3.2 WFDの内容／64
2.3.3 WFDの最近の動向／70

目次

第3章 アメリカ合衆国における水道の水質管理と水源保全　75

3.1 水道の概要　76
3.1.1 水道の歴史的経緯／76
3.1.2 水道の現状／77

3.2 水道水質管理の制度と動向　77
3.2.1 水道水質に関する基準／77
3.2.2 資機材、水道用薬品などに関する規制／87
3.2.3 消毒および微生物除去に関する規制／88
3.2.4 水道水質のサーベイランス／91
3.2.5 水質検査結果の公表／91

3.3 水源保全のための施策と取り組み　94
3.3.1 水源の評価と保護／94
3.3.2 流域の水質保全に関する経済的インセンティブ／96
3.3.3 流域管理／97

第4章 イギリス(イングランドおよびウェールズ)における水道の水質管理と水源保全　103

4.1 水道の概要　104

4.2 水道水質管理の制度と動向　106
4.2.1 水道水質基準／106
4.2.2 資機材および薬品と給水装置／109
4.2.3 消毒と残留塩素の保持／110
4.2.4 水安全計画の策定／110
4.2.5 水道水質のサーベイランス／110
4.2.6 水質検査結果の公表内容／111
4.2.7 水質基準不適合時の対応／111

4.3 水源保全のための施策と取り組み　112
4.3.1 水域の水質評価と管理／112
4.3.2 水道水源の保護と集水域内の立地・土地利用規制／113
4.3.3 地下水管理／114
4.3.4 富栄養化・硝酸塩対策／115
4.3.5 流域の水質保全に関する経済的インセンティブ／116

第5章 オーストラリアにおける水道の水質管理と水源保全　121

5.1 水道の概要　122
5.1.1 連邦政府の役割／122

　　　　5.1.2 州政府の役割／123
　　5.2 水道水質管理の制度と動向　123
　　　　5.2.1 オーストラリア飲料水ガイドライン／123
　　　　5.2.2 各州における水道水質基準／129
　　　　5.2.3 ニューサウスウェールズ州における水道事業の枠組み／129
　　　　5.2.4 ニューサウスウェールズ州における水道水質管理の枠組み／131
　　5.3 ニューサウスウェールズ州における水道水源の水質保全のための施策と取り組み　135

第6章 オランダにおける水道の水質管理と水源保全　139

　　6.1 水道の概要　140
　　6.2 水道水質管理の制度と動向　141
　　　　6.2.1 水道水質管理に関する主な法令／141
　　　　6.2.2 水道水質基準と水質管理体制／142
　　　　6.2.3 塩素に依存しない浄水処理とQMRA手法の制度化／148
　　6.3 水源保全のための施策と取り組み　150
　　　　6.3.1 表流水の水源管理／150
　　　　6.3.2 地下水の水源管理／152

第7章 韓国における水道の水質管理と水源保全　157

　　7.1 水道の概要　158
　　　　7.1.1 水道の成り立ちと水道の種類／158
　　　　7.1.2 水道の現状／160
　　7.2 水道水質管理の制度と動向　162
　　　　7.2.1 水道に関する法制度と管轄／162
　　　　7.2.2 水道水質基準および浄水処理基準／169
　　　　7.2.3 水質検査および情報公開／174
　　　　7.2.4 水道施設および資機材などの基準／175
　　　　7.2.5 浄水施設運営管理士の配置／176
　　　　7.2.6 水道事業運営管理の実態評価制度／176
　　　　7.2.7 危機管理／177
　　　　7.2.8 給配水施設の管理／177
　　7.3 水源保全のための施策と取り組み　178
　　　　7.3.1 四大河川水管理総合対策／178
　　　　7.3.2 水道水源保護のための土地利用規制／183

第8章 カナダにおける水道の水質管理と水源保全
―オンタリオ州を中心として― 189

- 8.1 連邦政府と州政府、自治体の役割分担　190
  - 8.1.1 水に関する法制度／190
  - 8.1.2 連邦における水源水質管理／191
- 8.2 カナダにおける水道の概要と水道行政　192
  - 8.2.1 水道の概要／192
  - 8.2.2 水道行政／192
  - 8.2.3 カナダ飲料水水質ガイドライン／195
  - 8.2.4 塩素消毒に関するガイドライン／198
  - 8.2.5 資機材および水道用薬品に関する規制／199
  - 8.2.6 州、準州ごとの水道水質管理の状況／199
- 8.3 オンタリオ州の水道水質管理と水源保全　201
  - 8.3.1 水道に関する州法の概要／201
  - 8.3.2 水道システムの区分と管理／203
  - 8.3.3 水道検査機関／206
  - 8.3.4 水質監視方法と水質基準／206
  - 8.3.5 水道水の消毒方法／208
  - 8.3.6 水質基準超過時の対応／209
  - 8.3.7 水道システムの維持管理／211
  - 8.3.8 監査制度／212
  - 8.3.9 水源水質保護の概略／213

第9章 ドイツにおける水道の水質管理と水源保全　219

- 9.1 水道の概要と規制　220
  - 9.1.1 水道の概要／220
  - 9.1.2 水道の規制／223
- 9.2 水道水質管理の制度と動向　225
  - 9.2.1 制度の概要と水質基準／226
  - 9.2.2 浄水処理と消毒／230
  - 9.2.3 水道用資機材および給水装置／231
  - 9.2.4 水道水質基準超過時などにおける対応／232
  - 9.2.5 水道水質のサーベイランス／233
  - 9.2.6 レジオネラの検査／235
- 9.3 水源保全のための施策と取り組み　236
  - 9.3.1 水源保護区域の設定／236

　　　　　　　　　　目　次

9.3.2 排水規制と排水賦課金制度／238
9.3.3 その他の規制など／240

第 10 章 ニュージーランドにおける水道の水質管理と水源保全　245

10.1 水道の概要　246
 10.1.1 水道建設の経緯／246
 10.1.2 水道の監督／246
 10.1.3 水道の制度／247
 10.1.4 水道に関する法律および制度の概要／248

10.2 水道水質管理の制度と動向　251
 10.2.1 水道水の水質基準／251
 10.2.2 水道の消毒に関する規制／256
 10.2.3 水安全計画／259
 10.2.4 サーベイランスと情報の公開／260

10.3 水源保全のための施策と取り組み　260
 10.3.1 導入の経緯／260
 10.3.2 制度の概要／261
 10.3.3 広域的な自治体の役割／261

索　引　263

Box 1　埼玉県越生町クリプトスポリジウム集団下痢症／16
Box 2　Lowermoor 水質汚染事故 (Lowermoor water pollution incident)／17
Box 3　リーチ規則（欧州化学品規制）／67
Box 4　プライスキャップ制／105
Box 5　ノースバトルフォードのクリプトスポリジウム水系感染／194
Box 6　ウォーカートンの悲劇／202
Box 7　Mills-Reincke の現象／221

序　章

　水道水をより安全で良質なものとするためには、どのようにすれば良いであろうか。この問いに答えることは容易ではないし、また、一通りの答で済ませるわけにもいかない。あえて一言で答えるとすれば、おそらくそれは、それぞれの状況に見合った適切で有効な方策を講じること、ということにでもなるであろう。その方策は、技術的なことだけにとどまるものではない。また、水道事業者だけに任せれば良いというようなものでもない。水道に関連するあらゆる主体による多様で多面的なアプローチが必要かつ有効であろう。広く世界を眺めてみると、水道の施設や水道事業の管理・運営は、国や地域によって実に様々である。水道は、それぞれの自然的・社会的・経済的・文化的・歴史的条件に合わせて発展してきている。水道施設は、地域の歴史の中で育まれてきた有形の資産である。また、水道の規制・制度や水道事業の管理・運営に係る手法は無形の資産である。とりわけ後者には、国や地域の実情に即した有用な知恵と経験が凝縮されている。実際に、水道水の水質をより良くするための努力は、世界各国や各地域において様々な形で行われている。そして、その多くは期待された効果を上げている。それゆえ、各国の事情について情報を共有し、これを通してお互いに学んだり自らを高めたりすることは、大いに意義があると考えられる。これまで、世界各国における水道の規制・制度や水道事業の管理・運営に関わることについて、日本では折に触れて断片的に紹介されるだけで、まとまった情報に乏しい。そこで、本書では、以上のような認識のもとに、水道の水質管理制度や水源保全施策のあり方などについて考える際の基礎資料とするため、その世界的な最新動向を調査した結果について解説する。水道の規制・制度や水道事業の管理・運営手法は、たとえそれが優れたものであったとしても、それをそのまま別のところに移し替えて成功するとは限らない。しかし、水道の水質管理の問題について、少なくともそれぞれの国や地域がどのように取り組んでいるかを知ることは、今後の日本におけるあり方を考えるうえで有用であろう。

　水道は、水供給を担うライフラインとしての重要な社会基盤施設である。健康で

快適な生活を営むためには、必要かつ十分な量の安全で良質な水が必要である。これらの条件を常に満たすことは必ずしも容易ではない。われわれが水道水として利用する水は、降雨によってもたらされる河川水や地下水である。そのため、自然的・人為的要因による汚染の影響を受けることがどうしても避けられない。このような中で常に満足な水道水の水質を維持するためには、冒頭でも述べたように、それぞれの状況に応じた有効な方策が必要となる。この方策には、単に水を処理してきれいにすることだけでなく、集水域での水の汚染を防ぐことや、水道水が供給される過程での水の汚染を防ぐことなどが含まれる。また、これらのことを必要に応じて適切に行うためには、科学的な面からの調査研究や技術開発と併せて、水道の水質管理や水源保全に関する規制・制度の整備や施策の実施、水道事業者による円滑な事業の管理・運営、さらには、地域の自治体、その他水道利用者を含めた多様な利害関係者による自主的な取り組みの積極的な推進などが重要である。

このように、水道水の水質の現状と問題点、さらには解決すべき課題などについて考える際には、科学的・技術的な視点と、水道の規制・制度や水道事業の管理・運営といったどちらかと言えば社会的・経済的な視点のいずれもが欠かせない。以下、これらのそれぞれについて基本的な考え方を述べる。

まず、科学的・技術的な面についてである。水道水をより安全で良質なものにするうえで、科学技術の果たす役割は大きい。近年、水中の汚染物質の分析、水の安全性評価、浄水処理などに関する科学技術の進歩には目覚ましいものがある。しかしその一方で、水道水の水質がその分だけ以前に比べてより安全なものになったかと言えば、必ずしもそうとは言い切れない。なぜなら、都市化や工業化の進展に伴って水道を取り巻く環境条件がますます厳しいものになってきているからである。例えば、以前であれば山間の清流からの水だけで十分に足りていたが、今日では水量を確保するために、河川の中流域や下流域から取水しているような所が多くある。このような場合、原水は汚染の影響をより受けやすくなっている。今日、多種多様な新たな化学物質が次々と開発されて、日常的に使用されるようになってきている。農薬や界面活性剤はその最も代表的なものである。国による化学物質の規制が行われているが、多くの化学物質は環境中に放出され、その一部は水道の取水口にも到達している。合成化学物質だけでなく、自然由来の有機物や重金属などによる汚染も認められる。これらの化学物質の中には、健康影響が懸念されるものもある。このほか、水道水の安全性の面で問題となるものには、人や家畜から排泄される病原微生物、原子力発電所から放出される放射性物質などがある。1996年6月の埼玉

県越生町における水道水のクリプトスポリジウム汚染に起因する大規模な集団下痢症の発生[1]や、2011 年 3 月の東日本大震災と大津波による福島第一原子力発電所から大量の放射性物質の放出と、それに伴う東北・関東各地での水道原水の放射性物質による汚染などが、それぞれの代表的な例として挙げられる。これらはいずれも、事故と呼ぶべき顕著で深刻な被害もしくは影響をもたらした事例である。しかし、水道原水の汚染は必ずしも事故があった時に限ってのことではない。上流域や周辺に汚染源があれば、むしろ普段から、たとえわずかであれ汚染の影響を受けている、あるいは、明確に受けていなくてもそのおそれがあると考えるべきである。

　それでは、このような汚染のリスクに対処するための浄水処理についてはどうであろうか。このことについてここで深く立ち入ることは差し控えるが、今日一般に水道で行われている浄水処理、その中でも特に近年多くの浄水場において採用されるようになった活性炭やオゾンなどによるいわゆる高度浄水処理は、確かに水道水をより安全で良質なものにすることに寄与している。しかしながら、そのような効果のうちかなりの部分は、原水汚染の問題が以前に比べてより多様で複雑になったことにより帳消しになってしまっているように思われる。ここで言いたいのは、以前に比べて水道水の水質が良くなったかどうかということではない。そうではなくて、水道水の化学物質、微生物、放射性物質などによる汚染を防ぐために、浄水処理だけを頼りにするわけにはいかないということである。河川などから 24 時間連続的に水を取り入れている水道では、他の一般の加工業、例えば食品加工業などのように、そのつど品質を吟味したうえで原材料を受け入れるということはとうてい不可能である。そして、このことに加えて、たとえわれわれが現に持っている技術を駆使したとしても、原水中に含まれる汚染物質を浄水処理によって制御することには限界がある。もちろん、特定の汚染物質については、あるいは特定の条件のもとでは、ある程度までの制御が可能である。しかし、それは全体から見ればあくまでも一部のことである。浄水処理による汚染リスクの制御または回避について、われわれは十分に謙虚でなければならない。

　水道では、突発的な原水水質汚染事故のおそれについても配慮しておく必要がある。特に河川や湖沼・貯水池などの表流水を水源としている場合には、地下水や湧水を水源としている場合に比べてそのおそれが高い。汚染事故の定義にもよるが、原水水質に関するトラブルはあちこちの水道で頻繁に起きている。重大な事故が起きた時には、取水停止や給水停止を迫られることもある。もとより、水道では、原水水質汚染事故に備えて日頃から十分に予防的措置を講じておかなければならない。

また、たとえ汚染事故が起きたとしても、それに対処し得るよう準備しておくことが重要である。それでも、取水停止しなければならないような事態が時として生じることは、開放された自然の水環境から取水する限り止むを得ない。いずれにせよ、このような突発的な原水水質汚染事故が起きた場合、浄水処理によって対処することには明らかに限界がある。

　ここで、水道水の安全性の考え方について整理しておきたい。日本では、マスコミなどで安全神話という言葉がよく使われる。しかし、絶対に安全であるというようなことは、多くの場合あてはまらない。こと水道水の安全性に関しても、安全か安全でないかといったような、二者択一的な捉え方で判断することは不適切である。今日、水道水の安全性に関する科学的な議論では、リスクの概念がごく当たり前のこととして取り入れられている。すでに述べたように、水道水の汚染が避けられないことは事実である。しかも、水道水の安全性に関して、われわれが持っている知識や情報はまだ非常に限られている。そのため、水道水がわれわれの健康に対して現実にどの程度のリスクがあるのかを、正確に評価することはいまだ困難である。以上のようなことから、誤解をおそれずに述べれば、水道水は絶対に安全であるとは言い切れない。ごくわずかではあるが健康リスクがあるかも知れないというのが、水道水の安全性についての正しい理解である。そして、このことを十分に認識したうえで、妥当かつ実現可能な範囲で健康リスクをどれだけゼロに近づけることができるか、また、そのためには何をどのようにすれば良いかについて、科学的な検討を積み重ねることが重要である。

　次に、社会的・経済的な面についてである。水道は公益性の非常に高い事業である。水は、命の水 "Water for Life[2]" とも呼ばれるほど、われわれの生存に一日も欠かせないきわめて重要な資源である。それにもかかわらず、一般に水道は独立採算の事業として運営されている。これはあくまでも原則であって、日本の場合を見てもわかるように、国からの補助や一般会計からの一部繰り入れなどが行われているケースもある。国ごとに事情はまちまちであるが、水道事業には公営と民営の2種類の形態がある。しかし、公営、民営のいずれであれ、料金収入による独立採算が原則というのが、世界的に見ても標準的な水道事業運営のあり方である。したがって、水道事業が料金収入による独立採算で運営されている限り、浄水処理に用いる技術は、料金収入に見合った合理的で妥当なものでなければならない。より多くのコストを掛ければ、より安全で良質な水が得られると期待される技術があったとしても、それが財政の健全性を損なうようなものであってはならない。しかも水道料

金については、一般にその公益性を考慮して厳しい制限や条件が設けられている。例えばイギリスでは、いわゆるプライスキャップ制のもとで国による上限が定められている[3]。日本では、事業主体である地方自治体の議会で条例によって決められている。また、これに関連して水道の料金体系のことについても一言触れておきたい。水道料金の設定に際しては、いわゆる逓増制が採用されることが多い。使用量が多いほど単価が割高になるような料金体系である。逆に言えば、使用量が少なければ単価は低く抑えられる。水道料金制度についての議論では、社会的弱者の救済を給付によって行うべきか、それとも、水道料金設定などの中で考えるべきかといったことが、話題としてよく取り上げられる。逓増制の料金体系は、このようなことについてある程度配慮した結果でもある。

　さらにここでもう一つ、小規模水道のことについて書き加えておきたい。水道では、少なくとも数の上では、国を問わず小規模のものが非常に多い。そして、小規模の水道は、組織としてあらゆる面において概して脆弱である。水質管理もその例外ではない。そもそも小規模水道に多くを期待すること自体に無理がある、と考えるべきであろう。しかしながら、過去の経験から見ても、水系感染症の集団発生など、水質管理上の問題の多くは小規模水道で起きている。そのため、小規模水道における水質管理の向上は、世界的にも共通の課題となっている。小規模水道については、これまで以上に行政の手厚い支援が期待されるところであり、また、自らも、例えば第1章で述べる水安全計画などの活用を通して、現状の改善を図るべく努力することが必要であろう。

　以上述べたことを整理すると、次のようになるであろう。すなわち、水道は、その水質の面における汚染リスクを本来的に不可避なものとして内包しているが、それに伴う健康リスクについてわれわれが今知っていることや、それを制御するためにわれわれが現実に利用できる技術は限られている。そのような中でこれらのリスクをより適切に管理することは、水道に課せられた重要な課題である。そして、この課題に真剣に取り組むためには、日本の水道の現状を冷静に見詰め直すとともに、諸外国における様々な経験や取り組みについて広く知ることが求められる。このような考えのもとに、本書では、水道の水質管理や水源保全の世界的な動向について取りまとめている。

　最後に、本書の構成について簡単に紹介しておく。第1章はいわば総論であり、水と衛生に関する世界の現状、水道の水質管理についてのWHOを中心とした世界的な動向などについて記した。また、諸外国と対比するために、日本の水道水質管

理の現状についてもここで取りまとめた。第2章では、欧州連合（EU）の水道水質管理について記した。本書ではEUに加盟するいくつかの国を対象として取り上げている。これらの国についてより深く理解するためには、EUの動向について知る必要がある。そのため、EUの動きについて取りまとめた。そして、**第3章から第10章**で、それぞれアメリカ合衆国、イギリス（イングランドおよびウェールズ）、オーストラリア、オランダ、韓国、カナダ、ドイツおよびニュージーランドの8ヶ国について記した。その構成は、水道の概要、水質管理の制度と動向、水源保全のための施策と取り組み、その他特筆すべき点などである。

参考文献

1) 埼玉県衛生部：「クリプトスポリジウムによる集団下痢症」－越生町集団下痢症発生事件－報告書、平成9年3月、国立保健医療科学院健康危機管理支援ライブラリー、
http://h-crisis.niph.go.jp/node/29238 （2013年8月10日）
2) United Nations：International Decade for Action 'Water for Life' 2005-2015,
https://www.un.org/waterforlifedecade/ （2013年6月28日）
3) Ofwat：Price Review,
http://www.ofwat.gov.uk/pricereview/ （2013年8月20日）

第1章
水道の水質管理に関する
世界の動向と日本の現状

　水道は、日常生活や都市活動に必要な水を供給するための重要な社会基盤施設である。本章では、本書で選んだいくつかの国々における水道水質管理の現状について述べる前に、世界の水道もしくは水供給、水と衛生などについての全般的な状況、WHO を中心とした水道水質管理に関する世界的な動向、さらには日本における水道水質管理の現状などについてまとめて述べることにする。このあと各章で個別に詳しく取り上げて紹介する国々は、すべて先進国である。しかし、水道水の水質、もっと広く言えば、飲料水の水質に関してより重大な問題を抱えているのは、先進国よりもむしろ開発途上国である。開発途上国では、先進国でどちらかと言えば潜在的に認められるようなことが現実の健康被害となるなど、一般により顕著な形で現れている。そのような意味で、本章に限っては、開発途上国の飲料水の水質に関連する諸問題についてもできるだけ言及したい。

　なおここで、あらかじめ用語の定義と使い方について確認しておく。日本の水道法によれば、水道とは「導管及びその他の工作物により、水を人の飲用に適する水として供給する施設の総体」であり、一般にも水道はそのようなものとして理解されている。そして、今では日本中どこでも蛇口(給水栓)をひねれば、いつでも安心して飲める水が十分に得られることが当たり前になっている。しかし世界を見渡すと、このようなレベルにまで水道が発達している国はまだ限られている。そもそも水道の概念が、対応する英語として一般に使われる water supply(水供給)や drinking water supply(飲料水供給)の概念とは明らかに異なっている。これらの英語によって表される概念は、日本語の水道の概念よりはずっと広い範囲をカバーしている。そのため、本章では、開発途上国も視野に入れた世界的な状況について取り上げるにあたり、上記のような意味で、水道ではなく water supply(水供給)としての観点に立って議論を進めるようにしたい。またもう一つ、以下でたびたび用いている水と衛生という言葉についても、併せて一言説明しておきたい。この水と衛

生という表現は、もともとは英語の water and sanitation の翻訳から来ていて、その意味は水供給および衛生処理である。この場合の衛生処理とは、人の排泄物の処理のことである。以下では、このような意味で水と衛生という言葉を用いている。

1.1 水と衛生に関する世界の現状と課題

1.1.1 水と環境衛生

水と衛生は、人の健康に関わる最も基本的な問題である。その重要性については改めてここで議論するまでもないことであるが、現実には今なお地球上の多くの人たちは、水と衛生の面で決して満足とは言えない状況のもとで暮らしている。世界保健機関(World Health Organization：WHO)[1]では、水系感染症の防止が世界の健康面における課題であるとして、次のような現状を指摘している。

- 安全な飲料水の欠如：およそ10億人が、改良された水供給へのアクセスを欠いている。
- 下痢症：毎年200万人の人たちが、安全でない水、衛生処理および衛生状態のために死亡している。
- コレラ：今なお50ヶ国以上の国々から、WHOにコレラの報告がある。
- がんと歯および骨格の損傷：数百万人の人たちが、自然起因による安全でないレベルのヒ素およびフッ素による曝露を受けている。
- ジストマ症：推定200万人の人たちが感染している。
- 緊急課題：増大する排水の農業利用は、生計を立てるうえで重要であるが、深刻な公衆衛生リスクともなる。

世界の国や地域の中には、もともと水に乏しい所も多い。また、水が豊かな所であっても、病原微生物や有害化学物質で汚染された水しか入手できない所もある。このような所で生活する人たちが、衛生的で安全な水が毎日容易に得られるようにすることは、この上なく重要なことである。

水と衛生の問題は、貧困の問題と深く関わっている。Poverty-Environment Partnership による報告書"Joint Agency Paper[2]"では、水供給を含めて環境衛生に関する問題が貧困と深い関わりがあること、開発途上国においては例外なく環境衛生の改善が急務となっていること、環境衛生が劣悪な場合、最も大きな影響を受けるのは貧困層であることなどを指摘している。さらにこの報告書では、貧困の撲滅に

環境衛生の改善がなぜ重要であるかを整理している。その中で次のようなことを指摘している。
- 全疾病負荷のうちで環境因子によるものが大きな割合を占めていること
- 病気および死亡の二大危険因子は、清浄な水および公衆衛生へのアクセスの不足と、室内空気汚染であること
- 劣悪な衛生状態は、主に貧しい家庭の子供や女性など、弱者層の健康に重大な影響を及ぼしていること
- 栄養失調は、食糧摂取量の不足のみならず、むしろ劣悪な衛生状態や感染の反復によること
- 栄養不足による直接および間接の関係を考慮すると、疾病負荷全体のうちほぼ7％が、不十分な水供給、公衆衛生および衛生状態に起因するとされていること
- 貧困層の人々は環境条件の劣悪な地域に住んでおり、環境疾病に対してより脆弱でそのリスクにさらされる機会も多いので、環境衛生への介入によって健康リスクの低減が期待されること

そして、これらを踏まえて、水供給の改善が環境衛生の改善、ひいては健康リスクの低減に大きく寄与することは、過去の多くの経験と実績が示すとおりであるとして、環境衛生の改善にどう取り組むべきかについて議論を展開している。水へのアクセスに恵まれない人が水を買う価格の方が、水道のある家に住む人の水道料金よりもはるかに高いことを例に挙げて、水へのアクセスの改善が実質的な所得の向上や生活保障の強化につながることなども指摘している。

なお、この報告書は、環境衛生の改善によって貧困層の生活の質の向上を図るための実用的な指針を提供することを目的として、国連ミレニアム開発目標(Millennium Development Goals：MDGs)の達成を期して、国際機関、主要国の国際援助機関および NGO の全 18 機関が協働で 2008 年に作成したものである。この中には、アジア開発銀行(Asian Development Bank：ADB)、国連開発計画(United Nations Development Programme：UNDP)、国連環境計画(United Nations Environment Programme：UNEP)、世界銀行(World Bank：WB)、WHO などが含まれている。

1.1.2 水供給と衛生処理

　水と衛生に関して世界的なレベルで大きく取り上げられるようになったのは、1970年代頃からと言ってよいであろう。人が衛生的で健康な生活を営むためには、水供給と衛生処理の向上が不可欠である。1977年にアルゼンチンのマルデルプラタで開かれた国連世界水会議において、1981-1990年を国際飲料水供給と衛生処理の10年 "International Drinking Water Supply and Sanitation Decade" とすることが決定された。これを受けて、多くの開発途上国では国際機関や援助国の支援により、水道の整備など水供給の改善が進められた。さらに2000年の国連ミレニアム宣言に基づいて、上記のミレニアム開発目標が策定された。この中でも、後で述べるように水供給と衛生処理の普及が大きく取り上げられている。そして、2004年の国連総会においては、2005-2015年を命の水 "Water for Life" 国際活動年とすることが宣言された。

　ミレニアム開発目標では、2015年を目標年次として、次の8つの目標を掲げられている[3]。

① 極度の貧困と飢餓の撲滅
② 初等教育の完全普及の達成
③ ジェンダー平等推進と女性の地位向上
④ 乳幼児死亡率の削減
⑤ 妊産婦の健康の改善
⑥ HIV/エイズ、マラリア、その他の疾病の蔓延の防止
⑦ 環境の持続可能性確保
⑧ 開発のためのグローバルなパートナーシップの推進

このうち⑦環境の持続可能性確保の目標において、安全な飲料水の供給と基本的な衛生処理への持続可能なアクセスがない人の割合を半減させるとしている。これは、各々についての1990年の全人口に対する割合をベースとして、2015年の全人口に対する割合を半減させるという意味である。このほか、④乳幼児死亡率の削減も水と衛生に関わりが深いものであり、5歳未満児死亡率を1/3以下に削減することを目標としている。5歳未満児の主な死亡原因は、新生児死亡を除けば、下痢症、肺炎、マラリアなどが大きな割合を占めている[4]ので、水と衛生の改善を通してその死亡率の削減が期待される。

　ミレニアム開発目標の目標年次2015年を間近に控えて、国連では上記の全目標

についての進捗状況を報告書として毎年取りまとめている。最新のものは、2010年までの状況を取りまとめた2012年版[5]である。また、特に水と衛生に関しては、WHOと国連児童基金(United Nations Children's Fund：UNICEF)が、水供給・衛生処理共同監視計画(Joint-Monitoring Programme for Water Supply and Sanitation：JMP)を実施して、世界的な水供給と衛生処理の普及状況を監視し、その進捗状況について逐次詳しく報告している。最新のものは、2011年までについて取りまとめた2013年度版[6]である。そこで、これらのうち後者に基づき、水供給と衛生処理についての目標達成の見通しを紹介する。

まず水供給に関して、世界全体ではすでにその達成が確実となっている。2011年末現在、全世界で改良された飲料水源(improved drinking-water sources)へのアクセスがある人たちの割合は89％に達しており、55％の人たちは管路による各戸給水の恩恵を受けている。しかし、地域によっては未達成の所もあり、全世界でまだ7億6,800万人もの人たちが、未改良の飲料水源(unimproved drinking-water sources)に依存している。これらの地域では、いまだ多くの女性や子供が毎日水汲みの重労働を強いられている。また衛生処理に関して、世界全体ではその目標を達成できないことがすでに確定的である。全世界で基本的な衛生処理へのアクセスがない人の割合は、1990年の49％から2011年には36％に減少したものの、依然として25億人もの人たちが改良された衛生処理(improved sanitation)へのアクセスを欠いており、そのうち10億人(全人口15％)の人たちは野外で排泄している。衛生処理は必ずしも本書の主題ではないが、水源や給配水過程での水の汚染に係るきわめて重要な要因であり、水供給と切り離して考えることはできない。それだけに、今後も引き続いて衛生処理の普及が水供給と併せて重要な課題である。さらに、5歳未満児死亡率の削減については、世界全体で1990年の2/3に到達しているが、目標達成にはまだほど遠いというのが現状である。

なお参考までに、水供給の形態についてJMP[6]では次のように分類しており、このうち管路による各戸給水とその他の改良された飲料水源を合わせたものが改良された飲料水源、その他が未改良の飲料水源ということになる。

・管路による各戸給水
・その他の改良された飲料水源：公共水栓、管井戸、保護された掘り抜き井戸、保護された湧水、雨水
・未改良の飲料水源：保護されていない掘り抜き井戸、保護されていない湧水、小さなタンクやドラムを積んだカート、表流水、ボトル水

またアクセスについては、水源までの距離が1km以内、往復に要する時間が30分以内で、1人1日当たり少なくとも20Lの水が得られることを条件としている[6]。われわれ日本人の通常の感覚からすると、やや過酷とも言えるような条件の場合まで含めて、安全な水供給へのアクセスがあると見なされている。しかしそれにもかかわらず、依然としてこの条件を満たさない、毎日水に大変不自由な思いをしている人たちが、開発途上国ではまだ非常に多く残されている。このような点に関して、前出の2012年版国連報告書[5]では、「ミレニアム開発目標の指標では安全性、信頼性および持続性が反映されていないため、結果が過大評価になっているおそれがある。今後これらについての監視を促すとともに、ミレニアム開発目標を超えてあまねく水供給が行われるよう、さらに努力を続ける必要がある」と指摘している。

1.1.3 ヒ素、フッ素および硝酸態窒素による地下水の汚染

これまで見てきたように、水と衛生の観点から特に開発途上国における水系感染症の防止はきわめて重要である。しかしそれだけでなく、開発途上国などいくつかの国や地域では、化学物質が深刻な健康被害を及ぼしている。このような観点から最も重視すべき化学物質は、ヒ素とフッ素である[7,8]。これらはいずれも、地下水中に高い濃度で含まれていることがあり、一般に主として自然的要因に由来するものである。このほか、近年では顕著な健康被害事例はほとんど認められていないが、以前からよく知られている地下水の代表的な汚染物質として硝酸態窒素がある。硝酸態窒素は、一般に主として農業活動に由来するものであり、今日においても世界の多くの国や地域でこれによる汚染が問題となっている。以下では、これらのそれぞれについて少し詳しく述べる。

地下水のヒ素汚染については、Thompsonら[7]、山村[8]、WHO飲料水水質ガイドライン[9]および世界銀行報告書[10]などに関連の情報が記載されているので、主としてこれらを参考にして述べる。地下水中のヒ素の多くは鉱物から溶出したもので、無機態のヒ酸塩または亜ヒ酸塩の形態で存在している。地下水へのヒ素の溶出は様々な要因に支配されるが、特に還元状態下で溶出しやすいと考えられている。今日、飲料水として用いられている地下水のヒ素汚染が大きな問題となっている国は、バングラデシュ、インド、中国、ネパール、ベトナム、カンボジアなどである。WHOでは、1993年の第2版飲料水水質ガイドラインで発がん性を考慮して、それまでのヒ素のガイドライン値0.05 mg/Lを0.01 mg/Lに変更した。現在、日本の水

道水質基準にも、これと同じ値が採用されている。飲料水中のヒ素による健康影響については以前から知られていたが、このガイドライン値の変更が、飲料水中のヒ素が世界的に広く注目されるようになった一つの重要なきっかけとなった。その後、インド、バングラデシュ、ネパールなどで、相次いで多くの慢性ヒ素中毒患者が確認されるようになった。ヒ素は、発がん物質であることが確認されている。慢性ヒ素中毒の症状は、色素過剰症および低色素症、末梢神経疾患、皮膚がん、膀胱がんおよび肺がん、ならびに末梢血管疾患などの皮膚の病変である。地下水中のヒ素の濃度は、よほど高い場合には 1 mg/L 前後にまで達することがある。ヒ素汚染地域の住民は、汚染された井戸水を通してヒ素を摂取しているだけでなく、汚染された米などの農作物を通してもヒ素を摂取している。そのため、このような地域におけるヒ素汚染問題を根本的に解決することは決して容易ではない。しかし、ヒ素汚染のない飲料水を供給することによってヒ素摂取量の軽減を図ることは、慢性ヒ素中毒を防ぐための対策として不可欠である。このような観点から、ヒ素汚染問題を抱えている地域では、政府はもとより、国際機関や日本を含む各国の援助機関、NGO など様々な主体による代替水源確保などの取り組みが行われている。なお参考までに、日本では一部の地域において水道水質基準を少し上回る程度のヒ素汚染が地下水で認められているが、飲料水に関する限り、特別な場合を除いて健康被害が問題となるような事例は認められていない。

地下水のフッ素汚染については、山村[8]、WHO 飲料水水質ガイドライン[9]およびFawell ら[11]に関連の情報が記載されているので、主としてこれらを参考にして述べる。地下水中に存在するフッ素は、通常であればその濃度は低いが、地域によっては地質の影響で 10 mg/L 前後かそれ以上の高い濃度で存在する場合がある。ちなみに、日本の水道水質基準は 0.8 mg/L、WHO のガイドライン値は 1.5 mg/L である。飲料水のフッ素汚染による健康被害は、インド、中国、中央アフリカ、南アメリカなどで認められている。慢性フッ素中毒の症状は、歯や骨のフッ素症である。歯のフッ素症は斑状歯としてよく知られている。また、骨のフッ素症の場合には、骨格組織の損傷を引き起こす。そのため、ヒ素汚染の場合と同様に、フッ素汚染の問題を抱えている地域では、代替水源確保などの取り組みが行われている。なお参考までに、日本では宝塚、西宮など、過去に水道水のフッ素汚染による健康被害が問題となった地域がある[12]。しかし今日では、水道水に関する限り、健康被害が問題となるような事例は認められていない。またフッ素に関しては、上記とは別に、う歯予防の観点から水道水に意図的に添加するいわゆるフッ素添加処理が、諸外国

の水道ではかなり広く行われている[8, 12]。飲料水中のフッ素は、その濃度が高ければ明らかに健康影響があるが、低いレベルの濃度であればむしろプラスの効果が期待できるとされている[9, 12]。

地下水の硝酸態窒素による汚染は、その主な起源が窒素肥料や家畜糞尿であることから、主として自然由来のヒ素やフッ素による汚染とはかなり様子が異なり、農業地帯では程度の差こそあれ一般に広く認められている。特にヨーロッパでは、以前から地下水の硝酸態窒素による汚染が問題となっており、欧州連合(EU)やその加盟各国では硝酸態窒素汚染対策に力を入れている。日本でも、地下水の重要な汚染物質として以前から注目されていることは周知のとおりである。硝酸態窒素については、小児のメトヘモグロビン血症との関係に関する疫学調査の結果について、60年以上も前にアメリカ合衆国で報告されている[13]。近年ではその発症例はほとんど認められていないが、日本でも出生後間もない乳児がメトヘモグロビン血症になったとの報告[14]がある。この時の水質調査結果では、人工哺乳に用いていた井戸水の硝酸態窒素濃度は 36.2 mg/L であった。メトヘモグロビン血症防止の観点から、WHO では硝酸イオン(NO_3 として) 50 mg/L および亜硝酸イオン(NO_2 として) 3 mg/L のガイドライン値を以前から提示しており、日本でもこれと実質的に同じ硝酸態窒素及び亜硝酸態窒素(NO_3-N と NO_2-N の合計値として) 10 mg/L の水道水質基準を以前から設定している。しかし、厚生労働省による飲用井戸の水質調査結果[15]によれば、飲料水源として使われている日本の井戸水の中には、硝酸態窒素及び亜硝酸態窒素の濃度がこの基準を超えるくらい高い所が依然数%程度ある。硝酸態窒素及び亜硝酸態窒素についての上記の基準は、動物実験に基づいて設定されている他の多くの化学物質の基準とは異なり、明確な疫学データに基づいて設定されているものであり、この値を超えることは直ちに健康に対する悪影響につながると考えるべきである。このことは、上記の報告事例からも明らかである。それだけに、今後も硝酸態窒素及び亜硝酸態窒素については、十分な注意を払うようにしなければならない。

1.1.4 その他の課題

これまで述べてきたように、開発途上国においては水と衛生に関してまだ多くの問題が残されている。水供給と衛生処理のための施設の整備を何よりも急ぐ必要がある。また水供給に限れば、水供給形態のレベルアップ、とりわけ管路を用いた水

供給,すなわち水道の普及をより強力に進めることが不可欠である。このことによって、環境衛生の向上を図ることが可能であると考えられる。開発途上国では、水道が整備されていても各戸給水はごく一部の家庭だけで、それ以外は共用水栓による給水であったり、あるいは給水区域が一部の地域に限られたりしていて、それ以外の地域では水道が整備されていないというようなこともよくある。毎日24時間連続給水ではなく、時間給水が当たり前のこととして行われている例も珍しくない。このような場合、毎日十分な量の生活用水を得ることは容易でない。そしてまた、開発途上国の水道では一般に漏水率が高くて水圧が低いため、汚染された地下水などが水道システムの内部に侵入するおそれが高い。時間給水が行われている場合についても同様である。これらの場合には、水道水の汚染リスクが高くなる。

上のような水量や水圧に起因する水質の問題とは別に、本来の意味での水質管理に関する様々な問題もある。原水の汚染度が高いこと、浄水処理が適切でないこと、配水過程での水質管理が適切でないことなどである。開発途上国の水道では、これらの問題についても本格的に取り組むべきであるが、そのためにはそれ以前の段階として、上記のような水量や水質に関する問題をまず解決することが最低限必要な条件である。そうでなければ、水質管理についていくら努力しても、その効果が損なわれてしまいかねない。

以上、これまで主に開発途上国の状況を中心に述べてきたが、実はこれらのことは、程度の差こそあれ先進国にも当てはまることである。もちろん、開発途上国と先進国とでは、水道の整備状況だけでなく、公衆衛生や環境衛生の水準など様々な面で大きく異なっている。したがって、両者を単純に比較して論じることはできないが、先進国においても例えば組織基盤が脆弱な小規模水道は、大規模水道と比較すると、水質管理の面において一般に問題が多い。1996年に埼玉県の小規模水道で発生した原虫クリプトスポリジウムによる大規模集団下痢症[16]（Box 1 参照）は、浄水処理が満足に行われていなかったことが重要な要因であった。また、カナダのオンタリオ州では、2000年、地下水を水源とするWalkertonの小規模水道で、病原性大腸菌O-157とカンピロバクターによる汚染に起因して、7人が死亡、2,300人を超える住民が感染するという、その経緯から見て明らかに水質管理の不備による重大な集団感染事故が起きた[17]。これらの2つの汚染事故は、いずれも原水の病原微生物による汚染がその要因であるが、それだけでなく、浄水処理や水質管理の面でも不備があったという点で共通している。特にWalkertonの事故は、その後のニュージーランドにおける水道水質管理制度の全面的な改革の重要なきっかけと

なった。このほか、日本ではほとんど知られていないが、1988 年にイギリス南西部 South West Water のある浄水場で、凝集剤の硫酸アルミニウム 20 トンをタンク車から貯留槽に移す際に誤って塩素接触池に投入し、その水がそのまま利用者に供給されてしまったという、信じられないような事故が起きている[18] (Box 2 参照)。South West Water は大規模水道であるが、この浄水場は小規模の施設である。この事故では、利用者の健康被害を巡って今なお騒ぎが収まっていない。このように人為的な操作ミスによる水質汚染事故も含めて、小規模水道を中心に様々な水質管理上の問題が発生していることを十分に認識しておくことが必要である。

Box 1 埼玉県越生町クリプトスポリジウム集団下痢症

　わが国の水道における近年の水質事故の中で、1996 年に埼玉県越生町で起きたクリプトスポリジウム集団下痢症は大規模で重大なものである。これを契機に、わが国ではクリプトスポリジウム等原虫汚染対策が進められてきた。ここでは、厚生労働省による「クリプトスポリジウム関連事故：埼玉県越生町・大規模感染（水道事業における我が国初の事例）」の記事[1]を、以下にそのまま紹介する。

○時期：平成 8 年 6 月
○事業者：越生町
○事故の概要
　6 月のはじめ下痢、腹痛の患者が発生。7 月に全町民約 13,800 人を対象に罹患状況調査を実施し、集計の結果、5 月中旬以降に下痢等の症状があった住民は、回答者 12,345 人中 8,812 人で全体の 71.4% であった。下痢及び腹痛のため仕事や学校を休んだ住民は 2,878 人で発症者の約 32.7%、医療機関受診者は 2,856 人 (32.4%) であり、このうち入院者は 24 人。34 検体の患者便のうち 22 検体からクリプトスポリジウムのオーシストを検出。大満浄水場の原水、給水栓水からオーシストを検出。県営水道用水供給事業からの供給水からは不検出。
○その他
　越生町への給水は、25% 県水受水、残りを表流水、湧水、伏流水を原水とする大満浄水場から給水。処理方式は急速ろ過であるが、PAC の常時注入を行っておらず、黙視で確認した原水状態、ろ過水の濁度自動測定によって PAC 注入を判断しており、正確な注入率は不明。大満浄水場の上流域には、

浄化槽、2カ所の農業集落排水処理施設が稼働。伏流水系等の越辺川に流入するこれらの施設の処理水と越生町の水道水の間に置いて感染者の便を介してクリプトスポリジウムの循環増殖系を形成してしまったため、汚染が拡大したものと推察される。

参考文献

[1] 厚生労働省：水道関連事故事例について（平成14年度以前）、
http://www.mhlw.go.jp/topics/bukyoku/kenkou/suido/jouhou/accident14.html （2014年1月17日）

Box 2 Lowermoor 水質汚染事故 (Lowermoor water pollution incident)

この事故は、1988年にイギリス South West Water Authority（略して SWWA、現在は民営化されて South West Water Ltd）の North Cornwall にある Lowermoor 浄水場（Cemalford などを給水区域とする）で起きたもので、Camelford 水質汚染事故とも呼ばれている。

事故の概要は以下のとおりである。

1988年7月6日の夕方、SWWA の Lowermoor 浄水場（浄水能力 255m3/h − 当時）で、凝集剤の硫酸アルミニウム溶液20トンを運んできたトラックの運転手が、誤ってそれを塩素接触池（容量約 415 m^3）に投入してしまった。当時、Lowermoor 浄水場は無人で運転されており、そのため、極めて高濃度の硫酸アルミニウムで汚染された水道水が、浄水池（容量約 2,300 m^3）を通してそのまま利用者に給水されてしまった。当日の夜、利用者である Camelford の住民から次々と苦情が寄せられるようになり、深夜になって、SWWA では原因がわからないまま、塩素接触池や浄水池から汚染水を洗い流す作業を始めたが、その多くは配水システムや周辺の水路に流れ込んだ。翌々日の朝になり、誤って汚染水が給水されたことに気づき、そして汚染源が明らかになった（SWWA 内部の事故調査報告による）。高い酸度に起因して水道管や水槽から溶出した銅や鉛も高濃度で汚染水に含まれていた。その後、SWWA では、配水池と配水本管の洗浄に1〜2年を費やした。

利用者への健康影響についてはその後詳細な調査が行われているが、この汚染事故に起因するアルミニウムその他各種金属などの摂取と利用者の健康影響について、明確に関連づけることはできないというのが一応の結論である。

以上は、2013年に発表された700ページ近くにも上る公式の調査報告書 [1] に基づくものである。

事故発生から今日までに、すでに25年以上が経っている。この間に、健康

> 影響の有無を中心に政府をも巻き込んで様々な経緯があった。SWWA により、被害者への補償金の支払いなどもすでに行われている。しかし、利用者やマスコミの不信感は依然根強く、問題が決着したとは言い難い状況のようである。
> 参考文献
> [1] 本章の文献 18)に同じ。

　以上のような小規模水道の問題のほか、主として先進国の水道における水質管理上の共通の課題として、水道施設そのものに起因する水道水の汚染や、浄水処理に伴う水道水の汚染などの問題がある。前者の代表的な例としては、水道用資機材や給水装置からの鉛など重金属の溶出が挙げられる。また、後者の代表的な例としては、浄水処理におけるトリハロメタンなど消毒副生成物の生成が挙げられる。これらはいずれも水道システムそのもののあり方に関わる問題であり、本来、便益を提供するための施設であるべき水道が不可避的にもたらす負の効果を、妥当かつ実現可能な範囲でどこまで適切に制御できるかが問われている。これらに関しては、いずれも健康被害が現実に認められているというわけではないが、今後も引き続いて地道な研究と技術開発が求められるところである。

　もう一つ、これまで述べたこととは少し違った視点から、水道水質管理において今後注目しておく必要があるのは、地球規模で大きな問題となっている気候変動による影響である。この影響は当然のことながら、先進国か開発途上国かにかかわらず懸念されているところである。気候変動による降雨パターンの変化が原水水質に及ぼす影響として、水源水量の減少に伴う水質の悪化や、豪雨に伴う濁度の異常上昇が挙げられる。年による降雨の変化はこれまでもごく普通に認められていることであるが、今後、気候変動が進めば、極端な気象現象がより頻繁に現れるようになると予想されている。また、平均気温が上昇することによって、水温もこれに合わせて上昇し、その結果、藻類がこれまでにも増して異常増殖するなど、より好ましくない方向に原水水質が変化することも予想される。これらに加えて懸念されるのは、海水位の上昇に伴う塩水の浸入と遡上である。沿岸地域において地下水に塩水が浸入すると、井戸水が塩水化して使用できなくなるおそれがある。また、河口堰のない河川の下流域から水道原水を取水している場合にも、塩水がより上流部にまで遡上するようになると、安定した取水がより頻繁に妨げられるようになるおそれがある。気候変動の影響を受けやすい国では、このような事態も強く懸念されている[例えば、参考文献 19)]。気候変動に関してはその予測が非常に困難ではあるが、科学的な知見やデータを積み重ねながら対策の優先度をそのつど見直しつつ、十分

な備えを怠らないようにすることが重要である。

　なおついでながら、塩水化や塩類濃度上昇の問題は気候変動の影響によって現れるだけではない。河川の河口域周辺とは別に、地球上の内陸部の淡水域、特に乾燥地帯の淡水域や地下水においては、塩類濃度の上昇が以前から問題となっている。塩類濃度がある程度以上に上昇すると、飲料水としてだけでなく農業用水としても用いることができなくなるので、この問題は深刻である。このような事態に対処するためには、その原因を明らかにしたうえで塩類濃度の上昇を抑制するか、それとも浄水処理によって塩類を除去するしかない。しかし、前者は一般に容易ではない。また後者は、逆浸透や、電気透析、イオン交換などによる処理が考えられるが、これも前者と同様に容易ではない。飲料水の水質に関しては、このような問題があることにも注意しておく必要がある。

1.2 水道水質管理に関するWHOを中心とした世界の動向

1.2.1 WHOなどの動向

　水道の水質管理について考える際に最も優れた拠り所となるのは、WHOによる飲料水水質ガイドライン"Guidelines for Drinking-water Quality"であろう。先進国を中心に世界の多くの国々では独自に水道水質基準を制定しているが、水道水質基準を制定していないそれ以外の国々においては、通常、このWHO飲料水水質ガイドラインを準用している。水道水質基準を策定するためには、個々の汚染物質などの健康影響に関する科学的知見を適切に評価するだけでなく、その水道原水中における全国的な存在状況を明らかにすると同時に、浄水処理による処理または除去や、十分な精度での分析などの面においても不都合が生じないことを、自国の現状に照らして確認しておくことが求められる。これらのことを支障なく行える国は、まだ必ずしもそれほど多くない。これが、WHO飲料水水質ガイドラインが世界的に広く使われている主な理由である。本来、水道水質基準は、それぞれの国や地域の自然的・社会的・経済的・文化的条件を考慮して定めるべきものである。それにもかかわらず、WHO飲料水水質ガイドラインが開発途上国などで広く用いられていることの背景には、上記のような事情があるだけでなく、その内容に関して信頼度が高いことが挙げられる。WHO飲料水水質ガイドラインが、世界各国、とりわけ開発途上国において、水供給の改善や飲料水の水質改善にこれまで果たしてきた役割は

きわめて大きい。

　WHO 飲料水水質ガイドラインの前身は、同じ WHO による 1958 年の国際飲料水水質基準(Interna-tional Standards for Drinking-Water)である。さらに 1961 年には、国際基準のヨーロッパ版に相当するヨーロッパ飲料水水質基準(European Standards for Drinking-Water)も公表された。これらの基準はその後改訂も行われた。そして、1983-1984 年に、先の国際基準を引き継ぐものとして飲料水水質ガイドライン第 1 版が公表された。この第 1 版ガイドラインは、第 1 巻勧告"Recommendations"、第 2 巻健康クライテリアとその他関連情報"Health criteria and other supporting information"および第 3 巻小規模コミュニティー給水における飲料水質管理"Drinking-water quality control in small-community supplies"の全 3 巻によって構成されていた。名称が基準からガイドラインに変更されたのは、本来、飲料水の水質基準は、それぞれの国や地域の実情に即して独自に定めるべきであるとの考えからである。このような考え方は、これ以来、今日に至るまでずっと踏襲されている。またこの時から、基準値に代わるものとしてガイドライン値が提示されるようになった。それと同時にこの新しいガイドラインでは、ガイドライン値設定の根拠として用いた個々の汚染物質に関する基礎データ、その制御のための処理技術や分析方法などについての記載のほか、飲料水の水質管理全般に関連する重要な科学的情報、ならびに水質管理上問題が多い小規模コミュニティー給水(「水道」ではないことに注意されたい)についての実務的な技術指針などが豊富に盛り込まれた。ついで第 2 版が 1993-1997 年、第 3 版が 2004 年、そしてさらに 2011 年に第 4 版[9]が公表されて現在に至っている。この間に、必要に応じて追補版がいくつか公表されたほか、このガイドラインに関連する非常に多くの有用な関連図書(supporting documents)が刊行されている。第 4 版作成の段階からは、それまでのような 10 年ごとの全面改訂の基本方針が改められ、逐次改訂が行われるようになった。その理由は、急速に進歩する科学技術や新たな科学的知見に即応して、常に最新の情報を提供するためである。

　WHO 飲料水水質ガイドラインでは、飲料水の水質管理の考え方や方法について記述するとともに、健康影響の面から個別の化学物質についてガイドライン値を提示していることは、すでに記したとおりである。このガイドライン値は、その物質がその濃度で含まれる水を生涯を通して摂取した場合でも、重大な健康リスクが生じないレベルとして設定されている。ガイドライン値は、各国において水質基準を設定する際の重要な参考値となるものである。ごく一部の化学物質を除いて、ガイ

ドライン値は長期にわたる継続的な摂取を前提に決められているので、たとえ突発的な事故などでガイドライン値を一時的に超過するようなことがあったとしても、そのことが直ちに重大な健康リスクをもたらすとは考えにくい。ガイドライン値を超過した場合、その水が飲用に適さないということを必ずしも意味するわけではないので、このような緊急事態の場合においては柔軟に対処することを求めている。

WHO飲料水水質ガイドラインの逐次改訂に際しての基本方針は、次のとおりである[20]。少し長くなるが、主要な部分について以下に引用する。

① 水は人の生存に不可欠であり、すべての人に生涯を通して安全で十分な量の水が供給されるべきである。
② 飲料水の水質向上のために、あらゆる努力が払われるべきである。
③ 飲料水の水質は、水源の保護、浄水処理プロセスの選定と制御、ならびに配水の管理と水の貯留および取り扱いによって制御することができる。
④ 人の健康を守るためには、処理水質の測定に頼るだけでは不十分であり、地域の固有リスク評価によって確認される重大な特性について、注意深く監視すべきである。
⑤ 微生物学的汚染は、通常、急性影響をもたらし、しかもその影響が広範囲に及ぶおそれがあることから、その制御はこの上なく重要であり、決しておろそかにしてはならない。
⑥ 飲料水中の有毒化学物質による健康リスクは、微生物学的汚染によるそれとは異なる。化学物質による健康への悪影響は、しばしば長期曝露によって初めて現れるものであり、大規模汚染事故による場合を除いて、急性影響をもたらす可能性のある化学物質はごく限られている。事故の場合には、異臭味や異常な外観のため飲めないことが多い。これらのことから、有毒化学物質は微生物に比べて優先度が低い。特に注意すべき化学物質は、水を介して集団の健康に悪影響をもたらすことが証明されている少数のものに限られる。
⑦ 浄水処理における消毒剤の使用は、副生成物の生成を伴い、しかもその中には有害なおそれがあるものもある。しかし、これらの副生成物による健康リスクは、不十分な消毒に係る健康リスクに比べてきわめて低い。副生成物の制御を理由に、消毒をないがしろにするようなことがあってはならない。
⑧ 放射性核種の全曝露量のうち飲料水による寄与は通常は非常に小さいが、飲料水中における自然由来の放射性核種の存在に係る健康リスクについても配慮しておくべきである。

⑨ 水の生物学的、化学的および物理学的成分は、その外観や臭味に影響を及ぼすことがあるので、消費者はしばしばこれに基づいて水質やその水を使っても大丈夫かを評価する。濁度や色度の高い水、または、いやな味がしたり色が付いたりしている水を、消費者は（それが正しいか正しくないかはともかくとして）安全でないと見なして、飲用を拒むことがある。そのため、水の安全を確保することだけでなく、消費者に受け入れられる水質を保つことが重要である。外観や臭味などに対する反応は、個人の嗜好や社会的な条件などによっても異なるので、健康影響のない物質についてガイドライン値は設定しない。

また、WHO 飲料水水質ガイドラインでは、ガイドライン値の設定に際して、乳児から老人になるまでの人の生涯を考慮している（ただし、病人や免疫不全者は対象外としている）ことや、1 人 1 日当たりの飲料水摂取量を 2 L、成人の平均体重を 60 kg としている（ただし、必要に応じて、体重 10 kg の小児は 1 L、体重 5 kg の乳児は 0.75 L の飲料水摂取量としている）ことに注意しておくことが必要である。

WHO では、これらの基本方針を含めて、飲料水水質ガイドラインの逐次改訂について議論するための委員会を組織しており、この委員会の活動を中心に、飲料水の水質管理に関する情報の収集と発信を積極的に行っている。中でも特に、依然として死亡原因の上位にランクされる水系感染症の防止を図るために、消毒の重要性を強調していることは注目しておかなければならない。さらに、第 3 版からは、飲料水の安全性を確保するための新たな手法として、水安全計画（Water Safety Plan：WSP）の策定と適用を強く提唱している。これについては次節で詳しく紹介する。

水道水質管理に関して、WHO 以外で注目しておきたいのは EU の動きである。今日、EU 加盟国は 28 ヶ国にも及んでいる。EU では、加盟各国に対して拘束力を有する、いわゆる EU 指令（Directive）を制定しており、EU 加盟国の様々な活動について理解するためには、もはやこれらを抜きにして考えることはできない。EU 指令の中には、水環境や水道に関するものもいくつか含まれている。例えば、飲料水指令（Drinking Water Directive）[21]は、加盟各国における水道水質基準の内容を強く拘束するものである。また、水枠組指令（Water Framework Directive）[22]は、加盟各国における統合的水管理の実現を目指すものである。これらを含めた EU の動向については、**第 2 章**で詳しく述べる。

このほか、世界各国における水道水質管理や水源保全に関して、特に注目すべき点を挙げれば、次のとおりである。近年、渇水や干ばつが重大な問題となっている

オーストラリアでは、今後、排水が飲料水(の一部)として意図的に再利用される可能性があることを考慮し、予防保全の観点から医薬品や内分泌攪乱化学物質も含めた、オーストラリア水再利用ガイドライン(Australian Guidelines for Water Recycling)[23)]を策定している。カナダでは、先に記したような大規模集団感染事故を契機として、水質管理制度の全面的な強化・充実を図っている。例えばドイツなど、地下水を主要な水源としているヨーロッパのいくつかの国では、水源保護区域を指定して水道水源の水質保全に力を入れている。また、地下水の硝酸塩による汚染が問題となっているイギリスでは、硝酸塩監視区域を指定してその汚染防止に努めている。韓国では、水源保護を目的とした四大河川流域の統合的流域管理政策のもとで、水辺区域における汚染源の立地規制や、経済的インセンティブを取り入れた水源地域の支援などを行っている。ライン川やマース川の下流域に位置するオランダでは、塩素消毒を全面的に廃止するとともに、その一方で配水水質管理について様々な角度から取り組んでいる。微生物学的リスクの定量評価(Quantitative Microbiological Risk Assessment：QMRA)[9)]を水道の水質管理にすでに取り入れていることも注目される。先に触れたように、ニュージーランドでは、先頃、水道水質管理制度の全面的な改革を実施している。この中で、水安全計画の策定について義務付けているほか、公衆衛生面からの水道の格付けも制度化して国自らが実施している。アメリカ合衆国では、水道水質管理に関して包括的な取り組みが行われている。特に未規制項目についての体系的で計画的な情報収集や、利用者との積極的な情報交換などは注目に値する。以上は、本書で個別に取り上げている国々についての特徴的な点のごく一部である。これらの国々では、ここで記したこと以外にも、水道水質管理や水源保全に関して様々な興味深い取り組みが行われている。

1.2.2 水安全計画

　水道水の安全確保を図るためには、水源から給水栓までを通して、総合的なアプローチによる水質管理を適切に行うことが不可欠である。このような観点から、WHO飲料水水質ガイドラインでは、危害分析重要管理点方式(Hazard Analysis and Critical Control Point：HACCP)の考え方を導入した水安全計画を大きく取り上げて、その水道事業体による策定と活用を推奨している。HACCPとは、工場で食品を製造・加工する際においてその安全を確保するために、特に危害因子(hazard) – 例えば、病原微生物など – による汚染が生じやすいプロセスを、重要管理点(critical control point)としてあらかじめ特定したうえで、それらを一定の手順に従って重点的に管理する手法のことである。食品産業ですでに広く取り入れられているこのような手法を水道でも積極的に取り入れて、水道水の安全確保を図ろうというものである。従来、水道水の安全性に関しては、浄水処理の最終段階における水質試験に頼りがちであった。しかし、これだけで水道水の安全性が十分に確保できるわけではない。そのためこれからは、むしろ予防保全の観点に立って、個々の水道が置かれた状況に見合った水安全計画を策定し、それに従って水質管理を行うようにしようというものである。水安全計画においては、水源から給水栓までの水道システム全体を通した潜在的な危害因子の同定と起こり得る危害の評価に基づき、水道システム監視計画の策定、体系的な水質管理の実施、現状改善策の明確

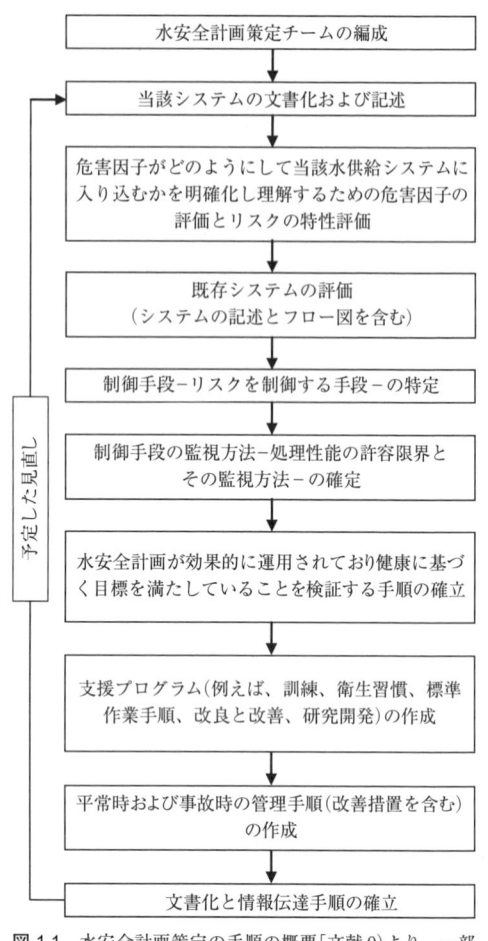

```
┌─────────────────────────────┐
│   水安全計画策定チームの編成      │
└─────────────────────────────┘
              ↓
┌─────────────────────────────┐
│   当該システムの文書化および記述   │
└─────────────────────────────┘
              ↓
┌─────────────────────────────┐
│ 危害因子がどのようにして当該水供給システムに │
│ 入り込むかを明確化し理解するための危害因子の │
│ 評価とリスクの特性評価             │
└─────────────────────────────┘
              ↓
┌─────────────────────────────┐
│       既存システムの評価         │
│  (システムの記述とフロー図を含む)   │
└─────────────────────────────┘
              ↓
┌─────────────────────────────┐
│ 制御手段-リスクを制御する手段-の特定 │
└─────────────────────────────┘
              ↓
┌─────────────────────────────┐
│ 制御手段の監視方法-処理性能の許容限界と │
│    その監視方法-の確定           │
└─────────────────────────────┘
              ↓
┌─────────────────────────────┐
│ 水安全計画が効果的に運用されており健康に基づ │
│ く目標を満たしていることを検証する手順の確立 │
└─────────────────────────────┘
              ↓
┌─────────────────────────────┐
│ 支援プログラム(例えば、訓練、衛生習慣、標準 │
│ 作業手順、改良と改善、研究開発)の作成     │
└─────────────────────────────┘
              ↓
┌─────────────────────────────┐
│ 平常時および事故時の管理手順(改善措置を含む) │
│            の作成              │
└─────────────────────────────┘
              ↓
┌─────────────────────────────┐
│    文書化と情報伝達手順の確立     │
└─────────────────────────────┘
```
(左側に「予定した見直し」の縦書きラベルと矢印)

図-1.1 水安全計画策定の手順の概要[文献9)より，一部改変]

化、異常時対応方策の確立、その他種々の支援計画の策定などが求められる。水道事業体がこれらのことを文書化して総合的に取り組むことにより、水道水に起因する健康被害の未然防止を図ることがその主なねらいである。水安全計画の策定手順は図-1.1に示すとおりである。水安全計画を策定して活用するための実務的な知識と情報については、WHO飲料水水質ガイドラインの関連図書としての水安全計画マニュアル"Water Safety Plan Manual[24)]"に詳しく記載されている。また、水安全計画についての情報を網羅したウエブサイト Water Safety Portal[25)]が、WHOと国際水協会(International Water Association：IWA)によって開設されている。

水安全計画は、2004年にIWAがボン憲章"Bonn Charter"として、その水道水質管理における積極的な活用を全世界に呼び掛けた。このようにWHOとIWAがその普及に特に力を入れていることもあって、水安全計画は世界の数多くの国々で活用されるようになってきている。アジア・太平洋地域、アフリカ、ラテンアメリカ・カリブ地域などでは、水安全計画に関してのネットワークがそれぞれ形成されて、その普及に向けて活動が展開されている[25]。また、後でも述べるように、開発途上国だけでなく、日本、イギリス、ニュージーランド、オーストラリアなどの先進諸国においてもその活用が図られている。水安全計画は、水道水質の管理を適切に行うための非常に合理的な手法であり、今後その普及はさらに進むことが予想される。

1.2.3 水道水の安全性と消毒および煮沸勧告

水道水の安全性を確保するための水質管理の観点から、微生物と化学物質に関して、WHOなどでは一般に次のような基本的な考え方に立っている。すなわち微生物については、下痢症などの急性影響が問題であり、そしてもし一時的にであれ水道水が高濃度の病原微生物によって汚染された場合には、直ちに重大な健康被害がもたらされることが予想される。したがって、個々の病原微生物について、水質基準を設けて定期的に水質監視することは非常に困難で現実的ではない。万一、監視によって汚染が見つかったとしても、それから対策を講じるのでは遅すぎて間に合わない。それよりも、たとえ原水が病原微生物によって汚染されることがあったとしても、それに耐えることができるように常に浄水処理を確実に行ったり消毒を実施したりすること、さらにこれに加えて、微生物汚染に係る適切な代替水質指標を選択して、それらについて定期的な監視を行うことなどが重要である。これに対して、化学物質については、低濃度での長期曝露による慢性影響が問題であり、たとえ万一、原水が高濃度の化学物質によって汚染されるようなことがあったとしても、魚が浮くなどの異変によって察知されることが多いので、よほど特殊な場合を除いて直ちに重大な健康被害につながる可能性は低い。したがって、個々の有害化学物質について、必要に応じて水質基準を設けて定期的に水質監視することが重要である。このように、微生物と化学物質についての考え方は対照的に異なっている。しかし、微生物も化学物質も、水源保全、浄水処理、配水過程での水質管理などを通して、適切に制御することが重要であることは言うまでもない。

以上のようなことから、WHO 飲料水水質ガイドラインや各国の水道水質基準では、通常、化学物質については非常に数多く取り上げられているが、微生物についてはほとんど取り上げられていないか、あるいはごく一部のものについて取り上げられているだけである。微生物については、それに代えて、浄水処理や代替水質指標の監視などの面でこれに配慮した規制が行われている。特に浄水処理における消毒は、WHO でも強く指摘しているように、微生物を制御するための最も重要なバリアである。開発途上国の水道で消毒が確実に行われるようになれば、水系感染症の発生は劇的に減少することが期待される。日本では、水道法で消毒を義務付けていることもあって、水道を介した水系感染症の発生が著しく減少した。一方、欧米などの先進国では、消毒を義務付けている国はかなり限られていて、原水が表流水の場合だけ義務付けている国もいくつかある[26]。これは、一般に水道原水の病原微生物による高濃度汚染の可能性が低いこと、水道における浄水処理や水質管理が適切に機能していること、日常習慣として生の水道水をほとんど飲まないことなどを反映しているのではないかと考えられる。

　水道水の微生物学的安全性に関して、WHO などによる近年の動向として注目したいのは前出の微生物学的リスクの定量評価(QMRA)[9]である。この QMRA は、水道水中の特定の病原微生物を取り上げて、それらの推定摂取量と用量－反応モデルに基づき、水道水の微生物学的健康リスクを定量的に評価するものである。ちなみに、WHO 飲料水水質ガイドライン[9]では、細菌、ウイルスおよび原虫のそれぞれを代表するものとして、カンピロバクター、ロタウイルスおよびクリプトスポリジウムを取り上げて、微生物学的健康リスクを障害調整生存年数(disability-adjusted life years：DALYs)として定量的に評価する方法を例示している。このような考え方を取り入れることによって、水道水の微生物学的健康リスクをより正確に評価することができれば、浄水処理レベルの目標を適切に設定したり、微生物学的水質の改善が利用者の健康に及ぼす効果を評価したりするうえで有用である。オランダですでにこの QMRA を水道の水質管理に活用していることは、先に記したとおりである。

　このほか、水道水の安全性に関してよく問題となるのは、万一、水道水が病原微生物によって汚染されていること、あるいはそのおそれが高いことが明らかとなった場合に、水道としてどのような対応措置をとるかということである。この点に関して、WHO 飲料水水質ガイドライン[9]では、水源の変更、消毒の強化を含めた浄水処理方法の変更などと併せて、煮沸勧告の必要性について述べている。緊急時に

おける煮沸勧告は、代替手段がなく、給水を継続せざるを得ない場合の措置である。たとえあらゆる手立てを講じて利用者への連絡の徹底を図るとしても、病原微生物による汚染のおそれのある水の供給をこのようにして続ければ、水系感染症はもとより、それ以外の別の問題が生じる可能性があることも十分に考慮しておかなければならない。それだけに、慎重な判断が求められる。

1.2.4 再生水の利用とその安全性

地球上では、乾燥地帯など、水資源が逼迫している地域が多くある。一方、水処理技術の革新には目覚しいものがある。水道水の安全性評価に関する科学技術の進歩も著しい。これらのことを背景に、下水処理水をそのまま飲料水として用いることを最終的なねらいとした、あるいは下水処理水をそのまま飲料水として用いることに限りなく近い形での下水再利用が、各地で以前にも増してより積極的に行われるようになってきている。シンガポールの例は、そのような意味での典型的な事例である。もともと水資源が絶対的に不足しているシンガポールでは、逆浸透処理した下水高度処理水を"NEWater[27]"と称して再利用している。その用途には、工業用水や空調用水など、飲用を意図しないもののほか、水道水源として用いられている貯水池への補給を通しての間接的な飲用を意図したものも含まれている。現在、その全能力は需要水量の30%に達している。また、慢性的な水不足に悩むアメリカ合衆国カリフォルニア州では、以前から下水処理水による地下水涵養が積極的に行われている。特に最近では、同州オレンジ郡で地下水人工涵養システム[28]を通して、より直接飲用に近い形での水道水として再利用が大規模に行われている。このほか、オーストラリアでは、飲料水としての排水の再利用を考慮して水再利用ガイドラインを策定していることは、先に述べたとおりである。よく引き合いに出されるように、河川の下流域では上流域からの排水を非意図的にではあれ以前から水道水として再利用しているが、近年は意図的でより直接的な再利用が積極的に行われるようになってきている。このような傾向は、気候変動への懸念も含めて、地域によっては水資源の枯渇がより深刻な問題となりつつあることが、その背景要因となっていることが考えられる。しかしそれと同時に、科学技術が急速に進歩し、飲料水の微生物学的リスクや化学的リスクについて、より精度の高い評価ができるようになってきたことも無視できない。今後、このような面についてさらに研究が進むことが予想される。

1.3 日本における水道の水質管理と水源保全

日本の基礎データ

　国名：日本国
　面積：37.8 万 km^2
　人口：1 億 2,665.9 万人（2012 年）
　人口密度：335.1 人 /km^2（2012 年）
　年降水量：札幌 1,106.5 mm、東京 1,528.8 mm、福岡 1,612.3 mm、那覇 2,040.8 mm
　乳児死亡率：2.0‰（2010 年）
　1 人当たり国民総所得：41,850 ドル（2010 年）
　　　出典：データブック オブ・ザ・ワールド世界各国要覧と最新統計 2013 年版、二宮書店、2013

日本の水道の基本情報

　基本法令：水道法
　水道事業体数：7,884[29]（上水道事業及び簡易水道事業の合計数、2012 年 3 月末現在）
　普及率：97.6%[29]（2012 年 3 月末現在）
　1 人 1 日当たり平均給水量：340 L[30]［上水道の平均値、平成 23（2011）年度］
　水質基準：51 項目について基準値を規定
　消毒に関する規制：消毒、ならびに給水栓における残留塩素保持を義務付け

1.3.1 水道の概要

　今日、日本では、いつでもどこでも、蛇口をひねりさえすれば、安心して飲める水が十分に得られることが当たり前になっている。日本の近代水道の歴史は、今から 125 年ほど前の 1887 年に横浜市で水道が創設されたことに始まる。近代水道の特徴は、圧力をかけて水を送ることと、ろ過をすることである。日本の水道は、明治から大正、昭和初期にかけての港湾都市など都市部を中心とした普及、そして第二次世界大戦による壊滅的な被害と戦後の復興、都市化と高度経済成長を背景とした急速な整備・拡張の時代を経て今日に至っている。

1.3 日本における水道の水質管理と水源保全

表-1.1　日本における水道の種類と箇所数[29]

種　類		内　容	箇所数	給水人口
水道事業		一般の需要に応じて，水道により水を供給する事業（給水人口100人以下は除く）		
	上水道事業	給水人口が5,000人超の事業	1,429	1億1,951万人
	簡易水道事業	給水人口が5,000人以下の事業	6,455	471万人
	小　計		7,884	1億2,422万人
水道用水供給事業		水道事業者に対し水道用水を供給する事業	95	―
専用水道		寄宿舎，社宅などの自家用水道などで100人を超える居住者に給水するもの，または1日最大給水量が20m^{3}を超えるもの	8,004	44万人

(2012年3月末現在)

　日本の水道は、水道法に基づいて**表-1.1**のように区分されている。日本では水道事業は市町村による公営が原則であり、給水人口規模の大小によって上水道と簡易水道に分けられている。また、日本の水道事業は、一部国による補助金などはあるものの、原則として独立採算で運営されている。近年、水道事業者の数は市町村合併などによりずいぶん減少してきているが、それでもまだ非常に多い。水道用水供給事業は、わかりやすく言えば、末端給水（一般の利用者への給水）を行う一般の水道事業者に水道用水を卸売りする事業であり、1960-70年代の拡張期に、新規水源の開発による水量確保を目的としてその多くが設立された。寄宿舎や社宅など特定の利用者を対象とした水道は専用水道と呼ばれ、一般の水道とは区別されている。学校、病院、宿泊施設、レジャー施設などが独自に設置している多くの水道施設もこれに含まれる。

　このほか、ビルや集合住宅では貯水槽（受水槽）で水道水をいったん受けて、それを高置水槽に上げてから施設全体に供給していることが多い。このような場合、貯水槽以下の設備は貯水槽水道と呼ばれる。貯水槽水道は、簡易専用水道（貯水槽の容量が10 m^{3}超の場合）と小規模貯水槽水道（同10 m^{3}以下の場合）に区別されており、全国の箇所数はそれぞれ約21万と約91万である[31]。

　日本における水道の施設整備や給水サービスの概要について、**表-1.2**にまとめた。日本の水道普及率は、今では97.6％に達している。残りの2.4％、すなわち約300万人の人たちも、水道のない暮らしをしているのではなく、実際にはそのほとんどの人たちが給水人口100人以下の小規模の給水施設を利用していると考えられる。つまり、給水人口101人以上という水道法による水道の定義にこだわらなければ、日本に住んでいるほぼすべての人たちが、水道を利用することができていると考え

表-1.2　日本における水道施設の整備と給水サービスの現状

項　目	現状データなど	備　考	出　典
普及率	97.6%	平成23(2011)年度末のデータ	29)
水道管	総延長　約63.9万km 内訳　鋳鉄管　　　　　　約 1.8万km 　　　ダクタイル鋳鉄管　約36.1万km 　　　鋼管　　　　　　　約 1.8万km 　　　石綿セメント管　　約 0.7万km 　　　硬質塩化ビニル管　約20.3万km 　　　その他　　　　　　約 3.1万km	上水道事業者1,428および水道用水供給事業者93につき集計した平成23(2011)年度のデータ。その他には、コンクリート管、ポリエチレン管、ステンレス管、不詳などを含む。	32)
水量	・すべての水道で1日24時間連続給水 ・1人1日当たり平均給水量：340 L ・有効率：92.4%、有収率：89.6%	1人1日当たり平均給水量および有効率[*1]、有収率[*2]は、上水道事業の平成23(2011)年度のデータ。	30), 32)
水圧	配水管の最小動水圧：150 kPa以上	「水道施設の技術的基準を定める省令」で規定。	
水質	・給水栓での残留塩素保持を義務付け ・水質基準項目：50項目 ・水質検査：全国5,000箇所以上の地点で定期的に実施 ・基準適合率：すべての項目で99%以上	残留塩素保持については「水道法施行規則」で、水質基準は「水質基準に関する省令」で規定。	33)

*1　有効率は、水道によって供給された水のうち、メータで計量された水量や事業用水量など有効に使われた水の量が占める割合。
*2　有収率は、水道によって供給された水のうち、料金徴収の対象となった水量および他会計等から収入のあった水量が占める割合。

られる。そして、これらを含めたすべての水道において、通常は1日24時間の連続給水が行われている。

　日本の気候は温暖多雨である。国土交通省の資料[34]によれば、年平均降水量は約1,690 mmと、世界の国々の中でも明らかに多い方である。1人当たりにするとそれほどでもないが、それでも年降水総量は4,982 m^3、水資源量(より正しくは水資源賦存量。降水量から蒸発散によって失われる水量を差し引いたものに面積を乗じた値)は3,398 m^{3}で、世界的に見ても恵まれている方である。例えば、イギリスは年平均降水量が1,220 mm、1人当たりの年降水総量が4,802 m^3、同水資源量が2,375 m^3、ドイツは年平均降水量が700 mm、1人当たりの年降水総量が3,034 m^3、同水資源量が1,869 m^{3}であり、いずれも1人当たりの水資源量の値は日本の値よりかなり少ない。これに対して、水道による1人1日当たり平均給水量は、イギリスのデータは手元にないが、ドイツは122 L(第9章参照)で、日本の340 L(表-1.2参照)に比べてはるかに少ない。両者の違いについて一概に論じることはできないが、日本の1人1日当たり給水量が多いのは、気候風土、生活習慣などの違い

のほか、日本の水の豊かさをも反映していると考えて差し支えないであろう。

水量に関して特筆すべきことは、漏水率が全般に低いことである。東京都の漏水率が3％ときわめて低いレベルにあること[35]が、国際的に大きな話題となったことは記憶に新しい。漏水率が低いこと、言い換えれば有効率や有収率が高いことは、配水管網の完全性が高いことを示しており、このことは効率的で安定した水道事業の運営を行ううえで重要な条件である。またそれと同時に、配水過程での汚染水の浸入のおそれがその分だけ低いことを示している。手頃なまとまった統計データはないが、開発途上国はもとより先進国の水道においても、施設の老朽化などにより漏水率が高い例は多く認められている。水圧に関しては明確な統計データはないが、水道施設の技術的基準（施設基準）において、配水管から給水管に分岐する箇所での配水管の最小動水圧が150 kPaを下らないことと定められている。表に併せて示したように、強靭で腐食しにくいダクタイル鋳鉄管が水道管の総延長のうち半分以上を占めていることや、先に述べたように有効率が高いことなどからも、水圧に関する上記の規定は十分に守られているものと推察される。水質に関しては、後にまとめて述べる。

次に水源と浄水処理について、水道統計の経年分析[32]に基づいて述べる。日本の水道における水源構成は、図-1.2に示すとおりである。水量比でおよそ3/4は表流水が占めており、残りのおよそ1/4は地下水である。表流水はそのほとんどが河川水である。このような水源の内訳は、例えば後で述べるドイツなどとはちょうど逆である。図-1.2でダムと表示されているのは、ダム開発で水利権が確保されていることを示しており、このうちすべてがダムからの直接取水ではない。ちなみに、上水道・水道用水供給事業の平成23（2011）年度における年間総取水量は157.2億 m^3 である。また、浄水処理の方式については、上記のような水源構成を反映して、濁質除去に優れた急速ろ過が3/4以上を占めている。簡易水道などの小規模水道を中心に普及が進んでいる膜ろ過は、1.3％に達している。横浜市など

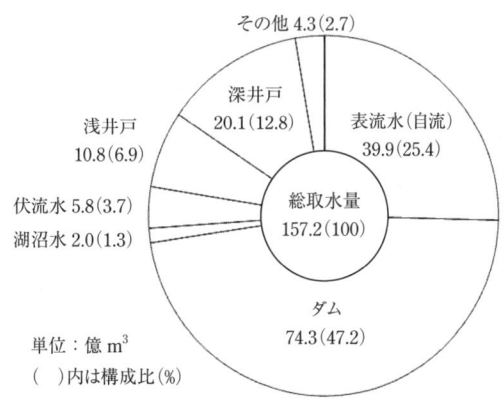

その他 4.3 (2.7)
深井戸 20.1 (12.8)
浅井戸 10.8 (6.9)
伏流水 5.8 (3.7)
湖沼水 2.0 (1.3)
表流水（自流）39.9 (25.4)
総取水量 157.2 (100)
ダム 74.3 (47.2)

単位：億 m^3
（　）内は構成比(％)

図-1.2 上水道・水道用水供給事業の水源の種類別取水量
［平成23（2011）年度］[32]

のように規模の大きい浄水場で採用するケースも出始めているので、膜ろ過が占める割合は今後まだもっと増え続けるであろう。なお、上水道・水道用水供給事業の平成23(2011)年度における年間総浄水量は153.0億 m^3 で、このうち活性炭処理、オゾン処理、生物処理などのいわゆる高度浄水処理を採用しているケースは46.56億 m^3(30.4%)である。

1.3.2 水道水質管理の制度と動向

(1) 水道水質管理に関係する法制度の概要

日本の水道水質管理に関係する主な法令としては、**表-1.3** に示すように、水道法などの水道に関係するもの、環境基本法などの環境保全に関するもの、化学物質の審査及び製造等の規制に関する法律などの化学物質の規制に関するものなどが挙げられる。このうち水道の水質管理に直接関係するのは、水道法と、これに基づいて定められている水道法施行令、水道法施行規則、水質基準、水道施設の技術的基準(施設基準)、ならびに給水装置の構造及び材質の基準である。

表-1.3　日本の水道水質管理に関係する主な法令

法令の名称	概　要
水道法	水道事業など、水道全般について定めた法律。これに基づき、政令として水道法施行令が、さらに、省令として水道法施行規則のほか、水質基準、水道施設の技術的基準(施設基準)、給水装置の構造及び材質に関する基準が定められている。
水道原水水質保全事業の実施の促進に関する法律	トリハロメタン前駆物質や異臭味などによる水道水源汚染への対処を目的として、水道の取水口の上流地域(15〜20 kmまでの範囲)において、下水道・合併処理浄化槽の整備事業、河川の水質浄化事業などを促進するための法律。略して、事業促進法と呼ばれることもある。
特定水道利水障害の防止のための水道水源水域の水質の保全に関する特別措置法	トリハロメタン生成能に限っての水道水源の汚染に対処するため、工場排水の規制などをねらいとした法律。略して、特別措置法と呼ばれることもある。
環境基本法	環境に関する基本法。これに基づき、告示として水質汚濁に係る環境基準などが定められている。
水質汚濁防止法	事業所排水などの規制に関する法律。これに基づき、省令として排水基準が定められている。
化学物質の審査及び製造等の規制に関する法律	化学物質の製造、輸入、使用などの規制に関する法律。略して、化審法と呼ばれることもある。
農薬取締法	農薬の販売及び使用の規制に関する法律。これに基づいて農薬の登録制度が運用されている。

(2) 水道水質基準と水質検査

水道の水質基準は、人の健康の確保および生活利用上の要請の両面からの検討に基づいて設定されている[36]。水道水は、水質基準に適合するものでなければならず、水道事業体などに検査の義務が課せられている。水質基準のほか、水質管理目標設定項目および要検討項目も定められており、これらの概要と相互関係は**図-1.3**のとおりである。また、現時点でのそれぞれの内容は**表-1.4～1.6**に示すとおりである。

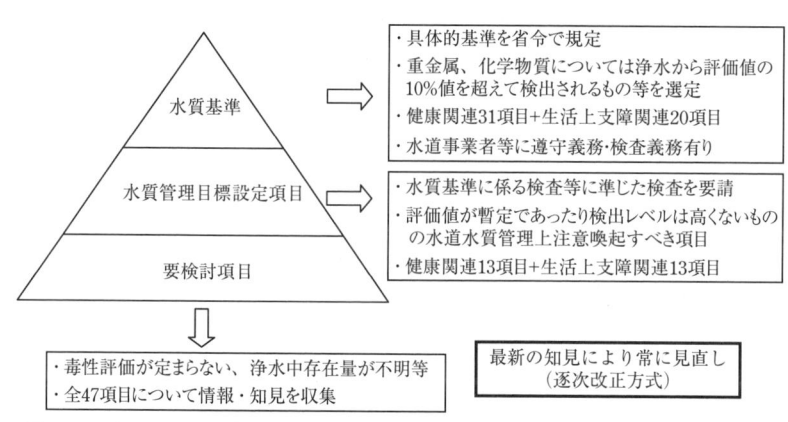

```
                水質基準
                              ⇒  ・具体的基準を省令で規定
                                 ・重金属、化学物質については浄水から評価値の
                                   10%値を超えて検出されるもの等を選定
                                 ・健康関連31項目＋生活上支障関連20項目
                                 ・水道事業者等に遵守義務・検査義務有り

          水質管理目標設定項目
                              ⇒  ・水質基準に係る検査等に準じた検査を要請
                                 ・評価値が暫定であったり検出レベルは高くないもの
                                   の水道水質管理上注意喚起すべき項目
                                 ・健康関連13項目＋生活上支障関連13項目

             要検討項目
                 ⇓
   ・毒性評価が定まらない、浄水中存在量が不明等      最新の知見により常に見直し
   ・全47項目について情報・知見を収集                    （逐次改正方式）
```

図-1.3 日本における水質基準、水質管理目標設定項目および要検討項目の概要と相互関連
（図中の一部記載を削除。タイトルは筆者による）[37]

表-1.4 日本の水道水質基準[37]

項 目	基 準	項 目	基 準
一般細菌	1 mLの検水で形成される集落数が100以下	総トリハロメタン	0.1 mg/L 以下
大腸菌	検出されないこと	トリクロロ酢酸	0.2 mg/L 以下
カドミウム及びその化合物	カドミウムの量に関して、0.003 mg/L 以下	ブロモジクロロメタン	0.03 mg/L 以下
水銀及びその化合物	水銀の量に関して、0.0005 mg/L 以下	ブロモホルム	0.09 mg/L 以下
セレン及びその化合物	セレンの量に関して、0.01 mg/L 以下	ホルムアルデヒド	0.08 mg/L 以下
鉛及びその化合物	鉛の量に関して、0.01 mg/L 以下	亜鉛及びその化合物	亜鉛の量に関して、1.0 mg/L 以下
ヒ素及びその化合物	ヒ素の量に関して、0.01 mg/L 以下	アルミニウム及びその化合物	アルミニウムの量に関して、0.2 mg/L 以下
六価クロム化合物	六価クロムの量に関して、0.05 mg/L 以下	鉄及びその化合物	鉄の量に関して、0.3 mg/L 以下
亜硝酸態窒素	0.04 mg/L 以下	銅及びその化合物	銅の量に関して、1.0 mg/L 以下

シアン化物イオン及び塩化シアン	シアンの量に関して、0.01 mg/L 以下	ナトリウム及びその化合物	ナトリウムの量に関して、200 mg/L 以下
硝酸態窒素及び亜硝酸態窒素	10 mg/L 以下	マンガン及びその化合物	マンガンの量に関して、0.05 mg/L 以下
フッ素及びその化合物	フッ素の量に関して、0.8 mg/L 以下	塩化物イオン	200 mg/L 以下
ホウ素及びその化合物	ホウ素の量に関して、1.0 mg/L 以下	カルシウム、マグネシウム等(硬度)	300 mg/L 以下
四塩化炭素	0.002 mg/L 以下	蒸発残留物	500 mg/L 以下
1,4-ジオキサン	0.05 mg/L 以下	陰イオン界面活性剤	0.2 mg/L 以下
シス-1,2-ジクロロエチレン及びトランス-1,2-ジクロロエチレン	0.04 mg/L 以下	ジェオスミン	0.00001 mg/L 以下
ジクロロメタン	0.02 mg/L 以下	2-メチルイソボルネオール	0.00001 mg/L 以下
テトラクロロエチレン	0.01 mg/L 以下	非イオン界面活性剤	0.02 mg/L 以下
トリクロロエチレン	0.01 mg/L 以下	フェノール類	フェノールの量に換算して、0.005 mg/L 以下
ベンゼン	0.01 mg/L 以下	有機物(全有機炭素(TOC)の量)	3 mg/L 以下
塩素酸	0.6 mg/L 以下	pH 値	5.8 以上 8.6 以下
クロロ酢酸	0.02 mg/L 以下	味	異常でないこと
クロロホルム	0.06 mg/L 以下	臭気	異常でないこと
ジクロロ酢酸	0.04 mg/L 以下	色度	5 度以下
ジブロモクロロメタン	0.1 mg/L 以下	濁度	2 度以下
臭素酸	0.01 mg/L 以下		

(2014 年 4 月 11 日現在)

表-1.5 水質管理目標設定項目と目標値[37]

項目	目標値	項目	目標値
アンチモン及びその化合物	アンチモンの量に関して、0.02 mg/L 以下	マンガン及びその化合物	マンガンの量に関して、0.01 mg/L 以下
ウラン及びその化合物	ウランの量に関して、0.002 mg/L 以下(暫定)	遊離炭酸	20 mg/L 以下
ニッケル及びその化合物	ニッケルの量に関して、0.02 mg/L	1,1,1-トリクロロエタン	0.3 mg/L 以下
1,2-ジクロロエタン	0.004 mg/L 以下	メチル-t-ブチルエーテル	0.02 mg/L 以下
トルエン	0.4 mg/L 以下	有機物等(過マンガン酸カリウム消費量)	3 mg/L 以下
フタル酸ジ(2-エチルヘキシル)	0.1 mg/L 以下	臭気強度(TON)	3 以下
亜塩素酸	0.6 mg/L 以下	蒸発残留物	30 mg/L 以上 200 mg/L 以下
二酸化塩素	0.6 mg/L 以下	濁度	1 度以下
ジクロロアセトニトリル	0.01 mg/L 以下(暫定)	pH 値	7.5 程度

抱水クロラール	0.02 mg/L 以下（暫定）	腐食性（ランゲリア指数）	−1程度以上とし、極力0に近づける
農薬類	検出値と目標値の比の和として、1以下	従属栄養細菌	1 mLの検水で形成される集落数が2,000以下（暫定）
残留塩素	1 mg/L 以下	1,1-ジクロロエチレン	0.1 mg/L 以下
カルシウム、マグネシウム等（硬度）	10 mg/L 以上 100 mg/L 以下	アルミニウム及びその化合物	アルミニウムの量に関して、0.1 mg/L 以下

（2014年4月11日現在）

表-1.6 要検討項目と目標値 [37]

項 目	目標値(mg/L)	項 目	目標値(mg/L)
銀	−	フタル酸ブチルベンジル	0.5（暫定）
バリウム	0.7	ミクロキスチン-LR	0.0008（暫定）
ビスマス	−	有機すず化合物	0.0006（暫定）(TBTO)
モリブデン	0.07	ブロモクロロ酢酸	−
アクリルアミド	0.0005	ブロモジクロロ酢酸	−
アクリル酸	−	ジブロモクロロ酢酸	−
17-β-エストラジオール	0.00008（暫定）	ブロモ酢酸	−
エチニル-エストラジオール	0.00002（暫定）	ジブロモ酢酸	−
エチレンジアミン四酢酸(EDTA)	0.5	トリブロモ酢酸	−
エピクロロヒドリン	0.0004（暫定）	トリクロロアセトニトリル	−
塩化ビニル	0.002	ブロモクロロアセトニトリル	−
酢酸ビニル	−	ジブロモアセトニトリル	0.06
2,4-ジアミノトルエン	−	アセトアルデヒド	−
2,6-ジアミノトルエン	−	MX	0.001
N,N-ジメチルアニリン	−	キシレン	0.4
スチレン	0.02	過塩素酸	0.025
ダイオキシン類	1pgTEQ/L（暫定）	パーフルオロオクタンスルホン酸（PFOS）	−
トリエチレンテトラミン	−	パーフルオロオクタン酸（PFOA）	−
ノニルフェノール	0.3（暫定）	N-ニトロソジメチルアミン（NDMA）	0.0001
ビスフェノールA	0.1（暫定）	アニリン	0.02
ヒドラジン	−	キノリン	0.0001
1,2-ブタジエン	−	1,2,3-トリクロロベンゼン	0.02
1,3-ブタジエン	−	ニトリロ三酢酸(NTA)	0.2
フタル酸ジ(n-ブチル)	0.2（暫定）		

（2014年4月11日現在）

従来、水道水質基準はおよそ10年ごとにまとまった改正が行われていたが、2003年の全面改正後は、WHO飲料水水質ガイドラインにならって逐次改正が行われるようになった。水質基準項目のうち、微生物に係る項目は一般細菌と大腸菌だけであり、これら以外は化学物質に係る項目と一般的な性状に係る項目である。一般に、化学物質に係る項目については、内閣府食品安全委員会による毒性評価に基づいて基準が定められており、その際の基本的な考え方は厚生労働省資料[38]によれば次のとおりである。なお、ここで言う評価値とは、このような考え方に従って算定される水中の物質の濃度で、毒性評価の面から基準として妥当と考えられる濃度のことである。

 「評価値の算定に当たっては、WHO等が飲料水の水質基準設定に当たって広く採用している方法を基本とし、食物、空気等他の曝露源からの寄与を考慮しつつ、生涯にわたる連続的な摂取をしても人の健康に影響が生じない水準を基として設定している。

 具体的には、閾値があると考えられる物質については、基本的には

- <u>1日に飲用する水の量を2 L</u>
- <u>人の平均体重を50 kg(WHOでは60 kg)</u>
- <u>水道水由来の曝露割合として、TDIの10%(消毒副生成物は20%)を割り当て</u>とする条件の下で、対象物質の1日曝露量がTDIを超えないように評価値を算出した。ただし、物質によっては異なる曝露シナリオを用いている場合がある。

 一方、閾値がないと考えられる物質については、VSDまたはリスク評価をもとに評価値を設定した。

 なお、水質基準は、水道において維持されることが義務付けられていることに鑑み、評価値の設定に当たっては水処理技術及び水質検査技術についても考慮することとしている」(筆者注：下線は原文のまま。TDIは耐容一日摂取量(tolerable daily intake)の略。動物実験の結果に基づく推定により、非発がん物質について健康影響のおそれがないとみなし得る1日当たりの摂取量。また、VSDは実質安全量(virtually safe dose)の略。動物実験の結果に基づく推定により、発がん物質について実質的に安全と見なし得るレベルの摂取量。生涯を通じたリスクの増分、例えば10^{-5}などに対応)。

 定期の水質検査における水の採取場所、検査頻度などは、水道法施行規則により定められている。このうち水の採取場所は、給水栓を原則とするが、いくつかの特

定の項目については、支障がないことが明らかであると認められる限り、浄水場の出口などとしても良いとされている。特に鉛に関しては、鉛製給水管からの溶出を考慮して、水を15分間滞留させた後に給水栓から水を採取することとされている[39]。また検査頻度については、一般細菌、大腸菌、塩化物イオン、有機物（全有機炭素TOCの量）、pH値、味、臭気、色度および濁度の9項目はおおむね月1回以上、ジェオスミンおよび2-メチルイソボルネオールは検査の必要がないと認められる時期を除いておおむね月1回以上、その他の項目はおおむね3ヶ月に1回以上とするが、状況に応じて年1回以上または3年に1回以上としても良いことなどが定められている。このほか、水質基準項目としてではないが、色および濁り、ならびに消毒の残留効果について、1日1回以上検査を行うことが求められている。検査頻度に関するこれらの規定は、水道事業の種類にかかわらずすべての水道に適用される。検査箇所数については、水道法施行規則などにおいて具体的な規定はない。定期の水質検査とは別に臨時の水質検査についても、水道法施行規則でその方法などが定められている。水道事業者、水道用水供給事業者および専用水道の設置者は、水質検査計画を年度ごとに策定することが求められている。

その他、水質基準に関連することとして、水道施設の技術的基準（施設基準）と給水装置の構造及び材質の基準においては、以下のことが定められている。

・水道施設の技術的基準（施設基準）
　－水道用薬品によって水に付加される物質についての基準
　－資機材からの浸出に関する基準
・給水装置の構造及び材質の基準
　－給水装置からの浸出に関する基準

これらのうち水道用薬品と資機材の基準、ならびに給水装置のうち末端給水用具の基準における各項目の基準値は、いずれも水道水質基準の1/10が基本原則となっている。

ところで、水道法第23条では、「水道事業者は、その供給する水が人の健康を害するおそれがあることを知つたときは、直ちに給水を停止し、かつ、その水を使用することが危険である旨を関係者に周知させる措置を講じなければならない。」とされている。水質基準超過時にとるべき措置について、法令による明確な規定はないが、厚生労働省健康局水道課長通知[39]の中で「第2水質異常時の対応について」として、次のように記されている。

「1 水質検査の結果、水質基準を超えた値が検出された場合には、直ちに原因究

明を行い、基準を満たすため下記2から5に基づき必要な対策を講じること。なお、水質検査結果に異常が認められた場合に、確認のため直ちに再検査を行うこと。」

これに続く「下記2から5」においては、項目別に具体的な指示が記されている。さらに、この通知の「別添3 水質異常時の対応について」において、基準超過が継続することが見込まれる場合には、「取水及び給水の緊急停止措置を講じ、かつ、その旨を関係者に周知させる措置を講じること」と併せて、関係者への周知、ならびに水質の監視についての留意事項などが示されている。

なお、先に述べたように水質基準とは別にこれを補完するものとして、水質管理目標設定項目とその目標値、ならびに要検討項目とその目標値が定められている。水質管理目標設定項目は、「水質基準とするに至らないが、水道水中での検出の可能性があるなど、水質管理上留意すべき項目[36)]」であり、現時点で26項目について目標値が設定されている。このうち農薬類についてはいわゆる総農薬方式を採用し、物質ごとに個別に目標値を示したうえで、目標値に対する検出濃度の比の合計値が1を超えないこととしている。また、要検討項目は、「毒性評価が定まらない、浄水中の存在量が不明等の理由から水質基準及び水質管理目標設定項目のいずれにも分類できない項目[36)]」であり、現時点で47項目について目標値が設定されている。

(3) 消毒およびその他水道水の安全性の観点から

水道法第22条では、水道事業者は「消毒その他衛生上必要な措置を講じなければならない」としている。これに基づいて、水道法施行規則第17条では衛生上必要な措置に関して、「給水栓における水が、遊離残留塩素を0.1 mg/L(結合残留塩素の場合は、0.4 mg/L)以上保持するように塩素消毒をすること」と定めている。しかし、耐塩素性が高い原虫クリプトスポリジウムに起因する大規模な集団下痢症が、1996年に埼玉県越生町の水道で発生して大きな被害をもたらした[16)]。このことを受けて、クリプトスポリジウムなどの原虫による汚染に対処するために、水道におけるクリプトスポリジウム等対策指針[40)]が策定されている。この指針では、水道原水のクリプトスポリジウムなどによる汚染のおそれの程度に応じた、施設整備、原水等の検査、運転管理、水源対策などの予防対策、ならびに万一クリプトスポリジウム症等が発生した場合の応急対応について定めている。この中で、施設整備に関しては、必要に応じてろ過又は紫外線照射を行う設備を設けること、ろ過を行う場合、ろ過水濁度は0.1度以下に維持すべきこととしている。

上記のように、日本ではすべての水道で、給水栓での残留塩素の保持が義務付け

られている。そのため、水道水を飲んで水系感染症に感染したというような事例は、全くないわけではないが非常に限られている。このほか、水道水の汚染が原因で、水系感染以外の何らかの健康被害があったというような事例も、近年ではほとんど認められていない。山田ら[41]は、平成9-18(1997-2006)年度の10年間における飲料水(先に述べた日本における水道の定義の枠を越える小規模の給水施設や、貯水槽水道により供給される水を含む)の汚染に起因する健康被害の発生状況について整理している。これによれば、この間の健康被害事例の件数は27件、患者数は2,328人で、このうち大部分の24件が病原体に起因するものであり、塩素消毒が満足に行われていれば多くは防げたはずであろうことが指摘されている。なお、これらのデータには、1996年の埼玉県におけるクリプトスポリジウム集団下痢症は含まれていない。

水道水の安全性だけでなく水道事業全般に関することではあるが、水道法第39条では、必要に応じた国による水道事業者からの報告の聴取や、国の担当職員による水道施設への立ち入りなどについて規定している。この規定に基づき、厚生労働省では毎年計画的に立ち入り検査を実施して、衛生上の措置、衛生管理の実施状況、水質検査の実施状況、水質基準の遵守状況などについて水道事業者を指導している[42]。

水道水の安全性や水質管理に関して、厚生労働省による年報のようなものは特にない。水道の水質データについては、日本水道協会による水道統計[33]の中でまとめて記載されており、また、最近のデータについては同協会のホームページでも公表されている[43]。

水道水の汚染に関して、微生物、化学物質のほかに、もう一つ注目しておかなくてはならないのは放射性物質である。水道水中の放射性物質について日本では水質基準は定められていないが、2011年3月の福島第一原子力発電所の事故による広域的な汚染を受けて、放射性セシウム(セシウム134および137の合計)10Bq/kgの管理目標値が新たに設けられた[44]。この管理目標値は、食品衛生法における放射性セシウムに関しての飲料水の新基準値や、WHO飲料水水質ガイドラインにおける飲料水中の放射性核種のガイダンスレベルを考慮して設定されたものである。

水道水の安全確保については、1.2で述べたように、WHOなどが水安全計画の策定と活用を以前より提唱している。そのため、日本でもこの導入について早くから検討が進められ、水安全計画策定ガイドライン[45]が策定されている。しかしながら、平成22(2010)年度の厚生労働省による水道事業者を対象とした調査によれば、

「策定済み」と「一部策定済み」を合わせてもわずか45事業(3%)、「策定中」も160事業(11%)にとどまっている[46]。

1.3.3 水道水源の水質保全

水道水源の水質保全について水道法で具体的な規制はないが、環境基本法とそれに基づく環境基準や水質汚濁防止法とそれに基づく排水基準などが、それに代わる重要な役割を果たしている。水質汚濁に係る環境基準は、行政目標としての公共用水域および地下水についての基準であり、これには、人の健康の保護に関する環境基準(健康項目)と生活環境の保全に関する環境基準(生活環境項目)がある。このうち健康項目の環境基準は、すべての公共用水域と地下水に一律に適用されるものである。健康項目の環境基準には、水道水質基準と同一の項目が多く、基準値も同じものが多い。一方、生活環境項目の環境基準は、公共用水域の汚染レベルに応じた類型分けがされており、水域ごとにいわゆる類型指定が行われている。この生活環境項目の環境基準では、各類型に対応して利用目的の適応性が示されている。水道利水に関しては、次のように区分されている。

水道1級：ろ過等による簡易な浄水操作を行うもの
水道2級：沈殿ろ過等による通常の浄水操作を行うもの
水道3級：前処理等を伴う高度の浄水操作を行うもの

また、水質汚濁防止法では、事業場からの排水の規制、生活排水対策の推進、有害物質の地下浸透規制などが盛り込まれており、上記の環境基準に対応して、健康項目に関する排水基準と生活環境項目に関する排水基準が定められている。このうち健康項目の排水基準は、原則として環境基準の10倍に相当する基準となっている。排水基準については遵守義務があり、違反した場合には処罰される。

水道原水水質保全事業の実施の促進に関する法律および特定水道利水障害の防止のための水道水源水域の水質の保全に関する特別措置法は、水道原水の水質保全を目的として制定されているもので、まとめて水源二法と呼ばれる。それぞれの概要は、先に**表-1.3**に示したとおりである。水源二法は、いずれも、水道におけるトリハロメタン生成量の抑制を主な目的としたものであるが、これらが適用された事例は少数にとどまっている。このほか、水道水源の水質保全に関係する法律として、湖沼水質保全特別措置法、下水道法、浄化槽法などがある。また、化学物質の規制に関しては、**表-1.3**に示したように化学物質の審査及び製造等の規制に関する法律

や農薬取締法がある。

　国による規制ではないが、市町村などが水源保護を目的とした条例、要項などを制定している例や、水源涵養林を取得、管理している例などは多数ある[47]。そのような中で特にユニークな取り組みは、長野県による水道水源保全地区の指定[48]である。この水道水源保全地区はドイツの水源保護区域（Wasserschutzgebiet）（第9章参照）を参考にしたもので、長野県水環境保全条例に基づいて地区指定が行われている。この条例によれば、「地区内において次の行為をしようとする場合は、あらかじめ知事に協議し、その同意を得なければならない」とされている。

① ゴルフ場の建設
② 廃棄物の最終処分場の設置
③ 1 ha を超える土石類の採取等の土地の形質の変更

2010年1月末現在、指定箇所数は40地区、総面積は3,703 ha に上っている。

　このほか、水道事業者が水系単位で自主的に組織している水質協議会が、水道水源の水質保全に重要な役割を果たしている。

参考文献

1) WHO: Facts and Figures on Water Quality and Health, World Health Organization, http://www.who.int/water_sanitation_health/facts_figures/en/index.html （2013年7月20日）
2) Poverty-Environment Partnership：Poverty, Health & Environment：Placing Environmental Health on Countries' Development Agendas, Joint Agency Paper, June 2008, 例えば http://www.norad.no/en/tools-and-publications/publications/publication?key=109799 （2013年7月21日）
3) United Nations：Millennium Development Goals and leyond 2015, http://www.un.org/millenniumgoals/ （2014年4月18日）
4) United Nations：The Millennium Development Goals Report 2010, http://www.un.org/millenniumgoals/pdf/MDG%20Report%202010%20En%20r15%20-low%20res%2020100615%20-.pdf （2013年8月5日）
5) United Nations：The Millennium Development Goals Report 2012, http://www.un.org/en/development/desa/publications/mdg-report-2012.html （2013年8月3日）
6) WHO and UNICEF：Progress on sanitation and drinking-water-2013 update, ISBN 978 92 4 150539 0, http://www.who.int/water_sanitation_health/publications/2013/jmp_report/en/index.html （2013年7月19日）
7) Thompson, T., Fawell, J., Kunikane, S., Jackson, D., Appleyard, S., Callan, P., Bartram, J., and Kingston, P.：Chemical safety of drinking-water：Assessing priorities for risk management, World Health Organization, ISBN 92 4 154676 X, 2007.

http://www.who.int/water_sanitation_health/dwq/dwchem_safety/en/index.html　（2013 年 8 月 6 日）
8）山村尊房：5. 飲み水と地球環境、森澤眞輔編、生活水資源の循環技術、コロナ社、pp.216-273、ISBN 4-339-06852-7、2005
9）WHO：Guidelines for drinking-water quality, fourth edition, Geneva, ISBN 978 92 4 154815 1, 2011, http://www.who.int/water_sanitation_health/publications/2011/dwq_guidelines/en/index.html　（2013 年 7 月 15 日）、【同日本語版】国立保健医療科学院：WHO 飲料水水質ガイドライン第 4 版、2011、ISBN 978-4-903997-06-3,
http://www.niph.go.jp/soshiki/suido/WHO_GDWQ_4th_jp.html　（2013 年 7 月 15 日）
10）World Bank：Towards a More Effective Operational Response：Arsenic Contamination of Groundwater in South and East Asian Countries, Volume 1, Policy Report, 2005,
https://openknowledge.worldbank.org/handle/10986/8526　（2013 年 8 月 7 日）
11）Fawell, J., Bailey, K., Chilton, J., Dahi, E., Fewtrell, L., and Magara, Y.：Fluoride in drinking-water, World Health Organization, Geneva, ISBN 92 4 156319 2, 2006,
http://www.who.int/water_sanitation_health/publications/fluoride_drinking_water/en/index.html　（2013 年 8 月 6 日）
12）筒井昭仁：フッ化物応用と公衆衛生、保健医療科学、52(1)、pp.34-44、2003、
http://www.niph.go.jp/journal/data/52-1/200352010006.pdf　（2013 年 8 月 5 日）
13）Walton, G.：Survey of literature relating to infant methemoglobinemia due to nitrate-contaminated water. American Journal of Public Health, 1951；4, 986-996
14）田中淳子、堀米仁志、今井博則、森山伸子、齊藤久子、田島静子、中村了正、滝田齊：井戸水が原因で高度のメトヘモグロビン血症を呈した 1 新生児例、小児科臨床、49(7)、pp.1661-1665、1996
15）厚生労働省：全国水道関係担当者会議資料、平成 25 年 3 月 14 日、
http://www.mhlw.go.jp/topics/bukyoku/kenkou/suido/tantousya/2012/dl/02-000.pdf　（2013 年 8 月 5 日）
16）埼玉県衛生部：「クリプトスポリジウムによる集団下痢症」－越生町集団下痢症発生事件－報告書、平成 9 年 3 月、国立保健医療科学院健康危機管理支援ライブラリー、http://h-crisis.niph.go.jp/node/29238　（2013 年 8 月 10 日）
17）O'Connor, D. R.：Report of the Walkerton Inquiry, Ontario Ministry of the Attorney General, ISBN 0-7794-2558-8, 2002,
http://www.attorneygeneral.jus.gov.on.ca/english/about/pubs/walkerton/part1/WI_Summary.pdf　（2013 年 6 月 21 日）
18）Committee on Toxicity of Chemicals in Food, Consumer Products and the Environment：Lowermoor report - April 2013, http://cot.food.gov.uk/cotwg/lowermoorsub/draftlowermoorreport/　（2013 年 8 月 7 日）
19）Vietnam Institute of Meteorology, Hydrology and Environment：Impact of climate change on water resources and adaptation measures, final report. Hanoi, Vietnam, 2010,
http://assela.pathirana.net/images/6/6e/Impact_of_climate_change_on_water_resources_and_adaptation_measures.pdf　（2013 年 8 月 21 日）
20）WHO：WHO Guidelines for Drinking-water Quality：Policies and Procedures used in updating the WHO Guidelines for Drinking-water Quality, Geneva, 2009,
http://whqlibdoc.who.int/hq/2009/WHO_HSE_WSH_09.05_eng.pdf　（2013 年 7 月 15 日）
21）European Union：Council Directive 98/83/EC of 3 November 1998 on the quality of water intended for

human consumption,
http://europa.eu/legislation_summaries/environment/water_protection_management/l28079_en.htm#amendingact （2013 年 8 月 20 日）

22） European Union：Directive 2000/60/EC of the European Parliament and of the Council establishing a framework for the Community action in the field of water policy：EU Water Framework Directive,
http://europa.eu/legislation summaries/environment/water protection management/l28002b en.htm
（2013 年 8 月 20 日）

23） Environment Protection and Heritage Council, the Natural Resource Management Ministerial Council and the Australian Health Ministers' Conference：Australian Guidelines for Water Recycling：Managing Health And Environmental Risks(Phase 2) Augmentation of Drinking Water Supplies, May 2008, ISBN 1 921173 19 X,
http://www.environment.gov.au/water/publications/quality/water-recycling-guidelines-augmentation-drinking-22.html （2013 年 8 月 18 日）

24） Bartram, J., Corrales, L., Davison, A., Deere, D., Drury, D., Gordon, B., Howard, G., Rinehold, A., and Stevens, M.：Water safety plan manual：Step-by-step risk management for drinking-water suppliers. World Health Organization. Geneva, ISBN 978 92 4 156263 8, 2009,
http://www.wsportal.org/uploads/IWA%20Toolboxes/WSP/Manual%20Water%20Safety-english.pdf （2013 年 7 月 18 日）

25） WHO and IWA：Water Safty Potal,
http://www.wsportal.org/ibis/water-safety-portal/eng/home （2013 年 7 月 18 日）

26） 国包章一、島崎大：残留塩素に依存しない水道の水質管理手法に関する文献調査：①諸外国の水道における消毒及び給配水水質管理の状況、厚生労働科学研究費補助金（健康科学総合研究事業）「残留塩素に依存しない水道の水質管理手法に関する研究」（主任研究者：国包章一）、平成 18 年度総括・分担研究報告書、2006：19-33

27） Singapore's National Water Agency：NEWater,
http://www.pub.gov.sg/products/NEWater/Pages/default.aspx （2013 年 8 月 9 日）

28） Orange County Water District：Groundwater Replenishment System,
http://www.gwrsystem.com/ （2013 年 8 月 10 日）

29） 厚生労働省：水道の基本統計,
http://www.mhlw.go.jp/topics/bukyoku/kenkou/suido/database/kihon/ （2013 年 8 月 10 日）

30） 日本水道協会：日本の水道（パンフレット）、2013

31） 厚生労働省：貯水槽水道及び飲用井戸等に係る衛生管理状況調査（平成 18 年度）、
http://www.mhlw.go.jp/topics/bukyoku/kenkou/suido/suishitsu/04.html （2013 年 8 月 19 日）

32） 日本水道協会水道統計編纂専門委員会：水道統計の経年分析（平成 23 年度）、水道協会雑誌、82(8)、pp.57-95、2013

33） 日本水道協会：水道統計「平成 22 年度」（第 93 号）、2011

34） 国土交通省土地・水資源局水資源部：平成 24 年度版日本の水資源について～持続可能な水利用の確保に向けて～、平成 24 年 8 月, http://www.mlit.go.jp/tochimizushigen/mizsei/hakusyo/H24/ （2013 年 8 月 10 日）

35） 東京都水道局：東京の水道（パンフレット）、2010

36） 厚生労働省：第 4 回厚生科学審議会生活環境水道部会、資料 3：水質基準の見直し等について（水質管

理専門委員会専門委員会報告）、2003 年 4 月 28 日，http://www.mhlw.go.jp/shingi/2003/04/s0428-4b.html （2013 年 7 月 9 日）

37）厚生労働省：水道水質基準について、
http://www.mhlw.go.jp/topics/bukyoku/kenkou/suido/kijun/index.html （2014 年 4 月 11 日）

38）厚生労働省:水道水質基準等の設定の考え方について,平成21年度第2回水質基準逐次改正検討会参考資料3、
http://www.mhlw.go.jp/topics/bukyoku/kenkou/suido/kentoukai/dl/kijun091201-2h.pdf （2013 年 7 月 8 日）

39）厚生労働省：水質基準に関する省令の制定及び水道法施行規則の一部改正等並びに水道水質管理における留意事項について(厚生労働省健康局水道課長通知)、平成 15 年 10 月 10 日(最終改正平成 25 年 3 月 28 日)、
http://www.mhlw.go.jp/topics/bukyoku/kenkou/suido/hourei/suidouhou/tuuchi/dl/1010001.pdf （2013 年 7 月 8 日）

40）厚生労働省：水道水中のクリプトスポリジウム等対策の実施について(厚生労働省健康局水道課長通知)、平成 19 年 3 月 30 日、
http://www.mhlw.go.jp/topics/bukyoku/kenkou/suido/kikikanri/dl/ks-0330005.pdf （2013 年 7 月 9 日）

41）山田俊郎、秋葉道宏、浅見真理、島崎大、国包章一：我が国における飲料水健康危機事例の分析、環境工学研究論文集、45、pp.563-570、2008

42）厚生労働省：厚生労働大臣認可事業者への指導監督に関する情報、
http://www.mhlw.go.jp/stf/seisakunitsuite/bunya/topics/bukyoku/kenkou/suido/jouhou/shidou/index.html （2014 年 4 月 21 日）

43）日本水道協会：水道水質データベース、
http://www.jwwa.or.jp/mizu/ （2013 年 7 月 12 日）

44）厚生労働省：水道水中の放射性物質に係る管理目標値の設定等について(厚生労働省健康局水道課長通知)、平成 24 年 3 月 5 日、
http://www.mhlw.go.jp/stf/houdou/2r98520000018ndf.html （2013 年 7 月 11 日）

45）厚生労働省：水安全計画策定ガイドライン、平成 20 年 5 月、
http://www.mhlw.go.jp/topics/bukyoku/kenkou/suido/hourei/jimuren/dl/080530-5.pdf （2013 年 7 月 11 日）

46）厚生労働省：平成 23 年度全国水道関係担当者会議資料、
http://www.mhlw.go.jp/topics/bukyoku/kenkou/suido/tantousya/2011/02.html （2013 年 7 月 11 日）

47）厚生労働省：水道水源の保全に関する取組み状況調査について、平成 19 年 3 月、
http://www.mhlw.go.jp/topics/bukyoku/kenkou/suido/jouhou/suisitu/o6.html （2013 年 7 月 12 日）

48）長野県：水道水源保全地区の指定状況、
https://www.pref.nagano.lg.jp/mizutaiki/infra/suido-denki/suido/anzen/hozenchi.html （2014 年 4 月 18 日）

第2章
欧州連合(EU)における水道の水質管理と水源保全

　EU加盟国は2004年には15ヶ国であったが、その後は東欧諸国の加盟により、2013年には28ヶ国となった。EUの水関連の規制は、EU加盟国が目的達成の義務を有するが、その方法や形式は各国に任された「指令(Directive)」によるものが多く、代表的なものが2000年の水枠組指令(WFD)である。WFDは表流水と地下水を保全の対象とし、期日を定めてこれらの水源の良好な状態を達成することを目的として、それまでの個別に制定されていた複数の指令を統合し、流域管理の原則と水利用者の費用負担の原則を定めた。WFDのもとで、従来制定された飲料水指令、地下水指令、硝酸塩指令などが統合的に運用される仕組みとなっており、これらによりEU加盟国の水源や水道水の水質監視と水道水の安全性の確保が行われている。

EUの基礎データ[1]
　加盟国：28ヶ国(2013年現在)
　加盟年、加盟国名および加盟国数：
　　1967年　欧州共同体EC発足
　　　　　　ベルギー、ドイツ、イタリア、フランス、オランダ、ルクセンブルク(6ヶ国)
　　1973年　アイルランド、イギリス、デンマーク(9ヶ国)
　　1981年　ギリシャ(10ヶ国)
　　1986年　スペイン、ポルトガル(12ヶ国)
　　1993年　欧州連合(EU)創設
　　1995年　オーストリア、フィンランド、スウェーデン(15ヶ国)
　　2004年　チェコ、エストニア、キプロス、ラトビア、リトアニア、ハンガリー、マルタ、ポーランド、スロヴェニア、スロヴァキア(25ヶ国)
　　2007年　ブルガリア、ルーマニア(27ヶ国)

2013 年　クロアチア(28 ヶ国)
加盟国人口：5 億 5,024 万人(2012 年)
1 人当たり国民総所得：25,654 ユーロ(2012 年)
通貨：ユーロ(EUR)(2014 年 4 月現在、1EUR＝約 141 円)

2.1 成り立ちと行政の仕組み [1]

2.1.1 EU の歴史 [1]

　20 世紀中に二度の大戦を経験した欧州では、1950 年にフランス外相(当時)のロベール・シューマンが鉄鋼共同体(ECSC)の創設を提唱した。この提案に基づいて、ベルギー、西ドイツ(当時)、フランス、イタリア、ルクセンブルグ、オランダの 6 ヶ国が 1951 年に締結したパリ条約によって ECSC が創設され、それに続いて欧州経済共同体(EEC)と欧州原子力共同体(ユーラトム)が 1957 年のローマ条約によって設立された(表-2.1)。

　1965 年には、これら欧州 3 共同体を統合するブリュッセル条約が調印され、1967 年には単一の閣僚理事会と単一の委員会(EC 委員会)を持つ欧州共同体(EC)が発足した。その後、加盟国数が増加し、現在は 28 ヶ国が EU に加盟している。EU に新規加盟するためには、1993 年のコペンハーゲン欧州理事会で決定された「コペンハーゲン基準」の要件を満たす必要がある。コペンハーゲン基準は、政治的基準と経済的基準があり、政治的目標ならびに経済通貨同盟を含む加盟国としての義務を負う能力を有することを求めている。すなわち、EU 法を国内法に置き換たうえで、適正な行政・司法機構によって効果的に施行されていくことを求めている。

　1993 年には、欧州連合条約(マーストリヒト条約)が発効し、EC は欧州連合(EU)へと発展的に移行した。2002 年には EU 域内の 12 ヶ国で欧州単一通貨であるユーロの流通が始まり、その後、ユーロを導入する国が増えた結果、現在ではユーロはドルと並ぶ国際通貨としての地位を確立した。2004 年に調印した欧州憲法の導入はフランスとオランダの国民投票で否決されたが、2009 年には、EU の新しい基本条約であるリスボン条約が発効し、今日の EU の機構ができ上がった。

表-2.1　EUの歴史

1951年4月	ベルギー、ドイツ連邦共和国、フランス、イタリア、ルクセンブルグ、オランダの6ヶ国、ECSC設立条約（パリ条約）に調印
1955年6月	ECSC外相会議が「メッシーナ宣言」を採択。欧州経済共同体（EEC）および欧州原子力共同体（EAEC = Euratom）の創設を決定
1957年3月	ベルギー、フランス、ドイツ、イタリア、ルクセンブルグ、オランダの6ヶ国はローマにて、「欧州経済共同体（EEC）の設立に関する条約」（ローマ条約）に調印
1965年4月	欧州3共同体（ECSC、EEC、Euratom）の理事会および執行機関を統合する条約（ブリュッセル条約）に調印
1967年7月	ブリュッセル条約発効により、単一閣僚理事会、単一委員会（EC委員会）発足。以後3共同体は欧州共同体（EC）と総称される
1969年12月	元首・首脳がハーグで会合を開き、単一市場の完成、統合の一層の推進、EC拡大を討議。1980年までに経済通貨同盟（EMU）へ段階的に進むこと、統合と政治分野での協力の加速で合意
1973年1月	デンマーク、アイルランド、英国が加盟。共通通商政策に関して、ECに単独の権限が認められる
1978年7月	ブレーメン欧州理事会、欧州通貨制度（EMS）と欧州通貨単位（ECU）を設置する計画を承認
1981年1月	ギリシャが加盟
1986年1月	スペインとポルトガルが加盟
1992年2月	欧州連合条約（マーストリヒト条約）調印
1993年11月	欧州連合条約（マーストリヒト条約）発効により欧州連合（The European Union = EU）創設
1995年1月	オーストリア、フィンランド、スウェーデンが加盟
1999年1月	EMUの第三段階として欧州単一通貨ユーロが誕生
2002年1月	12ヶ国でユーロの流通が開始
2004年5月	チェコ、エストニア、キプロス、ラトヴィア、リトアニア、ハンガリー、マルタ、ポーランド、スロヴェニア、スロヴァキアが加盟
2004年10月	加盟25ヶ国の首脳がローマにて欧州憲法制定条約に調印
2007年1月	ブルガリアとルーマニアが加盟
2007年12月	EU加盟27ヶ国の首脳がリスボン条約と称される新しい基本条約に調印。同条約は既存の基本条約を改正するもので、これにより、フランス、オランダの国民投票で欧州憲法条約の批准が否決されたことで生じたEU機構制度改革議論の停滞に終止符が打たれた
2013年7月	クロアチアが加盟、加盟国数が28になる。

出典：駐日欧州連合代表部ホームページ　http://www.euinjapan.jp/

2.1.2 EU の組織と法制度

(1) EU の組織 [1,2]

EU には、選挙により議員を選ぶ欧州議会、加盟国を代表する閣僚によって構成される欧州連合理事会、元首・政府首脳からなる欧州理事会、基本条約のもとで共同体法を提案し実施する権限を持つ欧州委員会、共同体法が遵守されるように図る欧州裁判所、そして、EU の財政管理を監査する会計監査院などの機関がある。また、EU 内のプロジェクト資金を調達するための機関として欧州投資銀行がある。

a. **欧州委員会**(European Commission)　欧州委員会は EU の政策実施機関であり、委員はニース条約に基づき各加盟国から 1 人ずつ任命され、任期は 5 年である。欧州委員会の委員は出身国政府の意向とは独立して、EU の利益のために行動することが義務付けられており、欧州委員会を譴責する権限を持つのは欧州議会のみである。欧州委員会の委員はそれぞれ 1 つ以上の政策領域に関して責任分野を持っているが、決定に関しては連帯責任を負う。

欧州委員会は、基本条約の堅持、法案の提出、決定事項の実施などを行う。条約が実施されない場合は、加盟国を条約違反で提訴することができる。

欧州委員会は、EU の機構において唯一法案を提出する権限を持ち、法案の採択に向けて影響力を行使することができる。欧州委員会が提案し、欧州連合理事会と欧州議会により採択された法案について、欧州委員会はそれを執行する責務がある。欧州委員会による法案は、経済分野での規制が多く、環境や新技術が経済活動に影響する分野に関して、法的な規制を行っている。この分野での EU の基本的な考え方は予防原則であり、世界的にみても厳しい規制を行っていることから、EU 以外の国々への影響が大きい。

また、欧州委員会は EU の行政執行機関として、条約の特定の条項を施行するための規則を発令し、EU の予算執行においては、欧州会計検査院の監査を受ける。

b. **欧州議会**(European Parliament)　EU 加盟国 28 ヶ国の市民 5 億人を代表する欧州議会の議員定数は 766 人であり、議員は直接普通選挙によって選出される。欧州議会は、EU の政策を推進するための議論を行うとともに、欧州委員会委員の任命を承認し、また 3 分の 2 の多数で罷免する権限を持っている。また、欧州議会は欧州委員会の業務について表決し、EU の政策運営を監視している。欧州議会と欧州理事会は共同で予算承認の権限を有し、欧州議会は年次予算の実施状況を監視している。

c. **欧州理事会**(European Council)　1974 年に設置された欧州理事会は、2009 年のリスボン条約発効により EU の正式な機関となった。欧州理事会は、加盟国の国家元首または政府首脳、および欧州理事会議長と欧州委員会委員長で構成され、少なくとも年に 4 回の理事会を開き、EU の政治指針と優先課題を決定する。加盟国の国家元首または政府首脳は、議題に応じて必要な場合は、自国の閣僚の補佐を受ける。

d. **環境総局**(Environment Directorate-General：DG Environment)　環境総局は、欧州委員会の傘下に 40 余りある総局の一つで、1973 年に設置された。環境を保護・保全し、現在および将来の世代のために環境を改善することを目的としている。この目的を実現するため、環境総局は EU 内で高い水準の環境を保全し、EU 市民の生活の質(Quality of Life)を高めるための政策を提案する。

　また、環境総局は、EU 加盟諸国が EU の環境規制を順守するように監視する。そのため、EU 市民や NGO からの苦情をもとに調査を行い、EU の規制が犯されたと判断した場合は、法的な手段に訴えることができる。環境総局は、EU の環境保護のためのプロジェクトに対して資金を提供しており、これまでに 2,600 以上のプロジェクトを支援してきた実績がある。

(2) EU の法制度

　EU 法には、拘束力を持つ規則、指令、決定の 3 種類があり、これ以外に拘束力のない勧告と意見がある。

① 規則(Regulation)：EU が定めた規則は直接 EU 加盟国に適用され、各国における立法手続きを要しない。

② 指令(Directive)：EU 加盟国は、指令が定めた目的を達成する義務を負うが、目的達成の方法や手順については各国に任せられている。このため、EU 加盟国は、EU 指令の目的を達成するための国内法を整備し、それらを実施する義務がある。EU 指令はすべての EU 加盟国またはいくつかの加盟国を対象とする。個々の指令は、加盟国が目標を達成するまでの猶予期間を含む達成基準日を設定する。EU 指令の多くは、経済に関連したものであり、複数の異なる法制度を統一して、EU として一つの経済市場を形成するために必要なものである。EU の環境ならびに飲料水に関する規制のほとんどは、指令として出されている(**表-2.2**)。

③ 決定(Decision)：特定国、あるいは全加盟国に対するもので、当事者だけを束

表-2.2　EU の水道水質管理

法令の名称
正式名称
Council Directive on the quality of water intended for human consumption （1998/83/EC）
Directive of the European Parliament and of the Council of 12 December 2006 on the protection of groundwater against pollution and deterioration （2006/118/EC）
Council Directive of 12 December 1991 concerning the protection of waters against pollution caused by nitrates from agricultural sources （91/676/EEC）
Directive of the European Parliament and of the Council establishing a framework for the Community action in the field of water policy （2000/60/EC）
Commission Directive of 31 July 2009 laying down, pursuant to Directive 2000/60/EC of the European Parliament and of the Council, Technical Specifications for Chemical Analysis and Monitoring of Water Status （2009/90/EC）
Council　Directive on Pollution Caused by Discharges of Certain Dangerous Substances （1976/464/EEC codified as 2006/11/EC）
Directive for Integrated Pollution Prevention and Control （2008/01/EC）
Directive 2004/35/EC of the European Parliament and of the Council of 21 April 2004 on environmental liability with regard to the prevention and remedying of environmental damage （ELD）（2004/35/EC）
Directive 91/271/EEC on Urban Waste Water Treatment　（98/15/EEC, amending Directive 1991/27/EEC）

縛する。決定は、対象国の政府や個人が特定の行為をするか、やめるかの強制力がある。

④ 勧告と意見（Recommendation and opinion）：勧告と意見は、対象となった EU 加盟国に対する拘束力を持たない。

これらの EU 法が適切に実施されているかどうかを監視する責務は、欧州委員会にある。欧州委員会は、特定の国や企業、個人がこれらの EU 法に従わない場合は、罰則を与えることができる。

欧州連合環境法実施・施行ネットワーク（European Union Network for the Implementation and Enforcement of Environmental Law：IMPEL）は、EU 加盟国の環境規制・監督庁のネットワークである。IMPEL は政策決定者、環境管理・監督者に情報交換の場を与え、環境管理の実施方法と、ベスト・プラクティスの開発を推進している。

EU 加盟国の行政官庁との間で環境規制が裁判で係争となることも多く、その場

に関係する主な法令

略称(和訳)	概　要	文　献
Drinking Water Directive(飲料水指令)	飲料水の水質について定めた指令。	3)
Groundwater Directive(地下水指令)	地下水水質基準の設定。地下水汚染防止対策。	8)
Nitrates Directive(硝酸塩指令)	農業からの硝酸塩汚染の削減を定めている。	10)
Water Framework Directivematawa または WFD(水枠組指令)	EU の水に関する統一的な規制のための枠組指令で、EU の水に関する規制の原則を示している。	12)
Commission Directive on Technical Specifications for Chemical Analysis and Monitoring of Water Status(水の化学分析と監視に関する技術基準指令)	水、土壌、生態に関する共通の分析法と監視方法を規定している。	4)
Dangerous Substances Directive(危険物質指令)	危険物質の排出規制に関する指令。17 の特定物質に関しては、5 つの個別の指令(daughter directives)に記載されている。	5)
IPPC(統合的汚染回避及び制御指令)	水域に放流される排水への賦課金に関する法律。ドイツで初めて定められた環境税で、汚染者負担の原則に基づいている。	6)
Environmental Liability Directive(環境責任指令)	汚染者負担の原則に基づき、環境汚染の防止と、浄化の責任を定めている	7)
Urban Waste Water Treatment Directive (都市下水処理指令)	都市下水処理について、二次処理および、必要に応じて三次処理(高度処理)を定めている。	11)

合は、裁判官も環境規制の実施に関して重要な役割を演じることとなる。

2.2 水質管理の制度と動向

2.2.1 水質管理に関する制度

(1) 水質管理に関する法令の概要

　EU の法制度で述べたとおり、環境や水道水質に関する EU 法は、ほとんどが指令として定められている。**表-2.2** は、水道水質および水環境規制に関する EU 指令を列挙したものである。これらの指令は、もともと必要に応じて個別に定められてきたものであるが、2000 年に水枠組指令(Water Framework Directive：WFD)が制定されて以降は、これら個別の指令も、WFD に沿って順次改訂されている。したがって、EU 加盟各国は、WFD の趣旨と目標を達成するとともに、**表-2.2** に掲げた個

別の指令を達成することも求められている。そのため、国内の法律や規制制度、ならびに行政・監督官庁の役割をEUの各指令の目標に沿って改訂していく義務がある。なお、WFDについては、2.3でまとめて詳しく述べる。

(2) 飲料水指令 (Drinking Water Directive)[3]

飲料水指令は、EU指令の中で、飲料水の水質に関するガイドラインを直接定めたものである。

EUの飲料水に関する政策は30年以上の歴史があり、人が消費する水は長期的な観点からも安全で、高度な健康の保護を求めている。その政策の主な要素は、
・飲料水の水質は、最新の科学的知見に基づいた基準によって規制されていること
・効率的で有効な水質監視、評価と規制を確実に実施すること
・水の消費者に、十分で適切な情報を時宜良く与えること
・より広い意味でのEUの水および健康政策に貢献すること
が挙げられている。

1998年に制定された飲料水指令は、人が消費する水の水質に関する指令であり、水汚染による人の健康被害から市民を守ることを目的として、水が衛生的で清浄である (wholesome and clean) ことを求めている。飲料水指令の適用範囲は、以下のとおりである。

① 給水人口50人以上または給水量10 m^3/日以上のすべての給水システムと、これらの基準以下でも経済活動の一部として給水をする施設
② 給水車による給水
③ ボトルまたは容器による給水
④ 食品産業で使われる水。ただし、監督官庁が、製造された食品の衛生に水 (水質) が影響しないと判断した場合を除く

ただし、以下の給水については飲料水指令を適用しない。

① 天然ミネラル水で、各国の技術水準を満たした監督官庁によって指定されたもの。この指定においては、天然ミネラル水の開発と販売に関するEU加盟国の法律の適用 (approximation) に関する指令 [Council Directive 80/777/EEC (15/7/1980)：後に、Directive 2009/54/EC] に沿ったものでなければならない。
② 医薬品類に使われる水で、Council Directive 65/65/EECと、その修正であるDirective 2001/83/ECに適合したもの。

飲料水指令付属文書Iでは、EU域内の飲料水の基本的な水質基準として定期的

に分析すべき項目として、48 の水質基準項目を定めている。これらは、微生物項目、化学項目、および指標項目が含まれる(**表-2.3**)。これらの項目の選択と設定においては、WHO の飲料水水質ガイドラインと、欧州委員会の科学アドバイザリ委員会の意見を参考としている。

表-2.3 飲料水指令が定める水質項目と基準 [3]

PART A 微生物項目(水道水)

	水質項目	単位	基準
1	大腸菌	CFU/100 mL	0
2	腸球菌	CFU/100 mL	0

ボトル水または容器により販売される水

	水質項目	単位	基準
1	大腸菌	CFU/250 mL	0
2	腸球菌	CFU/250 mL	0
3	緑膿菌	CFU/250 mL	0
4	コロニー数(22℃)	CFU/mL	100
5	コロニー数(37℃)	CFU/mL	20

PART B 化学項目

	水質項目	単位	基準
1	アクリルアミド	μg/L	0.10
2	アンチモン	μg/L	0
3	ヒ素	μg/L	0
4	ベンゼン	μg/L	100
5	ベンゾ(a)ピレン	μg/L	20
6	ホウ素	mg/L	1.0
7	臭素酸	μg/L	10
8	カドミウム	μg/L	5.0
9	クロミウム	μg/L	50
10	銅	mg/L	2.0
11	シアン	μg/L	50
12	1,2-ジクロロエタン	μg/L	3.0
13	エピクロロヒドリン	μg/L	0.10
14	フッ素	mg/L	1.5
15	鉛	μg/L	10
16	水銀	μg/L	1.0
17	ニッケル	μg/L	20
18	硝酸イオン	mg/L	50

19	亜硝酸イオン	mg/L	0.50
20	農薬（個別）	μg/L	0.10
21	総農薬	μg/L	0.50
22	多環芳香族炭化水素	μg/L	0.10
23	セレン	μg/L	10
24	テトラクロロエタン及びトリクロロエタン	μg/L	10
25	総トリハロメタン	μg/L	100
26	塩化ビニル	μg/L	0.50

PART C 指標項目

	水質項目	単位	基準
1	アルミニウム	μg/L	200
2	アンモニウム	mg/L	0.50
3	塩化物イオン	mg/L	250
4	ウエルシュ菌	CFU/100 mL	0
5	色		消費者が受け入れられるもので、異常な色がないこと
6	電気伝導度	μS/cm at 20C	2,500
7	水素イオン濃度	pH 単位	6.5 から 9.5
8	鉄	μg/L	200
9	マンガン	μg/L	50
10	臭気		消費者が受け入れられるもので、異常な臭気がないこと
11	硫酸イオン	mg/L	250
12	味		消費者が受け入れられるもので、異常な味がないこと
13	コロニー数（22℃）		異常な値でないこと
14	大腸菌群	CFU/100mL	0
15	全有機炭素（TOC）		異常な値でないこと ただし、給水量 10,000 m^3/日以下の水道では想定する義務がない
16	濁度		消費者が受け入れられる濁度で、異常な値でないこと 表流水を水源とする場合は、1.0NTU を超えないよう努力する

放射性物質

	水質項目	単位	基準
1	トリチウム	Bq/L	100
2	全放射性物質暴露量	mSv/年	0.10

EU 加盟国が飲料水指令の内容を各国の法令に反映する場合は、EU および加盟国は追加の要求、すなわち追加項目や基準の強化を定めることができる。しかし、加盟国は飲料水指令が定めた基準を緩和することはできない。

EU 加盟国は、一時的に指令の付属文書Ⅰが定めた科学的水質基準から離脱することができる。このプロセスは、デロゲーション（derogation：規制の一時的な緩和措置—筆者注）と呼ばれ、代替手段により人が消費する水の供給が不可能で、人の健康に潜在的な脅威を及ぼさない場合は、デロゲーションが認められる。

WFD は、市民に定期的に情報を提供することも求めている。また、飲料水水質は3年ごとに欧州委員会に報告しなければならず、報告の様式は WFD に定められている。欧州委員会は、報告された水道水水質を水質基準に対して評価し、EU 域内の水道水質に関する総合報告書を作成する。

飲料水指令は、以下の項目を定めている。

a. **計画の立案**　　EU 加盟国は、水道の給水区域を定め、飲料水指令に基づく最低限の要求に従って水質監視計画を立てなければならない。

b. **EU 加盟国と欧州委員会の義務**

① EU 加盟国が行うべきこと：
- 市民に対する情報の提供
- 人が消費する水に関して、衛生的で清浄な水を供給するため、あらゆる手段を講じること。また、どのような場合においても、現在の水質が低下しないように措置を講じること
- 飲料水指令の付属文書Ⅰに記載された水質項目について、基準値を定めること。ただし、EU 加盟国が定める基準は、飲料水指令の基準よりも低い値ではならない。また、EU 加盟国独自の水質基準項目を定めること
- 人が消費する水の水質を、付属文書Ⅱ（監視）と付属文書Ⅲ（分析方法）に従って定期的に監視すること
- 水質基準を超過した場合は、その原因を調査し、直ちに対策をとること
- 人の健康に問題があると判断された場合は、当該水道の給水を停止または制限し、市民に対して情報を提供し助言をすること
- 人が消費する水の中に、新規の施設建設に用いた物質が混入しないように、あらゆる手段を講じること
- 人が消費する水の水質に関する最新の情報を、市民に提供すること
- 3年に一度、水質報告を発行すること

② EU加盟国が行うことができること：
- 監督官庁が直接または間接的に人の健康に影響を及ぼさないと判断した目的に使われる水について、水質規制から除外すること
- 給水人口50人以下または日平均給水量10 m^3/日以下の給水システムについて、経済活動の一部として給水をする施設でないことを条件に、飲料水指令の規定から除外すること
- 飲料水指令の水質基準の緩和が、代替手段により人が消費する水の供給が不可能で、人の健康に脅威を及ぼすおそれがない場合について、特定の水質基準についてのデロゲーションの認定。デロゲーションは3年を超えてはならず、デロゲーションを更新して2期目に入る場合は、EU加盟国は欧州委員会に報告しなければならない。また、例外的に欧州委員会に3期目のデロゲーションを申請することができる。デロゲーションを適用するEU加盟国は、それによって影響を受ける市民に対して適切な方法で情報を提供し、助言を与えなければならない

③ 欧州委員会が行うべきこと：
- EU加盟国から申請されたデロゲーションの審査
- WFDの付属文書Iの水質項目と水質基準値を科学技術の進歩に沿って検討し、修正の提案をすること
- 最新の科学技術に沿って、EU加盟国と協力しつつ、付属文書II（監視）と付属文書III（分析方法）を修正すること
- 3年ごとにEU加盟国の報告書を検査し、EU域内の人が消費する水の水質に関する統合報告を作成すること

2010年現在、EU域内には、給水量1,000 m^3/日以下、または給水人口5,000人以下の小規模水道が77,000あり、約1,100万人に水を供給している。小規模水道による水の安全性の確保は、飲料水指令の改定における主要な課題の一つである。2009年の調査によると、EU域内の小規模水道のうち、約1/3が飲料水指令の水質基準を満たしていない。このためEUは、明確な目的を掲げた行動計画（targeted action）をとることを決定し、EU加盟国の経験と成果に基づいて、水源から給水栓までの水道水質の全体的な保全を目的として、「小規模水道におけるベスト・プラクティスとリスクに基づいた対策についてのガイドライン」を出版した。

(3) 水道水質管理に関連するその他の指令

a. 水の化学分析と監視に関する技術基準指令(Commission Directive on technical specifications for chemical analysis and monitoring of water status)[4]　　この指令は2000年に制定された水枠組指令(WFD)に基づいて、水、土壌、生態系の化学分析法と監視法の質的基準を統一するための指令であり、化学分析と監視の技術的な基準について記載している。

b. 危険物質指令(Dangerous Substances Directive)[5]　　1976年に施行された危険物質指令は、水質に関する最も初期の指令の一つである。同指令は、1976年当時に欧州で使われていた数千種類の化学物質を規制しようという野心的な目的のために作られた。この指令の付属文書では、リストⅠとリストⅡの物質を規制している。リストⅠでは、難分解性、毒性、および生体濃縮性に基づいて、17種類の規制物質と114種類の規制候補物質を掲げた。

リストⅡでは、リストⅠの規制候補物質とリストⅠに含まれない化学物質について規制している。リストⅡの物質については、EU加盟国は環境中への放出を削減しなければならないとしているが、その実施は遅れている。このためEUは、ほとんどの加盟国を履行義務違反で欧州裁判所に提訴した。このうちいくつかの国に対しては、すでに判決が出ている。また、EUはすべての加盟国に対して、危険物質指令の実施状況を2001年に調査し、さらに追加調査の結果を加えて、「欧州における汚染削減プログラム：最新報告書」として公表した。

c. 統合的汚染回避及び制御指令(Directive for Integrated Pollution Prevention and Control：IPPC)[6]　　EUは、汚染の可能性が高い産業および農業について、これらの業務に携わるものの責任を定義している。これらの業務は、付属文書Ⅰに記載されたとおり、エネルギー産業、金属生産・加工業、鉱業、化学産業、廃棄物処理業、家畜飼育業などであり、これらの業務に従事する者は、あらかじめ許可を得なければならない。これらの業務に従事する者が、汚染を防止し、低減するために、以下の条件が満たされた場合にのみ許可が出される。

- 汚染防止のため、あらゆる汚染防止策、すなわち利用可能な最良の技術(best available technology)を用いること
- 大規模汚染を防止すること
- 汚染を防止し、可能な限り、最も汚染の少ない方法で汚染物質をリサイクルまたは廃棄すること
- エネルギー効率を高めること

・事故を防止し、損害を抑えること
・業務終了後は、利用した土地を元の状態に戻すこと
これらに加えて、許可を得るためには、以下の要求を満たす必要がある。
・汚染物質の放出最大許可量
・土壌、水、大気の保全策
・非常時に取るべき対策
・長期および越境汚染の防止
・汚染物質の放出監視
・その他の対策

二酸化炭素の放出については、二酸化炭素の取引制度に基づいて放出される場合は、許可の要件には含まれない。

d. **環境責任指令**(Environmental Liability Directive：ELD)[7]　環境責任指令は、汚染者負担の原則(polluter-pays principle：PPP)に基づいて、環境汚染を未然に防止し、また汚染を回復するための枠組みを示している。PPP は、EU の機能に関する条約(Treaty on the Functioning of the European Union)第 12 条に記載されている。環境責任指令は生態に対する危害について記述し、環境危害とは、保護された生物や自然の棲息場への危害、水環境への危害、および土壌環境への危害と定義している。環境責任指令の付属文書Ⅲに記載されている業務に従事する者は、その者に過失があったことを証明する必要がない「無過失責任」に問われる。その他の業務に従事する者は、保護された生物や棲息場に対する過失責任が問われ、汚染者負担を求める場合は因果関係の立証が必要である。環境影響を受けた個人や、環境 NGO は、監督官庁に対して環境浄化を求める権利を有している。

環境責任指令は、2004 年 4 月に発効し、EU 加盟国は国内の法律を環境責任指令に準拠するため、3 年の猶予期間があった。その後、環境責任指令への移行は、2010 年に完了した。環境責任指令は、2006、2009、2013 年の 3 回改訂されている。

e. **地下水指令**(Groundwater Directive)[8, 9]　EU 市民の約 75％は地下水を水道水源として使っている。このため、これまでは水道水源としての地下水の重要性に焦点が当てられていたが、地下水は農業や産業の用水としても重要である。また、地下水は水循環の一部をなし、河川流量の 50％が地下水からもたらされると推定されている。このため、地下水の汚染は、河川の生態系にも影響を及ぼす可能性がある。また、地下水は、環境保護や、気候変動による渇水などの対策を考えるうえでも重要である。

水枠組指令(WFD)は EU 加盟国の地下水管理について、2015 年までに良好な水量および化学的な状態を達成するため、EU 加盟国がとるべき段階的な対応について、以下のように記述している。

・それぞれの河川流域内の地下水を定義し、人間活動の影響に基づいて地下水を分類して、2005 年までに EU に報告すること
・それぞれの河川流域において、保護区域を設けること
・地下水水質監視のネットワークを作ること
・河川流域管理計画(River Basin Management Plans：RBMPs)を立案すること
・汚染者負担の原則(PPP)に基づいて、2010 年までに水の便益に係るコストの回収方法を定めること
・2009 年末までに、2012 年末までに実施可能な、WFD の目的を達成するためのプログラム(例えば、揚水規制や汚染防御など)を作成すること

これに対して、地下水指令は地下水の水質基準や、地下水への汚染物質の浸透を規制または制限する方法について記述している。したがって、地下水指令は、WFD の目的に対応し、それを補完するものである。地下水指令が EU 加盟国に要求しているのは、以下の項目である。

・地域の状況に応じて、2008 年末までに適切な地下水水質基準を定めること
・既存の水質データと、WFD に基づく水質調査結果に基づいて、地下水汚染の傾向について調査すること
・WFD に書かれた方法により、2015 年までに汚染を低減する方向に導くこと
・2013 年に地下水指令の技術基準についてのレビューを行い、その後は、6 年ごとに同様なレビューを行うこと
・EU の硝酸塩と農薬に関する基準と、各国が別に定める基準をもとに、良好な化学的状態の基準(good chemical status criteria)を満たすこと

なお、地下水指令の水質基準を定めた付属文書ⅠとⅡは、2013 年現在更新中である。

f. 硝酸塩指令(Nitrates Directive)[10]　　硝酸塩の削減は、EU 域内のすべての河川流域で 2015 年までに良好な状態を実現することを目的として 2000 年に制定された WFD の重要な要素である。1991 年に制定された硝酸塩指令は、欧州の水環境保全のために制定された指令のうちでも最も早い時期に制定されたもののひとつである。欧州では、農業における有機および無機の窒素の施肥が、水環境に対する窒素の主な排出源であった。

硝酸塩指令は、これらの状況の改善を促すものであり、EU 加盟国は、硝酸塩または富栄養化によって影響を受けやすい水域を脆弱な地域として指定する。さらに、農家の優良行動(good practice)を定め、EU 域内のすべての農家が自主的に優良行動に取り組めるように促す。それと併行して、脆弱な地域にある農家に対して強制的に実施させるべき行動計画(action programme)を策定する。EU 加盟国では、これまで 300 以上の行動計画を EU 領域の約 40％の地域において実施した。その結果、農民の環境に対する意識に変化が見られた。

硝酸塩指令は、EU 加盟国に対して行動計画の状況を監視し、定期的に脆弱な地域を見直すことを定めている。硝酸塩指令により、EU15 ヶ国(EU15：2004 年以前の EU 加盟国—筆者注)では、1990 年以降初めて無機窒素肥料(化学肥料)の使用量が減少し、ここ数年は一定の使用量となった。その結果、2004 年から 2007 年の間に、表流水の水質監視地点の 70％で硝酸塩濃度が低下し、地下水においても低減または安定した濃度を示していた。

しかし、EU の全加盟国(EU-27、2012 年現在)では、無機窒素肥料の使用量は 6％上昇し、現在でも欧州の窒素の水環境への排出量の 50％は、農業における窒素肥料の施肥に起因している。

g. 都市下水処理指令[11]　1991 年に適用された都市下水処理指令(91/271/EEC)は、都市下水と特定の産業排水が与える影響から、水環境を保護することを目的としている。1998 年には指令(91/271/EEC)の修正として、富栄養化の影響を受けやすい水域への都市下水処理水の放流についての基準を明確にするため、指令(98/15/EC)を出した。

2.2.2 EU の水に関連する情報源

a. WISE：The Water Information System for Europe(欧州水情報システム)　WISE は、EU の水に関する情報のポータルサイトであり、欧州委員会(DG Environment, Joint Research Center, Eurostat)と、欧州環境保護庁(the European Environment Protection Agency)のパートナーシップで運用されている。DG Environment は、WISE の政策および戦略的な情報を担当し、EU の水関連法令についての EU 加盟国からの報告を取りまとめている。欧州環境保護庁は、水データセンターを運用し、WISE の個別のテーマに関する報告を取りまとめている。Joint Research Center は、環境の監視と、水資源のモデル化を担当し、将来の予測を行っている。Eurostat は

水の統計データを収集し、公表している。
http://water.europa.eu/

b. WFD CIRCA　　WFDを協調して実施するためにはEU加盟国の情報共有が不可欠である。そのためEUではWFD CIRA(Commutation Information Resource Centre Administrator：WFD情報交換プラットホーム)を設立した。
http://ec.europa.eu/environment/water/water-framework/iep/index_en.htm

c. EUホームページ、環境、水サイト　　EUの公式ホームページで、水に関する総合的な情報を掲載し、また、ポータルとしての役割もある。
http://ec.europa.eu/environment/water/eurobarometer.htm

d. Eurostat　　欧州委員会の統計データを掲載したページ。人口や経済など、各種の統計データが得られる。
http://epp.eurostat.ec.europa.eu/portal/page/portal/eurostat/home/

2.3 水枠組指令(WFD)

2.3.1 WFDの導入の背景および目的と日程

(1) 導入の背景と目的 [13]

2012年にEUにより行われた欧州市民の水に対する意識調査[14]によると、欧州市民の2/3が水質汚濁は重要な問題であると考えており、85％が気候変動による水資源への影響があると回答した。また、75％がEUは水に関するさらなる対策をとる必要があると考えている。EUが良好な水環境の保全を優先事項に掲げた背景には、このような市民の高い関心がある。欧州水政策(European Water Policy)は、汚染した水域を浄化し、さらに水質保全を進めることを目標に掲げ、水枠組指令(WFD)を目的達成のためのツールとし、幅広い市民の参加を呼びかけている。

欧州の水道水源となっている河川・湖沼の水質基準に関する第1期の法令は1975年に提案され、飲料水に関する統合的な水質目標を掲げることで1980年に結実した。そこでは、魚類・貝類に関する水質目標、水浴場の水質目標、および地下水の水質目標も定められた。また、排出規制のため、危険物質指令(Dangerous Substances Directive)が定められた。

1988年、水に関するフランクフルト閣僚会議において当時の水に関する法令をレビューしたところ、多くの改善を要する点や、ギャップを埋める必要性が指摘さ

れた。これが第2期の水関連法令制定のきっかけとなった。1991年、都市下水処理指令(Urban Waste Water Treatment Directive)が定められ、硝酸塩指令(Nitrates Directive)は、農業からの硝酸塩汚染の削減を定めている。また、1996年に定められた統合的汚染回避と制御指令(Directive for Integrated Pollution Prevention and Control：IPPC)は、大規模工場など産業施設からの汚染削減について定めている。1998年の飲料水指令(Drinking Water Directive)では、水質基準の見直しを図り、必要に応じて基準を強化した。

　EUの水に関する規制や政策は、個別には成果を上げてきたものの、1996年に開催された水に関するEU加盟国会議では、当時の水に関するEUの規制は、目的や手段についての統一性がなく、これらの問題を解決するためには、水に関する統一的な枠組み法が必要であるとの考えで一致した。これらの要望に応える形で、EUは1997年にWFDの提案を行い、欧州議会と欧州理事会による承認を経て、2000年にWFDが発効した。WFDの主な目的は、以下のとおりである。

① 表流水と地下水を含むすべての水の保全に対象範囲を広めること：
② あらかじめ定めた時期までにすべての水について「良好な状態(good status)」を達成すること：良好な状態とは、広く水域全体の生態系を保全し、保護が必要で貴重な生態についてはさらに特別の保護を行い、水道水水源と水浴用の水域を保全することである。これは、欧州の水質管理における統一した目標である。
③ 河川流域ごとの水管理：行政区域ごとの水質管理ではなく、自然の境界である河川流域を単位として水質の管理をすることが最も良い管理のモデルである。
④ 排水基準と水質基準を組み合わせたアプローチ：それぞれの汚染物質の排出者や自治体が取り組むべき、危険物指令、都市下水処理指令、硝酸塩指令、統合的汚染回避と制御指令などを、WFDの目的である良好な状態の水域を実現することに結び付けること。現行の法規制・制度が、WFDの目的を達成するのに十分ではないと判断された場合は、それぞれのEU加盟国は、達成不可能な原因を明らかにするとともに、WFDの目的を達成するのに必要な手段を講じなければならない。
⑤ 適正な価格(費用負担)：WFDの革新的な発想の一つは、需要が増大しつつある資源を十分に供給できるような仕組みを取り入れたことである。水に対して適正な価格を付けることは、水資源の持続可能な利用を可能にするとともに、

WFD の目的達成に貢献する。このため、EU 加盟国は、水の利用者に対して、適正な価格を支払うことが求められる。

⑥ より密接に市民が関与する：あらゆる施策の経済性を評価するため、経済性評価は必須である。さらに、WFD の目的を達成すためには、市民の参加が不可欠である。そのためには、目的の設定、目的達成手段の選択、現状と結果の報告において、透明性を高めることが必須である。

⑦ 法令の整理・統合：WFD の利点は、第１期に制定された７つの指令を統合することで、EU の水に関する法制度を合理的なものにする。これら７つの指令は、飲料水水源水質指令(80/778/EEC)、水浴場水質指令(75/160/EEC)、危険物質指令(76/464/EEC)、魚類水質指令(78/659/EEC)、貝類水質指令(79/923/EEC)、飲料水水質指令(80/778/EEC)、有害物質による地下水汚染に関する指令(80/68/EEC)である[15]。

(2) WFD の日程 [16]

2000 年に発効した WFD の日程は、**表-2.4** に示すとおりである。

表-2.4　水枠組指令(WFD)の日程

年	項　目	WFD の条項
2000	WFD 発効	条項 25
2003	各国の法律への適用 河川流域と管理機関の確認	条項 24 条項 3
2004	流域の圧力、影響、経済分析の記述	条項 5
2006	観測ネットワークの確立 パブリック・コンサルテーション開始	条項 8 条項 14
2008	河川管理計画(案)の提出	条項 13
2009	実施方法を含む河川管理計画の完了	条項 13, 11
2010	価格政策の導入	条項 9
2012	政策の実施方法の確立	条項 11
2015	環境目標の達成 第 1 管理サイクル終了 第 2 流域管理計画、第 1 洪水管理計画	条項 4
2021	第 2 管理サイクル終了	条項 4, 13
2027	第 3 管理サイクル終了、目標達成の最終期限	条項 4, 13

出典：http://ec.europa.eu/environment/water/water-framework/info/timetable_en.htm
筆者注：WFD の各条項の内容については、**表-2.5** を参照されたい。

WFD は 6 年のサイクルで実施され、その最初のサイクルは 2009 年から 2015 年である。2000 年の WFD 発効後、EU 加盟国は 2003 年までに各河川流域を地理的に確定し、それぞれの流域の責任官庁を定めなければならい。続いて、2004 年までに経済・環境統合評価を行い、2015 年目標を達成できなかった場合にリスクがある水域を、2006 年までに確定する、欧州委員会は、EU 加盟国の WFD 実施状況を調査し、2007 年に最初の WFD 実施報告書を作成する。また、EU 加盟国は 2009 年までに河川流域管理計画(RBMPs)と WFD の目標を達成するためのプログラムを作成する。欧州委員会は、2012 年までに WFD の実施状況報告書を作成し、EU 域内の水域の状況と RBMPs の内容を精査し、改善のための勧告をする [15]。

WFD が提唱する河川流域管理を実施するには、EU 内に多くの国際河川があることから、EU 加盟国の協力が不可欠である。このため、WFD の発効 5 ヶ月後に共同実施戦略(Common Implementation Strategy：CIS)について合意した。その結果、WFD 実施のガイドラインと重要事項に関する書類は、CIRCA[2.2.2 b. 参照]とテーマ別 CIS 情報シートに記載されている。CIS の実施に当たっては、EU 加盟国の水局長会議(Water Directors Meeting)のもとに、水域に対する圧力と影響評価ワーキンググループなど 10 の WG を置き、それを統括する戦略的統合会議を置いている [16]。

2.3.2 WFD の内容

(1) 目次と内容

WFD は、**表-2.5** に示す内容で構成されている。

(2) 河川流域管理計画 [17, 19]

人間社会は、飲料水としてだけでなく、経済成長と繁栄を支えるため、農業、漁業、エネルギー産業、製造業、交通・観光業などで水を使っている。水は、自然の生態系や気候の安定化にも重要な役割を果たしている。しかし、世界のあらゆる地域で水需要は増大しており、水不足が顕在化している。さらに、汚染物質や物理的な河川の改変(例えば、ダム建設)により、水質への影響が高まっている。われわれ人類は、水の貴重性について長年理解してきたが、欧州では水の供給が無限ではないことを明確に意識するようになった。

河川は国境や行政区域でとどまらない。EU 加盟国のうち、島嶼国であるキプロ

2.3 水枠組指令(WFD)

表-2.5 水枠組指令(WFD)の目次と内容

条項1　目的
条項2　定義
条項3　河川流域における行政の協調
条項4　環境面での目的
条項5　河川流域の特徴付け、人間活動による環境影響のレビュー、および水利用の経済評価
条項6　保護地域の登録
条項7　水道水源
　① WFD では、EU 加盟国に対して、それぞれの河川流域で、1日 10 m³ 以上を給水するか、または給水人口 50 人以上に給水する水道の水源となる水域を定義すること、また、将来そのような目的で使われる水源を定義することを義務付ける。また、EU 加盟国は1日の給水量が 10 m³ 以上となる水源の水域の水質を監視しなければならない。
　② EU 加盟国は、①で規定された水域について、浄水技術の水準を勘案し、EU の諸規制に準拠しつつ、飲料水指令(1998/83/EC)に適合する水を給水することを保証しなければならない。
　③ EU 加盟国は、水道水の製造に必要な浄水処理の負担と軽くするために、水質悪化が予測される水域を保護しなければならない。
条項8　地表水、地下水および保護地区の状態のモニタリング
条項9　水のサービスに対するコストの回収
条項10　ポイントおよびノンポイント汚染源に対する統合的アプローチ
条項11　対策プログラム
条項12　EU 加盟国で対応できない事項
条項13　河川流域管理計画(RBMPs)
　① EU 加盟国は国内のすべての河川において、RBMPs を立案しなければならない。
　② 国際河川においては、すべての流域が EU 域内にある場合は、関係する EU 加盟国が統一した RBMPs を立案しなければならない。ただし、それができない場合は、各国内の河川区間について、流域管理計画を立案する。
　③ EU 域外につながっている河川については、EU 加盟国は統一した RBMPs を立案するよう努力しなければならない。ただし、それができない場合は、各国内の河川区間について、流域管理計画を立案する。
　④ RBMPs は附属文書 VII に掲げた情報を含まなければならない。
　⑤ RBMPs は、支流、地域、課題、水域の種類の特別な状況に対応するため、より詳細な計画によって保管される。EU 加盟国が、これらの特別な計画を実施することは、WFD のその他の義務を実施する義務を免除することにはならない。
　⑥ EU 加盟国は、遅くとも WFD が発効してから9年目である 2009 年までに RBMPs を公表しなければならない。
　⑦ RBMPs は、WFD が発効してから 15 年目である 2015 年までにレビューしなければならない。
条項14　広報と広聴
条項15　報告
条項16　汚染に対する対策
条項17　地下水の汚染を防止し制御するための戦略
条項18　委員会レポート
条項19　将来の EU の対策についての計画
条項20　WFD の技術的適用
条項21　規制委員会
条項22　既存の法令の廃止と暫定条項
条項23　罰則
条項24　実施
条項25　発効
条項26　対象国

筆者注：本書と密接に関連する一部条項に限ってその内容について要点を記した。

スやマルタを除くすべての国は、隣国と河川を共有している。河川流域は、河川の水源から河口の湿地帯、地下水のすべてを含んでおり、個別の水質対策では、河川全体での成功が期待できない。このため、河川流域に基づいて、統合的な河川流域管理を行うことが重要である。統合的河川流域管理は、すべての利害関係者が参加した、協調的で統合的なアプローチを採用することが求められる。このためには、水関連の法規制を整合したものとする必要がある。

　このような背景のもとに、EUとEU加盟国は、EU域内の河川を110の河川流域に区分し、流域ごとに管理することとした。そのうち40は国際河川で、EU領域の60％を河川流域として、国境を越えて流れている。EU加盟国は、2008年までに河川流域管理計画(RBMPs)を作成しなければならないが、RBMPsでは、河川流域の生態、水量、化学的水質および保護区域に関して目標を定め、その達成期限を明記しなければならない。RBMPsには、河川流域の特徴、流域の水に対する人間活動の影響に関するレビュー、現在の法規制の影響、RBMPsの目標を達成するための現在とのギャップについて記述しなければならない。さらにもう一つ、提案された様々な施策について合理的に経済効率を評価するため、流域の水利用に関する経済分析を加えなければならない。すべての利害関係者はRBMPsに関与しなければならない。

(3) 目的の統合 [19]

　河川流域の保護にはいくつかの目的がある。EU全域での目的としては、水系の生態系を守ること、希少で脆弱な生育場に対する特別の保護、水道水源および水浴場の水質の保護が含まれる。これらの複数の目的は、それぞれの河川流域において統合化されなければならない。EU基本条約は、すべての加盟国が環境を完全な形で高度に保護することを求めている。したがって、これらの目的のうち、脆弱な生育場の保護、水道水源の保護、水浴場の水質の保護は、それぞれが該当する水域のみに適用されるが、生態系の保護はすべての水域に対して適用される。

a. 表流水　すべての河川流域における共通の目的である生態系保護のための一般的な要求事項と、最低限の化学的な水質基準が定められた。これらは、良好な生態系(good ecological status)と良好な化学的水質(good chemical status)と呼ばれている。良好な生態系はWFDの付属文書Vに記載され、生物叢、水理学的な特徴、化学的な特徴について規定している。河川流域のうち、特別な保護を必要とする地域は、特別な保護地区を設定する。河川水の利用目的には、洪水対策や水道水の取

水のように、利用行為そのものが、河川の自然の状態を改変し、WFDの目的に反する場合がある。しかし、これらの利用はWFDの目的に優先すると考えられるので、適切な緩和措置がとられる限りは、河川の良好な状態からのデロゲーションを適用する。船舶の航行や発電の場合は、これらの経済行為に対する代替手段が存在するので、デロゲーションが認められるかどうかは曖昧な部分がある。しかしこれらの場合も、代替手段が技術的に不可能であるか、膨大なコストがかかるか、かえって環境に悪影響を及ぼす場合は、デロゲーションが認められる。

① このうち生態系の保護については、それぞれの河川に固有であるので、人工的な影響が最小限である時の生物叢からほんのわずかだけ変化が認められること、という規定とした。河川の生態系の状態について、WFDは5つの段階を定めている。すなわち、非常に良好(high)、良好(good)、中程度(moderate)、不良(poor)、悪い(bad)である。このうち非常に良好な状態とは、人間活動の影響がほとんどない状態で、良好は自然の状態からわずかな改変がある状態である。

② 化学的水質の保護：化学的水質の保護は、EU域内で設定した化学的水質基準に適合するかどうかで判断する。WFDに関連して、EUの決定2455/2001/EC付属文書V [20]に載せた33種類の新しい化学物質と、8種類のこれまで規制されていた汚染物質の基準を定めた。WFDは、これらの化学的水質基準を更新し、新しい基準を設定するため、有害物質の優先順位付けのメカニズムに基づいた更新手順を定めている。WFDの化学物質基準は、EUにおいて化学物質を管理する法律であるリーチ規則(Registration, Evaluation, Authorization, and Restriction of Chemicals：REACH)(Box 3参照)や統合的汚染回避及び制御指令(IPCC)によって補完されている。

Box 3 リーチ規則(欧州化学品規制)[1]

リーチ規則(Registration, Evaluation, Authorization, and Restriction of Chemicals：REACH)とは、欧州化学品規制と訳されている制度で、2006年12月の欧州理事会で採決され、2007年6月1日に発効した。リーチ規則の制定を背景としてあたっては、国際的な化学物質管理の戦略的なアプローチの採択(2006年)など、国際的に化学物質管理の必要性が認識されてきたことがある。リーチ規則は、EUの規制制度の中で最も上位の「規則(Regulation)」に相当し、EU加盟国全体にそのまま適用される規制である。リーチ規則は、EUのすべて

の加盟国とスイスを除く EFTA（欧州自由貿易連合）加盟国であるアイスランド、リヒテンシュタイン、ノルウェーに適用される。リーチ規則では、EU 域内で製造または輸入する物質そのもののほか、その物質の混合物や、それを含む成形品が規制の対象になる。リーチ規則により EU 域内で認可対象物質を年間 1 トン以上製造し、あるいは輸入する事業者は、欧州化学品庁に当該物質を登録しなければならない。また、年間 10 トン以上の場合は、化学品安全報告書を提出しなければならない。

　また、認可対象物質を EU 域内で製造または輸入する事業者、あるいはその物質を認可条件以外で使用する事業者は、年間の取扱量が 1 トン以下でも欧州化学品庁の認可を受けなければならない。2013 年現在、認可対象物質として 22 物質が指定されている（リーチ規則付属書 XIV）。また、付属書 XVII では規制物質が指定され、トリクロロベンゼン、トルエン、カドミウム、ベンゼン、アスベスト繊維、ポリ臭素化ビフェニル類の 6 物質はその使用が制限されている。

参考文献

[1] European Commission: Regulation（EC）No 1907/2006 of the European Parliament and of the Council of 18 December 2006 concerning the Registration, Evaluation, Authorisation and Restriction of Chemicals（REACH）, establishing a European Chemicals Agency, amending Directive 1999/45/EC and repealing Council Regulation（EEC）No 793/93 and Commission Regulation（EC）No 1488/94 as well as Council Directive 76/769/EEC and Commission Directives 91/155/EEC, 93/67/EEC, 93/105/EC and 2000/21/EC,
http://europa.eu/legislation_summaries/internal_market/single_market_for_goods/chemical_products/l21282_en.htm　（2014 年 4 月 14 日）

b. **地下水**　　地下水の管理に関する考え方は表流水とは異なり、WFD では地下水の化学的性状と水量について規制している。地下水は、汚染浄化には非常に長い年月を必要とすることから、原則として全く汚染されてはならないと考えられている。化学物質の水質基準を定めることは、その基準までは汚染してもよいと誤解されかねない。このため、EU ではわずかな特定の物質、すなわち硝酸塩、農薬、殺生物剤などについてのみ規制し、地下水全般の保護については、異なるアプローチ、すなわち予防原則（precautionary approach）を採用した。ここでは、地下水への排水の直接の排出を規制し、間接的に地下水の汚染を監視し予防するため、地下水水質の監視を義務付けた。これらの水質基準と予防原則の 2 つの手段を組み合わせるこ

とにより、人間活動影響の最小化原則に基づいて、地下水の汚染からの保護を担保している。

(4) 水質監視と報告[21)]

a. WFDによる水質監視の特徴と種類 WFDの目的は、それぞれの水資源の種類に応じて「良好な状態」を達成することである。そのために水質監視が必要であるが、水質監視の詳細な基準はWFDの付属文書Vに記載されている。WFDによる水質監視には、以下の種類がある。

① Surveillance Monitoring（流域の水質の現状把握のための水質監視）
② Operational Monitoring（汚染問題把握のための水質監視）
③ Investigative Monitoring（調査研究のための水質監視）

b. 表流水の化学的水質の監視 表流水の分析項目は、以下のとおりである。

① 33種類の主要な化学物質、および水中の生態系および人体に特別な影響を及ぼす8種類の化学物質。
② WFDの規定により、EU加盟国はそれぞれの流域に特徴的で、影響の大きな物質を同定し、それらを水質監視項目に加えなければならない。
③ Chemical Monitoring Activity (2005-2007)（化学物質監視活動）：法的拘束力はないが、化学的な水質分析に関して、分析法や基準などの情報を提供している。

c. 表流水の生態系の監視 生態系の評価の目的は、人間活動が与える生態系への影響を評価するとともに、当該流域に対してあらかじめ設定された生態系の状況からの乖離度を測定することで、全体的で統合的な表流水の監視を可能にするためである。異なる国で、似た河川流域がある場合は、相互に参照することで、同等な分類指標を設定している。評価手法を統一するため、数値で0から1の範囲で表現されるEcological Quality Ratio（EQR：生態質比）が定められ、1は参考とされる生態系に近く、0は生態系が劣化していることを示す。しかし、現実的にはEQRを定めるためには、水域の分類、適切な観測指標、参照となる生態系を定めなければならず、難しい点が多い。そのため各国は、湖沼・河川などの類型ごとにそれぞれ生態系の観測を行っている。

d. 地下水の監視 WFDと地下水指令は、それぞれの地下水監視計画の目的と要求する事項を示しているが、具体的な監視の方法については述べていない。そこで、共同監視計画地下水ワーキンググループ[The common implementation strategy (CIS) groundwater working group]が作られ、WFDと地下水指令の要求を満たすよ

うな地下水監視計画の立案方法と実施方法についての指針を提案した。この指針の中で、ヨーロッパ内部でも、水文地質条件、気象条件、および社会経済条件に大きな違いがあることを認識し、リスクに基づいたアプローチ(risk-based approach)を採用した。これにより、諸条件の違いを考慮して、費用対効果の高い地下水監視計画を実施するように提案した。

地下水は変化に富み、わずかな場所の違いでも地下水水質が異なることや、地表・地下環境に対して物理的な変更が加えられている場合があること、さらに、その他の人間活動による影響を受けている場合がある。地下水監視計画の立案においては、これらのことを考慮して主要な環境条件を理解する必要があるが、地下水監視の一般的原則では、これを概念モデルに表すこととしている。概念モデルとは、調査対象となる水文地質を簡略化して記述したもので、地下水の監視データが集まるにつれて更新することができる。

2.3.3 WFD の最近の動向

(1) 達成状況 [21～23]

WFD の達成状況については、これまで 2007、2009、2012 年の合計 3 次の報告書が出版されている。このうち、第 1 次報告書では、WFD の実施状況について報告し、第 2 次報告書では、水質監視ネットワークについて報告し、第 3 次報告書では、河川流域管理計画(RBMPs)について報告している。

第 3 次報告書は、欧州委員会は欧州議会と欧州理事会に対して 2012 年中に報告書を提出しなければならない、という WFD の条項 18 の規定により出版された。ここには、WFD の実施・進捗状況とともに、WFD 条項 15 に基づく河川流域管理計画について報告することが求められている。報告書の内容は、以下のとおりである。

① 欧州議会と欧州委員会への委員会報告「WFD の実施状況-河川流域管理計画」
② 欧州の概要：委員会スタッフ作業報告
③ EU 加盟国およびノルウェーの国別報告

報告書では、EU 各国は第 1 次の RBMPs の作成のための多くの努力をし、水の状態に関する知識は相当に高まったものの、2015、2021、2027 年といった 6 年ごとの計画見直しサイクルにおいて、WFD の目的を達成するためにはより多くの努力が必要であると述べている。EU 加盟国の RBMPs を評価したところ、2015 年の

目標年までに良好な状態(good status)を実現するための進捗が期待されていたが、多くの水域においてそれが達成できそうもない。水環境に対する最も大きな圧力は、河川の形状に対する圧力、汚染の圧力、過剰取水による圧力である。過去30年に、水域の化学物質による汚染は格段に改善したが、WFDが掲げた重要汚染物質(priority substances)に関する達成状況は、目標に及ばない。また、多くのRBMPsで例外規定が申請されたが、WFDでは、例外規定を申請する場合、その理由を説明するように求めている。これは、意思決定において透明性と説明責任を確保するうえで重要である。

WFDの実施に際しては、適正な監視に基づいて、河川流域に対する主なリスクと圧力を理解することが重要である。これにより、長期にわたって清浄な水を人の生活や事業、生態系に対して供給することを、より安価な方法で保証することができる。

(2) 将来の課題[17)]

2000年にWFDが発効して以来、気候変動の顕在化や経済危機など多くの要因が加わった。近い将来、EU域内の水管理において、気候変動は大きな課題となる。気候変動は、

① 欧州南部で降水量を低減させ、気温を上昇させるため、水資源への圧力が高まる。2007年に欧州委員会が作成した水不足と渇水の課題への対応(Addressing the challenge of water scarcity and droughts)では、WFDの実施が気候変動対応においても必要不可欠であるとしている。

② 欧州北部では、降水量が増加し、洪水のリスクが高まる。1990年以来、259の洪水が報告され、そのうち165は2000年以降に発生している。EUでは、2007年に洪水指令(Floods Directive)を発効させたが、そこでは新しい、能動的な施策を提案し、すべてのEU加盟国に対して、2011年までにすべての河川流域において洪水リスクの予備調査を実施することを求めている。さらに2013年までに洪水リスクマップを作成することを求めている。EU加盟国は洪水リスク管理計画を作成し、それらを第2期(2016~2021年)のRBMPsに組み入れる必要がある。

WFDや洪水指令の目標を達成するためには、住民参加が重要である。しかし多くのEU市民は、水の将来について、彼らが発言する権利を有していることに気づいていない。このため、市民の小さな努力は将来の大きな変化をもたらすことを、

市民に知らせる努力を続ける必要がある。

参考文献

1) 駐日欧州連合代表部：ホームページ，
   http://www.euinjapan.jp/ （2013年12月20日）
2) 宮畑建志：欧州理事会，閣僚理事会，欧州委員会，
   http://www.ndl.go.jp/jp/data/publication/document/2007/200705/037-055.pdf （2013年12月20日）
3) European Commission: Council Directive on the quality of water intended for human consumption （1998/83/EC），
   http://ec.europa.eu/environment/water/water-drink/legislation_en.html （2013年12月20日）
4) European Commission: Commission Directive on technical specifications for chemical analysis and monitoring of water status，
   http://ec.europa.eu/environment/water/water-dangersub/#technical （2013年12月20日）
5) European Commission: Council Directive on Pollution Caused by Discharges of Certain Dangerous Substances （1976/464/EEC codified as 2006/11/EC），
   http://eur-lex.europa.eu/legal-content/EN/TXT/?uri=CELEX:32006L0011 （2014年5月26日）
6) European Commission: Directive for Integrated Pollution Prevention and Control(2008/01/EC)，
   http://europa.eu/legislation_summaries/environment/waste_management/l28045_en.htm （2013年12月20日）
7) European Commission: Directive 2004/35/EC of the European Parliament and of the Council of 21 April 2004 on environmental liability with regard to the prevention and remedying of environmental damage （ELD），
   http://ec.europa.eu/environment/legal/liability/ （2013年12月20日）
8) European Commission: Directive of the European Parliament and of the Council of 12 December 2006 on the protection of groundwater against pollution and deterioration （2006/118/EC），
   http://ec.europa.eu/environment/water/water-framework/groundwater/resource.htm （2013年12月20日）
9) European Commission: Groundwater in Water Framework Directive，
   http://ec.europa.eu/environment/water/water-framework/groundwater/framework.htm （2013年12月20日）
10) European Commission: Council Directive of 12 December 1991 concerning the protection of waters against pollution caused by nitrates from agricultural sources （91/676/EEC），
    http://ec.europa.eu/environment/water/water-nitrates/index_en.html （2013年12月20日）
11) European Commission: Directive 91/271/EEC on Urban Waste Water Treatment （98/15/EEC, amending Directive 1991/27/EEC），
    http://ec.europa.eu/environment/water/water-urbanwaste/legislation/directive_en.htm （2013年12月20日）
12) European Commission: Directive 2000/60/EC of the European Parliament and of the Council of 23 October

2000 establishing a framework for Community action in the field of water policy,
http://europa.eu/legislation_summaries/environment/water_protection_management/l28002b_en.htm
（2013 年 12 月 20 日）
13）European Commission: Introduction to the new EU Water Framework Directive,
http://ec.europa.eu/environment/water/water-framework/info/intro_en.htm
14）European Commission: Flash Eurobarometer on Water,
http://ec.europa.eu/environment/water/eurobarometer.htm　（2013 年 12 月 20 日）
15）Kallis, G. and Butler, D.: The EU water framework directive: measures and implications. Water Policy, 2001; 3: 125-142.
16）European Commission: Implementing the EU Water Framework Directive and the Floods Directive,
http://ec.europa.eu/environment/water/water-framework/objectives/implementation_en.htm　（2013 年 12 月 20 日）
17）European Commission: Water Framework Directive Brochure,
http://ec.europa.eu/environment/pubs/pdf/factsheets/water-framework-directive.pdf　（2013 年 12 月 20 日）
18）European Commission: Common Implementation Strategy for the Water Framework Directive,
http://ec.europa.eu/environment/water/water-framework/objectives/pdf/strategy.pdf　（2013 年 12 月 20 日）
19）European Commission: Introduction to the new Water Framework Directive,
http://ec.europa.eu/environment/water/water-framework/info/intro_en.htm　（2013 年 12 月 20 日）
20）European Union: Decision No 2455/2001/EC of the European Parliament and of the Council of 20 November 2001,
http://ec.europa.eu/environment/ecolabel/documents/prioritysubstances.pdf　（2014 年 5 月 26 日）
21）Quevauviller, P., Borchers, U., Thompson, K., Simonart, T., eds.,：The Water Framework Directive - Ecological and Chemical Status Monitoring, Wiley, 2008.
22）European Union: The EU Water Framework Directive – integrated river basin management for Europe,
http://ec.europa.eu/environment/water/water-framework/index_en.html　（2013 年 12 月 20 日）
23）European Union: WFD Implementation Reports,
http://ec.europa.eu/environment/archives/water/implrep2007/index_en.htm　（2014 年 5 月 26 日）

第3章
アメリカ合衆国における水道の水質管理と水源保全

　アメリカ合衆国では、安全飲料水法(SDWA)に基づき水道水質基準を定めており、法的拘束力のある最大許容濃度(MCL)と公衆衛生上維持することが望ましいとされる目標最大許容濃度(MCLG)が示されている。また、未規制項目のリストアップや監視を基に水質基準の見直しも進めている。加えて、各種の規則により、消毒に関する規制、水道水質のサーベイランス、水質検査結果の公表などが行われている。実際の規制活動は州により行われており、例えばカリフォルニア州では、水質基準の上乗せ設定、消費者信頼レポートや水質異常時の住民周知方法などの具体的な方法の提示もされている。水道水源の保全に関しては、SDWAによる水源評価および水源保護計画とともに、水質浄化法(CWA)に基づく表流水の流域管理手法として、許容負荷量(TMDL)プログラム、点源管理として汚染物質排出削減制度(NPDES)プログラム、非点源管理のための交付金制度がある。

> **アメリカ合衆国の基礎データ**
> 　国名：アメリカ合衆国(50州と1特別区からなる)
> 　面積：962.9万 km^2
> 　人口：3億1,579.1万人(2012年)
> 　人口密度：32.8人/km^2(2012年)
> 　年降水量：ロサンゼルス322.0 mm、シカゴ927.5 mm、マイアミ1,568.6 mm、
> 　　ニューヨーク1,145.4 mm
> 　乳児死亡率：7.0‰(2010年)
> 　1人当たり国民総所得：47,340ドル(2010年)
> 　通貨：米ドル(USD)(2014年4月現在、1USD=約102円)
> 　出典(ただし、通貨を除く)：データブックオブ・ザ・ワールド世界各国要覧と最新統計2013年版、二宮書店、2013

> **アメリカ合衆国の水道の基本情報**
> 　基本法令：安全飲料水法(Safe Drinking Water Act：SDWA)
> 　水道事業体数：51,356[1]（2011年）
> 　給水人口：2億9,920万人[1]（2011年）
> 　普及率：96.4%（2011年）
> 　水質基準：87項目（微生物7項目、消毒副生成物4項目、消毒剤3項目、無機物質16項目、有機物質53項目、放射能4項目）について、MCLとMCLGを設定。
> 　消毒などに関する規制：表流水（表流水の影響を直接受ける地下水を含む）を水源とする場合は、細菌、原虫およびウイルスの、ろ過および消毒による一定の除去または不活性化が求められている。地下水を水源とする場合は、水源監視結果に応じて、細菌およびウイルスの一定の除去、または不活性化が求められている。

3.1 水道の概要

3.1.1 水道の歴史的経緯

　アメリカ合衆国の水道は、植民地時代の個人の井戸から発展し、19世紀には94%が民間水道であったが、配水地域の公平性の確保、料金設定、水質・水量への配慮などから、徐々に公営化が進んでいった[2]。浄水処理では、イギリスで開発された緩速ろ過法が1872年ニューヨーク州ポキプシー(Poughkeepsie)で導入され[3]、急速ろ過法は1884年に開発された。その後1900年代初めから、濁質および微生物の除去を目的として、緩速ろ過法および急速ろ過法による処理が各都市に導入されていった。また、水系感染症を抑えるため、1908年ニュージャージー州のジャージー(Jersey)で塩素消毒が始められた。その後、ろ過処理および消毒処理は、大規模都市水道のみならず小規模の水道にも拡大していき、1970年代から1980年代にかけては、膜ろ過やオゾン処理など高度な処理技術も発展してきた。連邦の水質規制は、1914年、公衆衛生事業法(Public Health Service Act)により飲料水の細菌学的な基準が定められたことに始まる。その後、水質基準は増強され、1974年に安全飲料水法(SDWA)による規制に移行するまで、連邦水質基準として用いられた[2,4]。

SDWAは、当初は水質基準設定および浄水処理に関する条項が中心であったが、1986年および1996年の改正により、水道水源保全、水道施設改善のための基金、水質に関する情報公開に関する条項も追加されている[5]。

3.1.2 水道の現状 [1]

水道の定義として、年間60日以上の期間に15以上の給水戸数または25人以上に給水する水道が公共用水道(Public water system)とされ、SDWAに基づく各種の規制が掛けられる。公共用水道以外は個人所有の井戸がほとんどである。

公共用水道は、その形態により以下のように分類されている。
・市町村水道(Community water system)：同じ需要者に通年給水している水道
・専用水道(Non-transient non-community water system)：同じ需要者に、年間6ヶ月以上給水するが、通年給水はしていない水道。例えば、学校、工場、オフィスビル、病院などの自己所有の水道
・一時利用水道(Transient non-community water system)：6ヶ月を超えて同じ需要者に供給しない水道。例えば、ガソリンスタンドやキャンプ場の水道

2011年度の統計によれば、アメリカ合衆国には152,713の水道事業があり、このうち市町村水道は51,356事業で2億9,920万人に供給し、その普及率は96.4％である。給水人口1万人以上の大規模な水道は4,221(8％)事業で、82％の人口に給水している。水源では、地下水を水源とする水道事業の数は多いが(77％)、給水人口は表流水(表流水の影響を直接受ける地下水を含む)を水源とする水道事業の方が多い(71％)。

3.2 水道水質管理の制度と動向

アメリカ合衆国では、水道水質管理に関して表-3.1に示すような法令がある。

3.2.1 水道水質に関する基準

(1) 連邦基準

水質基準は、SDWAの第1種飲料水規則(National Primary Drinking Water Regulations)に定められている。公衆衛生上維持することが望ましいとされる目標最大

表-3.1　アメリカ合衆国の水道水質管理に関係する主な法令

法令の名称		概　要	文献
正式名称	略称（和訳）		
Safe Drinking Water Act	SDWA（安全飲料水法）	水道に関する連邦基本法。水質基準を設定し、消毒や浄水処理、情報公開を含めた各種規則*を定めている。	5)
Clean Water Act	CWA（水質浄化法）	表流水の水質汚濁に関する連邦基本法。点源の汚染物質排出削減制度や非点源の排出管理プログラムを定めている。	6)

*　SDWA の規則
- National Primary Drinking Water Regulations（第1種飲料水規則）：水質基準（健康影響のある項目）の規定
- National Secondary Drinking Water Regulations（第2種飲料水規則）：水質基準（感覚的性状や使用上の障害がある項目）の規定
- Lead and Copper Rule（銅及び鉛規則）：銅と鉛に関する規制
- Arsenic Rule（ヒ素規則）：ヒ素に関する規制
- Radionuclides Rule（放射性核種規則）：放射物質に関する規制
- Unregulated Contaminant Monitoring Rule（未規制項目監視規則）：未規制項目の計画的な監視を規定
- Total Coliform Rule（大腸菌群規則）：大腸菌群の検査および違反時の対応を規定
- Surface Water Treatment Rule（表流水処理規則）：表流水（表流水の影響を直接受ける地下水を含む）を水源とする水道の微生物制御を規定
- Ground Water Rule（地下水規則）：地下水を水源とする水道の微生物制御を規定
- Disinfectants and Disinfection Byproducts Rule（消毒剤及び消毒副生成物規則）：消毒と消毒副生成物の基準を設定
- Consumer Confidence Report Rule（消費者信頼規則）：年度毎の消費者信頼レポートの公表を規定
- Public Notification Rule（住民周知規則）：水質異常時の住民への情報提供を規定

許容濃度（Maximum Contaminant Level Goal：MCLG）と、健康に関する項目で法的拘束力（検査、遵守、消費者への報告）のある最大許容濃度（Maximum Contaminant Level：MCL）がある。また、MCLと同等に扱われる概念として処理技術要件（Treatment Technique：TT）があり、汚染物質を低減化するプロセスおよび対応方法が示されている項目（濁度、アクリルアミドなど）もある。また、第2種飲料水規則（National Secondary Drinking Water Regulations）では、感覚的性状や使用上の障害がある項目について、目標値として第2種最大許容濃度（Secondary Maximum Contaminant Level：SMCL）が定められている。第1種飲料水規則は87項目（微生物7項目、消毒副生成物4項目、消毒剤3項目、無機物質16項目、有機物質53項目、放射能4項目）、第2種飲料水規則は15項目である。表-3.2に、アメリカ合衆国環境保護庁（United States Environmental Protection Agency：USEPA）のホームページ[7]に掲載されている個々の項目と基準値、長期曝露による健康影響、汚染の起源を示した。

3.2 水道水質管理の制度と動向

表-3.2 アメリカ合衆国の安全飲料水法に基づく水質基準 [7]

I 第1種飲料水規則
微生物(7項目)

項　目	MCLG[*1]	MCL または TT[*1]	長期曝露による潜在的な健康影響	汚染の起源
クリプトスポリジウム	0	TT[*2]	消化器系疾病(下痢、嘔吐、腹痛など)	人、動物の糞便
ジアルジア	0	TT[*2]	消化器系疾病(下痢、嘔吐、腹痛など)	人、動物の糞便
従属栄養細菌	なし	TT[*2]	健康影響なし。水道システム維持管理の指標	自然環境中に存在
レジオネラ	0	TT[*2]	レジオネラ症(肺炎の一種)	自然水に存在。加熱システムで増加
大腸菌群(糞便性大腸菌群および大腸菌を含む)	0	5.0%[*3]	健康影響なし。病原微生物の指標	糞便、自然環境中に存在。糞便性大腸菌群および大腸菌は人、動物の糞便
濁度	なし	TT[*2]	水の濁り、ろ過の有効性の指標。濁度が高いとウイルス、寄生虫、細菌など病原性微生物のレベルが高い。	土壌流出
ウイルス(腸内)	0	TT[*2]	消化器系疾病(下痢、嘔吐、腹痛など)	人、動物の糞便

[*1]　MCLG(Maximum Contaminant Level Goal):目標最大許容濃度
　　　MCL(Maximum Contaminant Level):最大許容濃度
　　　TT(Treatment Technique):処理技術要件。汚染物質低減化のための浄水処理技術
[*2]　表流水もしくは表流水の影響を直接受ける地下水は、①消毒すること、②ろ過すること、またはろ過を行わない場合でも以下の目標を達成しなければならない。
　　　クリプトスポリジウム:目標除去率は水源の存在量に応じて規定。ろ過しない場合は水源域で制御
　　　ジアルジア:99.9%の除去 / 不活化
　　　ウイルス:99.99%の除去 / 不活化
　　　レジオネラ:規制はないが、ジアルジアおよびウイルスが除去 / 不活化されていれば、表流水処理規則による処理技術でレジオネラもまた制御されていると考えられる。
　　　濁度:急速ろ過法あるいは直接ろ過法のシステムについては、常に 1 NTU を超えてはならない。かつ、月の毎日の測定値の 95%が 0.3 NTU を超過してはならない。緩速ろ過法、珪藻土ろ過法、その他のろ過のシステムについては、常に 5 NTU を超えてはならない。
　　　従属栄養細菌:1 mL 当たり 500 コロニーを超過しないこと。
[*3]　大腸菌群:大腸菌群陽性の試料は、月間で 5.0%以下であること(月間の試料数が 40 以下の場合の陽性数は 1 以下のこと)。大腸菌群陽性の試料は糞便性大腸菌群または大腸菌の測定を行い、どちらかが陽性の場合は緊急 MCL 違反となる。

消毒副生成物（4項目）

項　目	MCLG (mg/L)	MCL (mg/L)	長期曝露による潜在的な健康影響	汚染の起源
臭素酸	0	0.010	発がんリスクの増大	消毒副生成物
塩素酸	0.8	1.0	貧血、幼児および子供の中枢神経系への影響	消毒副生成物
ハロ酢酸(HAA5)	なし*	0.060	発がんリスクの増大	消毒副生成物
総トリハロメタン	なし*	0.080	肝臓、腎臓、中枢神経系への影響、発がんリスクの増大	消毒副生成物

*　全体の MCLG の規定はないが、個々の物質の MCLG がある。
　　ハロ酢酸：ジクロロ酢酸(0)、トリクロロ酢酸(0.02 mg/L)、モノクロロ酢酸(0.07 mg/L)、ブロモ酢酸（なし）、ジブロモ酢酸（なし）
　　トリハロメタン：ブロモジクロロメタン(0)、ブロモホルム(0)、ジブロモクロロメタン(0.06 mg/L)、クロロホルム(0.07 mg/L)

消毒剤(3項目)

項　目	MRDLG* (mg/L)	MRDL* (mg/L)	長期曝露による潜在的な健康影響	汚染の起源
クロラミン(Cl_2として)	4	4.0	目・鼻への刺激、胃の不快感、貧血	微生物制御のために添加
塩素(Cl_2として)	4	4.0	目・鼻への刺激、胃の不快感	微生物制御のために添加
二酸化塩素	0.8	0.8	貧血、幼児および子供の中枢神経系への影響	微生物制御のために添加

*　MRDLG（目標最大残留消毒剤濃度）：健康へのリスクが生じない消毒剤の濃度。MRDLG は微生物制御のための消毒剤の効果を考慮していない。
　　MRDL（最大残留消毒剤濃度）：飲料水中の最大消毒剤濃度。微生物制御のために消毒剤の添加が必要という確かな証拠がある。

無機物質（16項目）

項　目	MCLG (mg/L)	MCL(mg/L) または TT	長期曝露による潜在的な健康影響	汚染の起源
アンチモン	0.006	0.006	血中コレステロールの増加、血中糖の減少	石油精製、耐熱材、セラミック、電子機器、はんだ工場からの排出
ヒ素	0	0.010	皮膚への影響、循環器系の障害、発がんリスクの増大	自然堆積物の浸食、果樹園、ガラスおよび電子機器廃棄物からの排出
アスベスト(10μm以上の繊維)	700万繊維/L	700万繊維/L	良性腸ポリープリスクの増大	アスベストセメント管の劣化、自然堆積物の浸食
バリウム	2	2	血圧増大	掘削廃棄物からの流出、金属精錬工場からの排出、自然堆積物の浸食

ベリリウム	0.004	0.004	腸障害		金属精錬、石炭燃焼工場、電気、航空、軍事工場からの排出
カドミウム	0.005	0.005	腎臓障害		メッキ管の腐食、自然堆積物の浸食、金属精錬工場からの排出、電池、塗料廃棄物からの流出
クロム(全)	0.1	0.1	アレルギー性皮膚炎		鋼鉄、パルプ工場からの排出、自然堆積物の浸食
銅	1.3	TT* アクションレベル1.3	短期曝露：胃痛 長期曝露：肝臓、腎臓への影響 ウイルソン病患者がアクションレベルを超えた水を摂取した場合は医師に相談する。		屋内配管、自然堆積物の浸食
シアン化物(CNとして)	0.2	0.2	神経障害、甲状腺への影響		鋼鉄、金属、プラスチック、肥料工場からの排出
フッ素	4.0	4.0	骨の病気(痛み、軟化)、子供の斑状歯		水への添加、自然堆積物の浸食、肥料、アルミニウム工場からの排出
鉛	0	TT* アクションレベル0.015	幼児および子供：成長の遅れ、注意力、学習能力の低下 大人：腎臓への影響、高血圧		屋内配管、自然堆積物の浸食
水銀(無機)	0.002	0.002	腎臓への影響		自然堆積物の浸食、精錬工場からの排出、埋立地や農耕地からの流出
硝酸イオン(Nとして)	10	10	6ヶ月以下の乳児はMCLを超過した水を飲用すると重い病気になる。呼吸困難、ブルーベビー症候群		施肥地排水、浄化槽、下水からの排出、自然堆積物の浸食
亜硝酸イオン(Nとして)	1	1	6ヶ月以下の乳児はMCLを超過した水を飲用すると重い病気になる。呼吸困難、ブルーベビー症候群		施肥地排水、浄化槽、下水からの流出、自然堆積物の浸食
セレン	0.05	0.05	髪、爪の障害、循環器系への障害		石油精製、自然堆積物の浸食、鉱山からの排出
タリウム	0.0005	0.002	髪、血液、腎臓、腸、肝臓への影響		鉱石処理場からの浸出、電子機器、ガラス、製薬工場からの排出

* 給水栓水試料の10%以上がアクションレベルを超過した場合は、水道は付加的な措置を講ずる必要がある。

有機物質(53項目)

項　目	MCLG (mg/L)	MCL(mg/L) または TT	長期曝露による潜在的な健康影響	汚染の起源
アクリルアミド	0	TT*	中枢神経系、血液への影響、発がんリスクの増大	下水、排水処理で水に添加
アラクロール	0	0.002	目、肝臓、腎臓、脾臓への影響、貧血、発がんリスクの増大	農耕地の除草剤の流出
アトラジン	0.003	0.003	心臓、生殖機能への影響	農耕地の除草剤の流出
ベンゼン	0	0.005	貧血、血小板の減少、発がんリスクの増大	工場からの排出、ガソリンタンクからの漏出、埋立地からの浸出
ベンゾ(a)ピレン (PAH)	0	0.0002	生殖機能への影響、発がんリスクの増大	貯水槽、配水管の塗装からの溶出
カルボフラン	0.04	0.04	血液、中枢神経系、生殖機能への影響	田、牧草地の殺菌剤の浸出
四塩化炭素	0	0.005	肝臓への影響、発がんリスクの増大	化学工場その他の工場からの排出
クロルデン	0	0.002	肝臓、中枢神経系への影響、発がんリスクの増大	禁止シロアリ防除剤の残留
クロロベンゼン	0.1	0.1	肝臓、腎臓への影響	化学工場、農薬工場からの排出
2,4-D	0.07	0.07	肝臓、腎臓、副腎への影響	農耕地の除草剤の流出
ダラポン	0.2	0.2	腎臓への弱い影響	道路の除草剤の流出
1,2-ジブロモ-3-クロロプロパン (DBCP)	0	0.0002	生殖機能への影響、発がんリスクの増大	大豆、綿花、パイナップル、果樹園の殺菌剤の流出、浸出
o-ジクロロベンゼン	0.6	0.6	肝臓、腎臓、循環器系の影響	化学工場からの排出
p-ジクロロベンゼン	0.075	0.075	貧血、肝臓、腎臓、脾臓への影響、血液の変化	化学工場からの排出
1,2-ジクロロエタン	0	0.005	発がんリスクの増大	化学工場からの排出
1,1-ジクロロエチレン	0.007	0.007	腎臓への影響	化学工場からの排出
シス-1,2-ジクロロエチレン	0.07	0.07	腎臓への影響	化学工場からの排出
トランス-1,2-ジクロロエチレン	0.1	0.1	腎臓への影響	化学工場からの排出
ジクロロメタン	0	0.005	腎臓への影響、発がんリスクの増大	化学工場からの排出
1,2-ジクロロプロパン	0	0.005	発がんリスクの増大	化学工場からの排出

アジピン酸ジ(2-エチルヘキシル)	0.4	0.4	体重減少、肝臓への影響、生殖機能への影響可能性	化学工場からの排出
フタル酸ジ(2-エチルヘキシル)	0	0.006	生殖機能、肝臓への影響、発がんリスクの増大	ゴム製品、化学工場からの排出
ジノセブ	0.007	0.007	生殖機能への影響	大豆、野菜栽培地の除草剤の流出
ダイオキシン(2,3,7,8-TCDD)	0	0.00000003	生殖機能への影響、発がんリスクの増大	ごみ焼却場その他の焼却施設、化学工場からの排出
ジクワット	0.02	0.02	白内障	除草剤の流出
エンドタール	0.1	0.1	胃、腸への影響	除草剤の流出
エンドリン	0.002	0.002	肝臓への影響	禁止殺虫剤の残留
エピクロロヒドリン	0	TT*	発がんリスクの増大、胃への影響	化学工場からの排出、水道用薬品の不純物
エチルベンゼン	0.7	0.7	肝臓、腎臓への影響	石油精製工場からの排出
二臭化エチレン	0	0.00005	肝臓、胃、生殖機能、腎臓への影響、発がんリスクの増大	石油精製工場からの排出
グリホサート	0.7	0.7	腎臓、生殖機能への影響	除草剤の流出
ヘプタクロル	0	0.0004	肝臓への影響、発がんリスクの増大	禁止シロアリ防除剤の残留
ヘプタクロルエポキシド	0	0.0002	肝臓への影響、発がんリスクの増大	ヘプタクロルの分解
ヘキサクロロベンゼン	0	0.001	肝臓、腎臓、生殖機能への影響、発がんリスクの増大	金属精錬工場、農薬工場からの排出
ヘキサクロロシクロペンタジエン	0.05	0.05	腎臓、胃への影響	化学工場からの排出
リンデン	0.0002	0.0002	肝臓、腎臓への影響	畜牛、木材、庭で使用する殺虫剤の流出、浸出
メトラクロール	0.04	0.04	生殖機能への影響	果樹、野菜、牧草、家畜で使用する殺虫剤の流出、浸出
オキサミル(バイデート)	0.2	0.2	弱い中枢神経系への影響	リンゴ、ジャガイモ、トマトで使用する殺虫剤の流出、浸出
ポリ塩化ビフェニル(PCBs)	0	0.0005	皮膚、胸腺への影響、免疫への障害、生殖機能、中枢神経系への影響、発がんリスクの増大	廃棄物埋立地、化学廃棄物からの浸出
ペンタクロロフェノール	0	0.001	肝臓、腎臓への影響、発がんリスクの増大	木材保管場からの排出
ピクロラム	0.5	0.5	肝臓への影響	除草剤の流出
シマジン	0.004	0.004	血液への影響	除草剤の流出

項目	MCLG	MCL	長期曝露による潜在的な健康影響	汚染の起源
スチレン	0.1	0.1	肝臓、腎臓、循環器系への影響	ゴム製品、プラスチック、化学工場からの排出、廃棄物埋立地からの浸出
テトラクロロエチレン	0	0.005	肝臓への影響、発がんリスクの増大	工場、ドライクリーニング工場からの排出
トルエン	1	1	中枢神経系、肝臓、腎臓への影響	石油工場からの排出
トキサフェン	0	0.003	肝臓、腎臓、甲状腺への影響、発がんリスクの増大	綿花、畜牛で使われる殺虫剤の流出、浸出
2,4,5-TP (シルベックス)	0.05	0.05	肝臓への影響	禁止除草剤の残留
1,2,4-トリクロロベンゼン	0.07	0.07	副腎の変化	織物工場からの排出
1,1,1-トリクロロエタン	0.20	0.2	肝臓、中枢神経系、循環器系への影響	金属脱脂その他の工場からの排出
1,1,2-トリクロロエタン	0.003	0.005	肝臓、腎臓、免疫への影響	化学工場からの排出
トリクロロエチレン	0	0.005	肝臓への影響、発がんリスクの増大	金属脱脂その他の工場からの排出
塩化ビニル	0	0.002	発がんリスクの増大	塩化ビニル管からの溶出、プラスチック工場からの排出
キシレン (総)	10	10	中枢神経系への影響	石油工場、化学工場からの排出

* 水道は、アクリルアミドとエピクロロヒドリンを浄水処理に使用する時、注入率とモノマー濃度の関係 (積) が以下を超えていないことを州に文書で証明する必要がある。
　　アクリルアミド：1 mg/L の注入率で 0.05%濃度
　　エピクロロヒドリン：20 mg/L の注入率で 0.01%濃度

放射能 (4項目)

項　目	MCLG	MCL	長期曝露による潜在的な健康影響	汚染の起源
α 粒子	0	15 pCi/L	発がんリスクの増大	α 線を放出する鉱物を含む自然堆積物の浸食
β 粒子および光子放射物質	0	4 mrem/年	発がんリスクの増大	β 線および光子を放出する鉱物を含む自然堆積物の浸食
ラジウム 226 およびラジウム 228	0	5 pCi/L	発がんリスクの増大	自然堆積物の浸食
ウラン	0	30 μg/L	発がんリスクの増大、腎臓障害	自然堆積物の浸食

II 第2種飲料水規則

項　　目	SMCL*(mg/L)	項　　目	SMCL(mg/L)
アルミニウム	0.05～0.2	塩化物イオン	250
色度	15度	銅	1.0
腐食性	腐食性がないこと	フッ素	2.0
発泡物質	0.5	鉄	0.3
マンガン	0.05	臭気	3 TON
pH	6.5～8.5	銀	0.10
硫酸イオン	250	溶解性物質	500
亜鉛	5		

＊　SMCL(Secondary Maximum Contaminant Level)：第2種最大許容濃度

　水質基準に加えて、銅及び鉛規則(1991年)[8]、ヒ素規則(2001年)[9]、放射性核種規則(2000年)[10]が定められ、個別に基準値、アクションレベル、監視の枠組み、制御方法などが具体的に記載されている。また検査計画の標準的枠組み(1991年)[11]により、物質グループごとに、検出レベルに応じた検査場所、検査頻度が示されている。

　水質基準は6年ごとに見直し[12]されており、そのために未規制項目のリストアップや監視が体系的、計画的に行われている。水道水質基準化を検討する候補項目として[13]、一次(1998年：微生物10項目、無機物質7項目、有機物質43項目)、二次(2005年：微生物9項目、無機物質4項目、有機物質38項目)、三次(2009年：微生物12項目、無機物質10項目、有機物質94項目)と項目がリストアップされている。なお、第三次のリストアップでは、約7,500の化学物質や微生物から2段階でスクリーニングを行い、116項目を選択している。また、水道水中の存在量を把握するために、毒性評価から必要な検出限界値と検査方法を定めたうえで、未規制項目監視規則[14]により監視が行われている。それぞれ、一次(2001-2005年：微生物8項目、無機物質1項目、有機物質26項目、放射能2項目)、二次(2007-2011年：有機物質25項目)、三次(2012-2016年：微生物2項目、無機物質5項目、有機物質23項目)と進められている。図-3.1に示すように、リストや監視結果をもとに、健康影響、公共用水道の水道水中の存在量、健康リスク低減の方法を条件として候補項目が選定され、さらに健康影響、検査法、浄水処理、費用対効果などを評価して規制項目を決定し、水質基準の見直しが行われている[15]。このように、体系的な情報収集と初期段階からの情報公開とパブリックコメントによる意見集約により、

水質基準を見直していくシステムが構築されている。

(2) 州による規制：カリフォルニア州の例

水質に関する実際の規制活動は、各州に設置された飲料水監督庁（Drinking Water Primacy Agency）が行っている。ここでは、先進的な取り組みをしているカリフォルニア州の事例を紹介する。

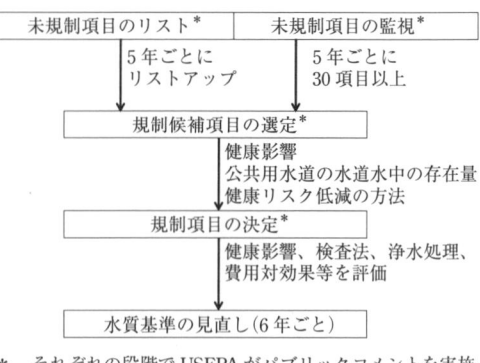

```
未規制項目のリスト*    未規制項目の監視*
  5年ごとに           5年ごとに
  リストアップ         30項目以上
        ↓                ↓
      規制候補項目の選定*
        ↓  健康影響
           公共用水道の水道水中の存在量
           健康リスク低減の方法
      規制項目の決定*
        ↓  健康影響、検査法、浄水処理、
           費用対効果等を評価
      水質基準の見直し（6年ごと）
```

* それぞれの段階でUSEPAがパブリックコメントを実施

図-3.1　水質基準見直しのスキーム[15]

カリフォルニア州では、州公衆衛生局（California Department of Public Health：CDPH）の飲料水及び環境管理部門（Division of Drinking Water and Environmental Management）が、飲料水計画（Drinking Water Program）により公共用水道を規制している[16]。

水質基準に関しては、SDWAの上乗せ基準として、MCL、SMCLが定められている。加えて、水質検査結果報告のための検出限界（Detection Limit for Purposes of Reporting：DLR）や、SDWAのMCLGと同じような意味の公衆衛生目標（Public Health Goal：PHG）も独自に定められている。項目の詳細および実例を**表-3.3**に示した。このうち、PHGは環境健康危害評価室（Office of Environmental Health Hazard Assessment）が作成し、最新の情報により見直され、州公衆衛生局はこれを受けてMCLを再評価する。また公共用水道は、消費者信頼レポートの中で、PHGを利用して飲料水中の汚染物質のリスクについて消費者に情報提供している[17]。加えて、環境試験所認定プログラムにより、飲料水や排水等の検査機関の認定を行っており、公共用水道では、消費者信頼レポートで、認定を受けた試験所で検査したことを記しているところもある。また州公衆衛生局は、公共用水道ごとの検査計画の草案を提示し、各水道は計画作成の参考としている。

このように、アメリカ合衆国では一律の水質基準ではなく、州により項目の追加や基準値の強化が可能となっている。この背景として、項目の追加についてはUSEPAにより未規制物質への体系的な取り組みがなされ多くの情報が公開されていること、基準値の強化については公衆衛生上の目標としてMCLGが示されていることがある。

表-3.3 カリフォルニア州の水質基準 [17]

最大許容濃度 (MCL)		化学物質の健康リスク、水質検査の検出限界、浄水処理での処理性を考慮し、SDWAの MCL に対して、項目の追加、基準値の強化がなされている。
	項目追加	Al(SDWA は SMCL)、Ni、過塩素酸、^{90}Sr、^{3}H(SDWA は総 β 線に包含)、1,1-ジクロロエタン、1,3-ジクロロプロペン、メチル-t-ブチルエーテル、1,1,2,2-テトラクロロエタン、トリクロロフルオロメタン、1,1,2-トリクロロ-1,2,2-トリフルオロエタン、ベンタゾン、モリネート、チオベンカルブ
	基準強化	Cr、CN、F、揮発性有機炭素 11 項目、有機化学物質 8 項目
第 2 種最大許容濃度(SMCL)		消費者が許容できるレベルとして設定されている。範囲(推奨値、上限値、一時的に許容できる上限値)が示されている項目がある。
	項目追加	メチル-t-ブチルエーテル、チオベンカルブ
	範囲追加	蒸発残留物、電気伝導率、塩化物イオン、硫酸塩
水質検査結果報告のための検出限界(DLR)		項目ごとに定められる検出限界で、複数の検査法があっても 1 つの検出限界値が定められている。各検査機関はこの検出限界値を確保することが求められる。分析技術的な条件として、正確さおよび変動係数ともに±20%以内が示されている。
公衆衛生目標(PHG)		最新の評価をもとに、一生涯飲用しても健康影響リスクが全くない濃度として、数値化されている。リスク評価が目的で、水質検査の検出限界は考慮されていない。

項目の実例

	項目	カリフォルニア州			USEPA	
		MCL	DLR	PHG	MCL	MCLG
第1種	シアン化物(mg/L)	0.15	0.1	0.15	0.2	0.2
	過塩素酸(mg/L)	0.006	0.004	0.006	なし	なし
	四塩化炭素(mg/L)	0.0005	0.0005	0.0001	0.005	0
	塩化ビニル(mg/L)	0.0005	0.0005	0.00005	0.002	0

	項目	カリフォルニア州 SMCL			USEPA SMCL
		推奨値	上限値	一時的上限値	
第2種	塩化物(mg/L)	250	500	600	250
	電気伝導率(μS/cm)	900	1,600	2,200	なし

3.2.2 資機材、水道用薬品などに関する規制 [18]

資機材および水道用薬品に関して、米国衛生財団(National Sanitation Foundation International：NSF)規格があり、州ごとにその規格に適合するものを使用することが義務付けられている。NSF は、米国規格協会(American National Standards Institute：ANSI)の認定を受けている。

資機材規格は NSF/ANSI 61 で、水道管、栓弁、継ぎ手、シール材、機械部品、配管材料などの水と接する資機材からの浸出性の基準が定められている。2013 年

現在、50州のうち48の州が規格への適合を義務付けている[19]。薬品規格はNSF/ANSI 60で、防蝕剤、凝集剤、消毒剤、酸化剤、pH調整剤、軟水化剤、凝析剤、錯化剤など水道用薬品の不純物の基準が定められている。2013年現在、48の州が規格への適合を義務付けている[19]。

3.2.3 消毒および微生物除去に関する規制

　表流水(表流水の影響を直接受ける地下水を含む)を水源とする場合は、細菌、原虫およびウイルスの、ろ過および消毒による一定の除去または不活性化が求められている。また、地下水を水源とする場合も細菌およびウイルスの除去または不活性化が求められているが、消毒剤のほか、膜ろ過、あるいは紫外線(UV)照射など州で認められた処理方法も採用することができる。消毒剤を使用する場合は、残留消毒剤の保持の基準も定められている。消毒効果を確認するため、病原微生物の指標の大腸菌群による規制が行われている。また、細菌より耐塩素性のあるクリプトスポリジウム、ジアルジア、ウイルスについての除去あるいは不活性化の基準も定められている。さらに、消毒剤および消毒副生成物の上限の基準も定められている。これらの詳細について以下に記す。

(1) 消毒効果

　大腸菌群規則(1989年)[20]が定められ、毎月の大腸菌群の定期検査、検査結果が陽性の時の対応、基準(MCL)と違反時の対応が詳細に定められている(**表-3.4**)。基準違反は、大腸菌群に関係する毎月検査MCL違反と、大腸菌または糞便性大腸菌群に関係する緊急MCL違反がある。後者の場合は、州に翌営業日までに報告し、24時間以内に消費者に知らせなければならない。大腸菌群規則は、2013年2月に改正され、MCLを大腸菌群からより糞便汚染の指標性が高い大腸菌へ変更することなど、**表-3.4**に示したような内容で2016年4月から施行される予定である[21]。

　表流水(表流水の影響を直接受ける地下水を含む)を水源とする水道を対象として、表流水処理規則(1989年)[22]、暫定表流水処理強化規則(1998年)[23]、ろ過池逆流洗浄水リサイクル規則(2001年)[24]、長期第1次表流水処理強化規則(2002年)[25]が定められ、病原微生物による感染症を防止することを目的として、微生物制御要件が求められている。微生物制御要件は、ろ過および消毒によるクリプトスポリジウム99％(2 log)の除去、ウイルス99.99％(4 log)の除去または不活化、ジアルジア

表-3.4　大腸菌群の基準、検査、基準違反時の対応 [20]、[21]

(a) 現行大腸菌群規則

基　準	MCL: 大腸菌群(大腸菌および糞便性大腸菌群を含む)
毎月定期検査	採水地点：配水区域の代表地点 試料数：給水人口により月1〜480試料 項目：大腸菌群
陽性時の対応	定期検査陽性の場合：①同じ試料で糞便性大腸菌群または大腸菌の検査、②24時間以内に3試料(同じ給水栓、上流側の給水栓、下流側の給水栓)の大腸菌群再検査、③翌月5試料以上の追加検査 再検査大腸菌群陽性の場合：定期検査陽性と同じ対応を実施
毎月検査 MCL違反	判断基準 　月40試料未満(給水人口31,000人以下)の場合、大腸菌群の陽性試料が1より多い 　月40試料以上(給水人口31,001人以上)の場合、毎月の大腸菌群陽性率が5%超過 措置：州に翌営業日までに報告、30日以内に消費者に周知する。
緊急MCL違反	判断基準：大腸菌、糞便性大腸菌群、大腸菌群の病原菌への指標性 * を考慮し規定 ・定期検査で糞便性大腸菌群または大腸菌が陽性、再検査で大腸菌群陽性 ・再検査で糞便性大腸菌群または大腸菌が陽性 措置：州に翌営業日までに報告、24時間以内に消費者に周知する。

(b) 大腸菌群規則の修正 (2016年4月1日施行)

基　準	MCL: 大腸菌 TT: 大腸菌群
毎月定期検査	採水地点：施行日前に検査地点の計画を作成し公表、配水区域の代表地点を選択 試料数：給水人口により月1〜480試料 項目：大腸菌、大腸菌群
陽性時の対応	大腸菌群陽性の場合：①同じ試料で大腸菌の検査、②24時間以内に3試料(同じ給水栓、上流側の給水栓、下流側の給水栓)以上の大腸菌再検査、③翌月3試料以上の追加検査
TT違反	判断基準： 　レベル1に分類　大腸菌群陽性率5%以上(試料数40未満は1より多い)、再検査未実施 　レベル2に分類　緊急MCL違反、レベル1が12ヶ月継続 評価： 　レベル1の場合　水道による水源、浄水処理、配水施設、それらの維持管理の調査 　レベル2の場合　州による同じ事項の詳細調査 是正：衛生性確保を阻害する問題の是正処置を実施 措置：評価あるいは是正が未実施の場合、州に翌営業日までに報告、30日以内に消費者に周知する。
緊急MCL違反	判断基準：大腸菌、大腸菌群の病原菌への指標性*を考慮し規定 ・定期検査で大腸菌群陽性、再検査で大腸菌陽性 ・定期検査で大腸菌陽性、再検査で大腸菌陽性 ・定期検査で大腸菌陽性後、必要な再検査ができなかった時 ・定期検査で大腸菌群陽性後、大腸菌再検査ができなかった時 措置：州に翌営業日までに報告、24時間以内に消費者に周知する。

*　大腸菌はすべてが病原性ではないが、人および動物の腸管内に存在し、糞便汚染の指標として優れている。糞便性大腸菌群は、大腸菌の他パルプ工場排水などにも由来する。大腸菌群には、土壌由来のものも含まれる。

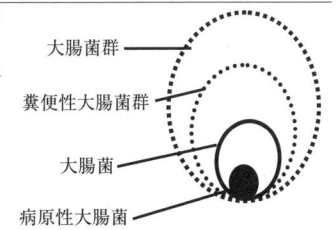

99.9％(3 log)の除去または不活化である。ろ過を行わない場合でもウイルスとジアルジアの微生物制御要件は満たす必要があり、クリプトスポリジウムは水源流域内での汚染抑制が必要とされている。また、ろ過水濁度について、急速ろ過法または直接ろ過法の場合は、毎月の最大値1 NTU(nephelometric turbidity unit：濁度の単位)以下および95％値0.3 NTU以下、緩速ろ過法、珪藻土ろ過法、その他のろ過の場合は、毎月の最大値5 NTU以下および95％値1 NTU以下、ろ過を行わない場合は消毒前の濁度が5 NTU以下とされている。さらに、クリプトスポリジウム対策に主眼をおいた長期第2次表流水処理強化規則(2006年)[26]により、水道の規模に応じて、水源のモニタリング(クリプトスポリジウム、大腸菌、濁度)、そのモニタリング結果に応じたクリプトスポリジウムの目標除去率(例：水源で3オーシスト/L以上の場合、急速ろ過法および緩速ろ過法の除去率2.5 log)と追加処理(ろ過処理を行わない場合は二酸化塩素、オゾン、紫外線による消毒)、浄水が覆蓋のない施設に貯留される場合の対応などが定められている。

地下水水源の水道を対象とする地下水規則(2006年)[27]では、水源の監視(大腸菌、腸球菌、大腸菌ファージ)結果に応じて、ウイルスの99.99％(4 log)除去または不活性化のための処理が求められている。

(2) 消毒剤および消毒副生成物の規制

消毒剤及び消毒副生成物規則(1998年)[28]では、消毒剤(塩素、クロラミン、二酸化塩素)の目標最大残留消毒剤濃度(Maximum Residual Disinfectant Level Goal：MRDLG)と最大残留消毒剤濃度(Maximum Residual Disinfectant Level：MRDL)、消毒副生成物(トリハロメタン類、ハロ酢酸類、臭素酸、塩素酸)のMCLGとMCLが定められている(**表-3.2**の消毒副生成物および消毒剤の項参照)。また、アルカリ度に応じたTOC除去率の要件(例：水源でTOC 2～4 mg/L、アルカリ度0～60 mg/Lの場合、TOC除去率35％)が定められている。加えて、消毒剤、消毒副生成物、消毒副生成物前駆物質(TOC、UV 254)、アルカリ度の検査頻度も定められている。第2段階消毒剤及び消毒副生成物規則(2006年)[29]では、総トリハロメタンとハロ酢酸の低減化を進めるために、配水区域の評価に基づき検査地点を選択し、総トリハロメタンとハロ酢酸の検査結果を検査地点ごとの年間の移動平均値で評価することとされている。

(3) 残留塩素など残留消毒剤の保持

消毒剤を使用する場合、表流水処理規則および地下水規則では、**表-3.5**のように保持すべき残留消毒剤濃度の基準および測定頻度が定められている。なお、地下水を水源とし消毒剤を使用しない場合は、微生物除去のための処理が適正であることを州で定められた方法により確認することが求められている。

表-3.5 保持すべき残留消毒剤の基準と測定頻度 [22,27]

水源	測定場所	基　　準	測定頻度
表流水	配水系統入口	4時間以上 0.2 mg/L 以下にならないこと	連続測定(給水人口3,300人以下の場合は、規模により1日1～4回)
表流水	配水区域内(大腸菌群と同じ場所)	2ヶ月連続で、不検出の割合が5%超えないこと。従属栄養細菌が 500個/mL 以下であれば残留消毒剤の検出とする.	大腸菌群と同じ頻度
地下水	州が認める場所	州で定める最低値以上	連続測定(給水人口3,300人以下の場合は1日1回)

3.2.4 水道水質のサーベイランス

水道水質のサーベイランスは、州で実施される衛生調査の中で行われる[30]。衛生調査は、大腸菌群規則、表流水処理規則および地下水規則の規定により、水道が質・量ともに十分な水道水を安定的に消費者に供給し続ける能力があることを評価することと、水道が水道水に関する規制を遵守していることの確認を目的としている。表流水処理規則では、水源、浄水処理、配水管網、配水池、ポンプ設備と制御、水質検査と報告、施設の維持管理と運転、操作員の要件の調査項目がリストアップされ、公共用水道では3年ごと、公共用水道でない水道は5年ごとの調査頻度が定められている。地下水規則では、細菌汚染への持続的な対応を確認するため、公共用水道および公共用水道でない水道ともに5年ごとの調査頻度が定められている。

3.2.5 水質検査結果の公表

(1) 消費者信頼規則と住民周知規則

消費者に水質検査結果などを公表することを求める消費者信頼規則(1998年)[31]と、水質異常時に消費者に情報提供することを求める住民周知規則(2000年)[32]が

ある。

　消費者信頼規則では、公共用水道に、年度ごと消費者信頼レポートを公表することを求めている。レポートの内容は、水源の種類およびその評価結果（汚染源など）、水道水の汚染物質に関する情報（監視状況、検出された物質、諸規則の遵守状況、解説）などで、毎年6月1日までに公表する。公表手段としては、インターネット、郵送、新聞掲載、掲示などがある。

　住民周知規則は、水道水が第1種飲料水規則を満たさない場合やそれ以外の健康リスクがある場合に、消費者に周知することを目的としている。リスクのレベルに応じて、3段階のレベルの公表が定められている。第1リスクレベルは、24時間以内にラジオ、テレビ、配布物などで公表する必要がある緊急性の高いもので、大腸菌、硝酸態窒素、亜硝酸態窒素、二酸化塩素などの項目が基準値を満たさない時や水系感染症などが発生した時である。第2リスクレベルは、30日以内で可能な限り早い時に公表すべきもので、第1リスクレベル以外の項目で水質基準値を超えた時などが該当する。第3リスクレベルは、1年以内に公表すべきもので、検査方法に違反があった場合などが該当する。消費者が理解しやすいよう、必要に応じて英語以外の言語も使用するように求められている。

(2) カリフォルニア州の事例

　州の健康安全法（Health & Safe Code）により、公共用水道は、消費者信頼レポートを毎年作成することを義務付けられている[33]。レポートへの記載事項としては、水源の種類と汚染の可能性（微生物、無機物質、農薬、有機物質、放射性物質）、用語の説明（MCL、MCLG、PHG、MRDL、MRDLG、ppm、ppbなど）、検出された項目の結果表、浄水処理の方法、その他の情報があり、小規模水道向けの雛型も作成されている。また、英語が理解できない消費者が1,000人を超える場合あるいは全住民の10％を超える場合は、「この情報は重要です。翻訳を依頼してください」との文を、該当する言語で掲載する必要があり、スペイン語、フランス語、中国語、イタリア語、アラビア語、日本語など20の言語の文例が示されている。消費者信頼レポートの水質データ表の実例を表-3.6に示した。

　公共用水道は、水道水の水質異常の場合には消費者に情報提供しなければならないが、周知内容について、事前に州公衆衛生局の許可を得る必要がある。州公衆衛生局は、水道水の煮沸勧告、同勧告の解除、飲用禁止勧告について周知文の雛型を作成している。また、異常の場合24時間以内に公表が必要な第1リスクレベル、

表-3.6 消費者信頼レポートの水質データ表の実例（検出された項目のみを記載）

	項目	単位	MCL	PHG (MCLG)	範囲	平均	主な要因
第1種	総トリハロメタン	ppb	80	-	7～57	32	塩素消毒副生成物
	ジアルジア	シスト/L	TT(99.9%除去又は不活性化)	(0)	ND～0.03	0.03	自然環境に存在
	フッ素（原水）	ppm	2.0	1	<0.1～1.8	0.8	自然堆積物の浸食
	項目	単位	SMCL	PHG	範囲	平均	主な要因
第2種	塩化物イオン	ppm	500	-	4～15	10	自然堆積物から流出/溶出
	電気伝導率	μS/cm	1,600	-	31～288	164	水中のイオン性物質
	項目	単位	アクションレベル	PHG	範囲	平均	主な要因
鉛と銅	銅	ppb	1,300	300	5.8～102	73	屋内配管の腐食
	鉛	ppb	15	2	<1～8.1	5.3	
	項目	単位	MCL	PHG (MCLG)	範囲	平均	主な要因
その他	アルカリ度	ppm	-		10～96	50	-
	塩素酸	ppb	1,000	800	49～224	155	次亜塩素酸ナトリウムの分解

	事項	内容
情報提供やPR	屋内配管の鉛	屋内配管に鉛を使用している場合は、飲用または料理に使用する前に、30秒から2分間放水するとよい。
	節水	歯磨きの間は蛇口を閉止、シャワー時間の短縮、漏水チェック、まとめて洗濯など。
	水道水の臭いのチェック方法	水道水をコップにとり、外観や臭い・味をチェックする。臭いの種類と原因、その対処方法。

出典：サンフランシスコ公共事業委員会(San Francisco Public Utilities Commission)の2008年のレポート (www.sfwater.org)。

筆者注：鉛のPHGは2009年から0.2 ppbに改正されている。

30日以内に公表が必要な第2リスクレベル、1年以内に公表が必要な第3リスクレベルについてもそれぞれ雛型[34]が作成されている。第1リスクレベルの例を表-3.7に示しているが、このように水質異常発生時に迅速な対応が可能となるよう準備が整えられている。

表-3.7 第1リスクレベル（糞便性大腸菌群または大腸菌 MCL 超過）の周知方法および周知文の例[34]
周知方法

事　項	内　容
周知の時期	基準超過判明後 24 時間以内に州公衆衛生局に連絡し、周知内容につき許可を得た後、消費者に公表する。
周知の媒体	ラジオ・テレビ、該当地区へのビラの各戸配付、ビラの手渡しなどにより周知する。追加の手段（新聞掲載、病院・アパートへのビラの配付）も用いる。
言語	重要な点および水道事業者の問い合わせ先はスペイン語でも記載する。英語、スペイン語が理解できない消費者が 1,000 人を超える場合、あるいは全住民の 10％を超える場合は、該当言語でも記載する。
給水人口	給水人口を記載する。
代替水	代替水源に切り替える場合は、それを記載する。ボトル水を利用する場合は、大腸菌汚染がないことを確認する。
水道事業者の対応	実施している対応を記載する。 例：塩素注入強化と汚染水の排水、代替水源への切り替え、汚染源特定のための水質調査、井戸の修理、貯水タンクの修理など
事後の対応	周知後 10 日以内に州公衆衛生局に報告する。

周知文の例

事項	文例または記載内容
警告	「水道水が糞便性大腸菌群（または大腸菌）に汚染されていますので、使用する前に煮沸して下さい」
警告の説明	「○月○日、水道水中に糞便性大腸菌群（または大腸菌）が検出されました。この細菌は病気の原因となる可能性があります。免疫が弱い人は、特に注意してください」 詳細説明：煮沸時間、煮沸水の用途、糞便性大腸菌群（または大腸菌）が関係する病気、症状がある場合の対処、詳細情報の提供先
原因と対応	原因：「豪雨による汚濁水の流入で水源が汚染された」、「浄水場で消毒装置が故障した」など 対応：「原因が判明し対処した」、「現在水質検査を実施しており、その結果が判明すれば、○時間以内には、煮沸しなくても使える状態となる見込み」など 問い合わせ先：「○○」
情報提供の依頼	この情報を、この水道水を使用する人に伝えてくれるよう依頼する。

3.3 水源保全のための施策と取り組み

3.3.1 水源の評価と保護

(1) 水源評価計画と水源保護計画

SDWA の 1996 年の改正により、各州は各水道のために水源評価計画(Source Water Assessment Plan：SWAP)[35]を作成する義務を負い、1997 年に作成のための

ガイドラインが出されている。その内容は、水源図の作成、水質汚染源のリストアップ、水質的な観点からの水源としての継続的な利用可能性、評価結果の消費者信頼レポートなどでの公表である。

　水源評価計画により得られた情報により水源保護計画を作成するが、その義務付けはされていない[36]。郡や市はその行政区域内の水源の保護を、水源が複数の行政区域にわたる場合は州や連邦政府が担当する。保護のための施策の例としては、水源地域で汚染源となるような土地利用の制限または禁止、住民や企業へのPR（油のリサイクル、農薬の低減、水源の清掃活動への参加など）、水源地域の保護区域の設定などであり、これらを組み合わせた保護計画が有効とされている。

(2) カリフォルニア州の事例

　州公衆衛生局は、地下水水源および表流水水源を対象とした飲料水水源評価及び保護計画(Drinking Water Source Assessment and Protection)を作成している。この計画は、水源評価と水源保護からなっている。

　このうち水源評価[37]は、2003年までの完了を目指して水源ごとに進められてきた。水源評価の作成方法と実例を**表**-3.8に示した。カリフォルニア州の公共用水道7,543のうち94％で完成、水源ごとでは、16,152のうち、地下水水源で95％(14,326)、表流水水源で85％(1,011)が完成した。作成主体としては、州公衆衛生局が42％、郡38％、公共用水道20％である。

　水源保護計画[38]は、法的には要求されていないが、水源評価結果を有効活用し水源保護活動の優先順位を明確化するために、水源保護計画の作成が推奨され、**図**-3.2のような作成手順やケーススタディが紹介されている。

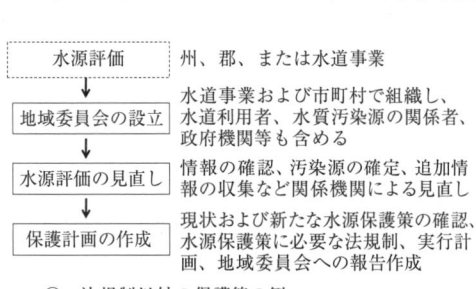

```
┌─────────────┐
│  水源評価    │  州、郡、または水道事業
└──────┬──────┘
       ↓
┌─────────────┐  水道事業および市町村で組織し、
│ 地域委員会の設立 │  水道利用者、水質汚染源の関係者、
└──────┬──────┘  政府機関等も含める
       ↓
┌─────────────┐  情報の確認、汚染源の確定、追加情
│ 水源評価の見直し │  報の収集など関係機関による見直し
└──────┬──────┘
       ↓
┌─────────────┐  現状および新たな水源保護策の確認、
│ 保護計画の作成 │  水源保護策に必要な法規制、実行計
└─────────────┘  画、地域委員会への報告作成
```

- ○　法規制以外の保護策の例
　　家庭・会社・工場での適切な清掃、公的な教育、汚染物質流出防止のための土地の管理、土地・開発権・建物の購入、汚染物質流出防止装置やシステムの工夫、危機対応計画

- ○　法規制による保護策の例
　　土地利用制限、土地分譲規制、目的別地域区分、土地利用禁止、各種規制と許可、施設の建築および運用基準、公衆衛生規制

図-3.2　水源保護計画の作成手順[38]

表-3.8 水源評価の作成方法 [37]

事　項	内　容
水源保護区域	地下水：揚水地点への地下水の移動年数で設定、A区域(2年以内)、B5区域(5年以内)、B10区域(10年以内) 表流水：集水域の特定 　A区域[貯水池の堤防または本流の両岸堤防から400 ft(約120 m)以内、支流の場合は200 ft(約60 m)以内]、B区域[取水口の上流周辺2,500 ft(約760 m)以内]
物理的防護の有効性	地下水：帯水層の閉鎖性、帯水層の透過性、廃棄井戸の有無、静水位の深さ、揚水操作、井戸の構造(防護)について、物理的防護の有効性の観点から評価し、L(低い)、M(中程度)、H(高い)に分類する。 表流水：水源の種類(貯水池、河川)、滞留時間、流域の地形、流域の地理、土壌のタイプ、植生、年降水量、地下水涵養について、物理的防護の有効性の観点から評価し、L(低い)、M(中程度)、H(高い)に分類する。
汚染源の目録	マニュアルに示されたリストに従い、汚染源がどの区域に存在するかを記載する。汚染源は、商業/工業活動、住宅/都市活動、農業/農村活動、他の活動に分類し、特記事項があれば記載する。
脆弱性ランキング	マニュアルでは、脆弱性スコアを計算するために、汚染源ごとのリスクポイント(7、5、3、1)、水源保護区域のポイント(地下水：A区域=5、B5区域=3、B10区域=1、不明=0、表流水：流域内=5、不明=0)、物理的防護のポイント(L=5、M=3、H=1)が定められており、それらを合計したものを脆弱性スコアとする。脆弱性スコアが一定値以上(地下水8、表流水11)のものを対象とし、水源で検出されている項目に関連する汚染源をリストの上位に上げる。
脆弱性の総括	水源で検出されている項目に関連する汚染源と関連しない汚染源に分け、脆弱性スコアの高いものを明示する。
水源評価の実例(脆弱性の総括)	
地下水	水源で検出される項目に関連するもの	ガソリンスタンド、ドライクリーニング、地下タンク(1,2-ジクロロエタン、トリクロロエチレン)
	水源で検出される項目に関連ないもの	石油化学工場および貯留タンク、メッキ工場、プラスチック工場、腐敗槽
表流水	水源で検出される項目に関連するもの	下水管、牧草地、野生動物、腐敗槽(病原微生物)
	水源で検出される項目に関連ないもの	ガソリンスタンド、廃棄物埋立跡地、鉱山

3.3.2 流域の水質保全に関する経済的インセンティブ

　水域の化学的・物理的・生物学的状態を回復し維持することを目的とする水質浄化法(Clean Water Act：CWA)があり、それによる交付金制度がある。これは1987年のCWA改正により新設された非点源管理プログラムで、州は基金計画をUSEPAに提案し、交付要件を満たすものであれば、USEPAは州に基金を交付する。基金は、承認を受けた特定の非点源管理の計画遂行のため、技術的援助、財政的援助、教育、訓練、技術移転、デモンストレーションプロジェクト、監視など種々の活動を支援するために使用される[39]。

このプログラムの成功例として、カリフォルニア州 Chorro Creek がある。都市および農地からの過大な栄養塩負荷により富栄養化が進んだ水域で、藻類繁殖の結果溶存酸素が低下し、1998年に3.3.3で述べる水質悪化水域にリストアップされた。公共および民間の土地所有者が、排水処理の向上、湿地と水路の回復、湖岸での放牧の禁止、侵食の抑制など種々の水質回復策を実施した効果により水質改善がなされ、2008年、水質悪化水域のリストから除外された。15年にわたり、1,000万ドルが使われ、そのうち約400万ドルが交付金で、計画作成(30万ドル)、監視(100万ドル)および計画実行(270万ドル)に加え、プロジェクト遂行のためのスタッフの費用に使用されている[40]。

3.3.3 流域管理

CWAに基づく表流水の流域管理手法として、許容負荷量(Total Maximum Daily Loads：TMDL)プログラム[41]があり、図-3.3に示すような枠組みで実施されている。これは、水道水源のみならず、レクリエーション、水生生物保護、農業などの用途にも適用される。

州は、水域ごとに必要な保護および回復手段、汚染物質の削減方法などを明らかにし、長期的な水質目標としての水質環境基準を設定し適用する。次に、水質データを収集し、現状の水質問題を特定し規制の有効性を評価する。監視結果は2年ごとにUSEPAに報告する必要がある。また、水質環境基準を満たすことができない水域について、病原微生物、金属などの項目グループを明確にした水質悪化水域のリストを作成する[42]。現在、全米で約44,000の水域のリストが作られている。

さらに、リストを作成した水域について、水質環境基準を達成するためのTMDL文書を水域ごとに各項目について作成する。TMDLは、点源の排出負荷量の割り当て(Wasteload Allocation：WLA)と非点源の負荷量の割り当て(Load Allocation：LA)に割り振られる。点源は、排水処理施設、雨水排水管、家畜飼育施設など、汚染物質排出削減制度

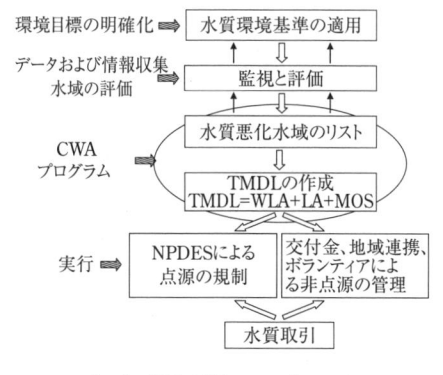

図-3.3 TMDL(許容負荷量)プログラム[41]

（National Pollutant Discharge Elimination System：NPDES）プログラムの規制を受けるすべての施設が対象である。非点源は、点源以外のすべての人為的負荷と自然由来のバックグラウンド負荷を含んでいる。また、汚染物質削減効果を予測する際の不確かさを考慮して、一定の安全範囲（Margin of Safety：MOS）を計上する。TMDLの計算においては、簡単なマスバランス計算から水質モデルによるシミュレーションまで幅広い手段があるが、水域の特性や物質により選択する。TMDL文書はUSEPAにより承認され、1996年以来作成が進められ、現在までに約40,400のTMDLが承認され公表されている。

なお、NPDESプログラム[43]は、点源排出者は排出許可を得ない限り連邦水域に汚染物質を排出することができないという制度である。排出負荷量の上限、モニタリングおよび報告義務、規制機関による査察などの規定が含まれている。許可の有効期限は5年で、排出者の再申請により更新される。

州は、TMDL実行計画を作成することを法的に求められてはいないが、多くの州で、TMDLの実行のための計画を有している。TMDLの実行において、より厳しい規制が点源施設で必要であれば、NPDESの更新時に強化する。また、非点源が汚染の主な原因である場合、連邦法による規制はできないが、USEPAの交付金を利用し、非点源の評価および抑制プログラムを進めることができる。交付金は、州が受け取り、地方政府や地域のグループに非点源の管理活動に使用する目的で分配する。また、負荷削減を進めるにあたり、すべての汚染源からの削減が必要なく、それぞれの負荷削減案の費用と効果に差がある場合、低いコストで効果的な負荷削減案が実施できるように水質取引を行う。水質取引は、流域内の利害関係者や州の規制機関が協議して実施する。このように、水道水源に関わらず、水質保全のための流域管理の仕組みが確立されている。

参考文献

1) USEPA：Fiscal Year 2011：Drinking Water and Ground Water Statistics,
 http://water.epa.gov/scitech/datait/databases/drink/sdwisfed/upload/epa816r13003.pdf （2013年7月1日）
2) （財）自治体国際化協会：米国における水道事業の概要、CLAIR REPORT NUMBER 297（Dec 15, 2006）、
 http://www.clair.or.jp/j/forum/c_report/pdf/297.pdf （2013年7月1日）
3) Ed. David Hendricks：Manual of Design for Slow Sand Filtration, pp.2-4, AWWA Research Foundation, 1991
4) USEPA：The History of Drinking Water Treatment,
 http://www.epa.gov/safewater/consumer/pdf/hist.pdf （2013年7月1日）
5) USEPA：Understanding the Safe Drinking Water Act,

参考文献

http://water.epa.gov/lawsregs/guidance/sdwa/upload/2009_08_28_sdwa_fs_30ann_sdwa_web.pdf （2013年7月1日）
6) USEPA：Summary of the Clean Water Act,
http://www2.epa.gov/laws-regulations/summary-clean-water-act （2013年7月1日）
7) USEPA：Drinking Water Contaminants,
http://www.epa.gov/safewater/contaminants/index.html （2013年7月1日）
8) USEPA：Lead & Copper Rule,
http://water.epa.gov/lawsregs/rulesregs/sdwa/lcr/compliancehelp.cfm （2013年7月1日）
9) USEPA：Arsenic,
http://water.epa.gov/lawsregs/rulesregs/sdwa/arsenic/Compliance.cfm （2013年7月1日）
10) USEPA：Radionuclides Rule,
http://water.epa.gov/lawsregs/rulesregs/sdwa/radionuclides/compliancehelp.cfm （2013年7月1日）
11) USEPA：The Standardized Monitoring Framework: A Quick Reference Guide,
http://www.epa.gov/ogwdw/pws/pdfs/qrg_smonitoringframework.pdf （2013年7月1日）
12) USEPA：The Six-Year Review,
http://water.epa.gov/lawsregs/rulesregs/regulatingcontaminants/sixyearreview/index.cfm （2013年7月1日）
13) USEPA：Contaminant Candidate List,
http://water.epa.gov/scitech/drinkingwater/dws/ccl/index.cfm （2013年7月1日）
14) USEPA：Unregulated Contaminant Monitoring Program,
http://water.epa.gov/lawsregs/rulesregs/sdwa/ucmr/index.cfm （2013年7月1日）
15) USEPA：Public Meeting Held On Preliminary Regulatory Determination for the Third Contaminant Candidate List （CCL3）,
http://water.epa.gov/scitech/drinkingwater/dws/ccl/upload/Preliminary-Regulatory-Determinations-3-June-16th-Public-Meeting-Slides.pdf （2013年7月1日）
16) CDPH：Drinking Water Program,
http://www.cdph.ca.gov/programs/Pages/DWP.aspx （2013年7月1日）
17) CDPH：Chemicals and Contaminants in Drinking Water,
http://www.cdph.ca.gov/certlic/drinkingwater/Pages/Chemicalcontaminants.aspx （2013年7月1日）
18) NSF international：ホームページ、
http://www.nsf.org/ （2013年7月1日）
19) NSF international：Survey of ASDWA Members on the use of NSF/ANSI Standards 60,61 223 and 372,
http://www.nsf.org/newsroom-pdf/ASDWA_Survey.pdf（2013年7月1日）
20) USEPA：Total Coliform Rule,
http://water.epa.gov/lawsregs/rulesregs/sdwa/tcr/ （2013年7月1日）
21) USEPA：Total Coliform Rule Revisions,
http://water.epa.gov/lawsregs/rulesregs/sdwa/tcr/regulation_revisions.cfm （2013年7月1日）
22) USEPA：Surface Water Treatment Rule,
http://water.epa.gov/lawsregs/rulesregs/sdwa/swtr/index.cfm （2013年7月1日）
23) USEPA：Interim Enhanced Surface Water Treatment Rule,

http://water.epa.gov/lawsregs/rulesregs/sdwa/ieswtr/index.cfm （2013 年 7 月 1 日）
24) USEPA：Filter Backwash Recycling Rule,
http://water.epa.gov/lawsregs/rulesregs/sdwa/filterbackwash.cfm （2013 年 7 月 1 日）
25) USEPA：Long Term 1 Enhanced Surface Water Treatment Rule,
http://water.epa.gov/lawsregs/rulesregs/sdwa/mdbp/lt1/lt1eswtr.cfm （2013 年 7 月 1 日）
26) USEPA：Long Term 2 Enhanced Surface Water Treatment Rule,
http://water.epa.gov/lawsregs/rulesregs/sdwa/lt2/compliance.cfm （2013 年 7 月 1 日）
27) USEPA：Ground Water Rule,
http://water.epa.gov/lawsregs/rulesregs/sdwa/gwr/compliancehelp.cfm （2013 年 7 月 1 日）
28) USEPA：Stage 1 Disinfectant and Disinfection Byproduct Rule,
http://water.epa.gov/lawsregs/rulesregs/sdwa/stage1/index.cfm （2013 年 7 月 1 日）
29) USEPA：Stage 2 DBP Rule,
http://water.epa.gov/lawsregs/rulesregs/sdwa/stage2/regulations.cfm （2013 年 7 月 1 日）
30) USEPA：Guidance Manual for Conducting Sanitary Surveys of Public Water Systems; Surface Water and Ground Water Under the Direct Influence(GWUDI),
http://www.epa.gov/safewater/mdbp/pdf/sansurv/sansurv.pdf （2013 年 7 月 1 日）
31) USEPA：Consumer Confidence Report Rule,
http://water.epa.gov/lawsregs/rulesregs/sdwa/ccr/compliancehelp.cfm （2013 年 7 月 1 日）
32) USEPA：Public Notification Rule,
http://water.epa.gov/lawsregs/rulesregs/sdwa/publicnotification/compliancehelp.cfm （2013 年 7 月 1 日）
33) CDPH：Consumer Confidence Reports(CCRs),
http://www.cdph.ca.gov/certlic/drinkingwater/Pages/CCR.aspx （2013 年 7 月 1 日）
34) CDPH：Templates for Public Notification,
http://www.cdph.ca.gov/certlic/drinkingwater/Pages/Notices.aspx （2013 年 7 月 1 日）
35) USEPA：Source Water Assessments,
http://water.epa.gov/infrastructure/drinkingwater/sourcewater/protection/sourcewaterassessments.cfm （2013 年 7 月 1 日）
36) USEPA：Local Protection,
http://water.epa.gov/infrastructure/drinkingwater/sourcewater/protection/localprotection.cfm （2013 年 7 月 1 日）
37) CDPH：Drinking Water Source Assessment and Protection(DWSAP)Program,
http://www.cdph.ca.gov/certlic/drinkingwater/Pages/DWSAP.aspx （2013 年 7 月 1 日）
38) CDPH：DWSAP-Source Water Protection,
http://www.cdph.ca.gov/certlic/drinkingwater/Pages/DWSAP-Protection.aspx （2013 年 7 月 1 日）
39) USEPA：Section 319 Nonpoint Source Management Program,
http://water.epa.gov/grants_funding/cwa319/ （2013 年 7 月 1 日）
40) USEPA：Nonpoint Source Success Stories,
http://water.epa.gov/polwaste/nps/success319/ca_chorro.cfm （2013 年 7 月 1 日）
41) USEPA：Overview of Impaired Waters and Total Maximum Daily Loads Program,
http://www.epa.gov/owow/tmdl/intro.html （2013 年 7 月 1 日）

42) USEPA：National Summary of Impaired Waters and TMDL Information, http://iaspub.epa.gov/waters10/attains_nation_cy.control?p_report_type=T （2013年7月1日）
43) USEPA：National Pollutant Discharge Elimination System（NPDES）, http://cfpub.epa.gov/npdes/ （2013年7月1日）

第 4 章
イギリス(イングランドおよびウェールズ)における水道の水質管理と水源保全

　イングランドおよびウェールズ(以下、イギリスと記す)の水道水質管理および水源保全に関する規制や取り組みは欧州連合(EU)の指令に基づいており、水道水質基準値は EU 基準と同一であるが、独自に追加した項目がある。消毒は法的に義務付け、消毒副生成物を最少にすることを求めている。イギリスでは水道事業が民営化されており、それに伴い水質管理のサーベイランスは独立した行政機関である水道水検査官事務所(DWI)が行い、結果を公表している。また、広範な硝酸塩監視区域の指定や賦課金制度による水源の水質保全も行われている。

イギリスの基礎データ

　国名:グレートブリテンおよび北アイルランド連合王国(イングランド、
　　　ウェールズのほか、スコットランドおよび北アイルランドを含む)
　面積:24.3 万 km^2
　人口:6,279.8 万人(2012 年)
　人口密度:258.5 人 /km^2(2012 年)
　年降水量:ロンドン 640.3 mm
　乳児死亡率:5.0‰(2010 年)
　1 人当たり国民総所得:38,200 ドル(2010 年)
　通貨:イギリスポンド(GBP)(2014 年 4 月現在、1GBP =約 170 円)
出典(ただし、通貨を除く):データブックオブ・ザ・ワールド世界各国要覧と最新統計 2013 年版、二宮書店、2013

イングランドおよびウェールズの水道の基本情報

　基本法令:水道(水質)規則 2000[The Water Supply (Water Quality) Regulations 2000]

> 水道事業体数：27[1)]（2012 年）
> 普及率：100％[2)]（2011 年、グレートブリテンおよび北アイルランド連合王国として）
> 1 人 1 日当たり平均給水量：145 L[3)]（2011/12 年）
> 水質基準：基準項目と指標項目に分けられ、基準項目は EU 基準のほかに、微生物学的項目 2 項目と化学的項目 9 項目を加え 39 項目、指標項目は 12 項目を定めている。
> 消毒に関する規制：消毒義務あり。ただし、消毒副生成物を最少にすること。

4.1 水道の概要

イギリスでは、1989 年、地域ごとに 10 あった水管理公社が水道・下水道事業を業務とする民営の水事業会社 10 社になった。2012 年現在では、表-4.1 に示すように 27 の水道事業会社がある。また、従来から水道事業のみを行っていた民間水道会社の一部は法定水道会社（当時 29 社）として存続した。これに伴い、従来の水管理公社の業務のうち、河川流域管理に関する実務の中から、環境の水質基準の設定、河川への排水の同意、監視および水源からの取水認可などの規制的事務を全国河川公社（National Rivers Authority：NRA）が引継いだ。さらに河川航行、淡水漁業、河川の保全および取水などの間の利害調整も担うことになった。また、水事業会社の水質基準適合を保証する機関として水道水検査官事務所（Drinking Water Inspectorate：DWI）が設立され、さらに、水道使用者が料金に見合った給水サービスを受けられるように水事業会社を監視（水事業者が過大または不当な利益を得ること、過大な料金値上げおよび不適切な投資計画を立てることなどから水道使用者を保護）する機関として水業務管理局（Office of Water Services：Ofwat）が設立された[4)]。Ofwat には価格規制の権限もあり、それはプライスキャップ制（Box 4 参照）として上限を定めるものである。具体的には、Ofwat が 5 年ごとに資産管理計画を設け、その計画の中で設備投資回収比率とともに、「小売物価指数－効率＋新しい品質義務」という式に基づいた価格設定が示された[5)]。

1995 年の環境法（Environment Act 1995）制定の際、全国河川公社は、王立汚染検査官事務所（Her Majesty's Inspectorate of Pollution：HMIP）とともに環境・食料・地方省（Department for Environment, Food and Rural Affairs：Defra）内に新設された環境庁（Environment Agency：EA）に統合された[4)]。Defra は水政策決定の主要組織で、

表-4.1 水事業会社（2012年現在）[1]

水事業会社	給水人口（人）	浄水場数	1日当り給水量（千m^3）	給水地域
Dee Valley Water plc	260,049	6	63	1,5
Hartlepool Water plc	90,000	3	31	1
Northumbrian Water Ltd	2,520,000	35	710	1
Peel Water Networks	1,000	0	0.241	1
United Utilities Water plc	6,943	88	1,700	1
Yorkshire Water Services Ltd	4,925,000	63	1,211	1
Affinity Water	3,391,771	101	890	2,3
Anglian Water Services Ltd	4,296,000	134	1,254	2
Cambridge Water plc	312,180	23	75	2
DŵrCymru Welsh Water	2,958,000	87	771	2,5
Essex and Suffolk Water	1,823,000	25	465	2
Independent Water Networks Ltd	7,000	0	0.34	2,3
Severn Trent plc	7,554,000	185	1,849	2,5
South Staffordshire Water plc	1,290,000	25	288	2
SSE Water	7,926	0	1	2,3,4,5
Portsmouth Water Ltd	664,000	19	152	3
South East Water Ltd	2,049,880	96	549	3
Southern Water Services Ltd	2,394,000	95	526	3
Sutton and East Surrey Water plc	654,327	8	161	3
Thames Water Utilities Ltd	8,771,456	114	2,670	3
Bristol Water plc	1,201,000	17	301	4
Choldertonand District Water Company Ltd	3,000	2	2.1	4
Sembcorp Bournemouth Water Ltd	432,000	8	105	4
South West Water Ltd	1,671,000	30	430	4
Veolia Water Projects Ltd	8,000	2	3.5	4
Wessex Water Services Ltd	1,237,680	88	332	4
Albion Water Limited	300	0	0.036	5

注）給水地域の数字は、1：北部地域、2：中部および東部地域、3：ロンドンおよび南東部地域、4：西部地域、5：ウェールズ地域

水道関係の国内法の策定も行う。

Box 4 プライスキャップ制

「プライスキャップ」とは、料金に帽子を被せて上限を定めるということを意味する料金上限規制の一種で、公共料金のような市場での自由な競争による価

格設定がない場合に、無制限な値上げに歯止めをかけるために導入される。プライスキャップ制での料金改定率は、消費者物価などの物価上昇率から当該企業の目標とするコスト削減率を差し引いた数値が上限率として示され、当該企業はこの上限率の範囲内であれば自由に料金を設定することができる。「当該企業の目標とするコスト削減率」は、規制機関［イギリスの水道事業にあっては水業務管理局 (Office of Water Services：Ofwat)］が定めた目標とする削減率であるから、当該企業が経営努力を行い、それ以上のコスト削減につとめれば、その分だけ利潤を得られることになる。このことから、プライスキャップ制は企業のコスト削減努力を求めるインセンティブ規制でもある。イギリスの水道料金にもこの制度が導入されている。イギリスでは Ofwat が料金改定率を提示することになっているが、その改定率の算出には、消費者物価上昇率や企業のコスト削減率のほかに、各水事業会社が行うべき品質基準に対応するための費用が考慮されている。これまでに数回の料金改定率が示されてきたが、水事業会社の要求よりも低く水事業会社による競争委員会への提訴が行われたことがある。

また、この制度は、料金改定ごとに原価の厳密な計算をすることを省略できるメリッなどもある。

プライスキャップ制の詳細については、消費者庁[1]や Ofwat[2]などによる資料が参考になる。

参考文献
[1] 消費者庁：プライスキャップ方式、
　http://www.caa.go.jp/seikatsu/2002/0625butsuan/shiryo15-5.pdf　（2014 年 5 月 12 日）
[2] Water Services Regulation Authority (Ofwat)：Updated Price Limits Impact Assessment,
　October 2013,
　http://www.ofwat.gov.uk/pricereview/pr14/rpt_com201307pwcimapct.pdf　（2014 年 5 月 12 日）

4.2 水道水質管理の制度と動向

イギリスにおける水道水質管理に関係する主な法令を表-4.2 に掲げた。

4.2.1 水道水質基準

EU 加盟国では、EU の飲料水指令 (Drinking Water Directive)[6] を基に水道水の水質基準が設定されている。イギリスでは水道（水質）規則 2000 [The Water Supply

(Water Quality) Regulations 2000][7)]で定められ、項目には、EU の基準項目に追加した項目や EU の指標項目から基準項目に変更した項目があるが、基準値は EU 基準と同一である。**表-4.3** にイギリスの水道水質基準を示した。分析方法は EU と同じであるが、EU 基準にない項目は独自に分析条件を定めている。分析体制については、外部精度管理などの第三者のチェックが入る品質管理システムを要求している。また、水質監視は浄水場、配水池および給水区域などに分け、項目ごとに採水場所を指定し、給水人口、給水量、採水頻度に応じた試料数を定めている。

表-4.2 イギリスの水道水質管理に関係する主な法令

法令の名称		概　要	文献
正式名称	和　訳		
The Water Supply (Water Quality) Regulations 2000	水道(水質)規則 2000	水道水質に関する基本的規則。水質基準や消毒についても定めている。	7)
The Water Supply (Water Fittings) Regulations 1999	水道(給水装置)規則 1999	給水装置に関する規則。	8)
Water Act 1989	水法 1989	水管理全般にわたる基本法。	9)
The Groundwater Regulations 1998	地下水規則 1998	地下水の規制規則。汚染防止のための水源保護区域を定めている。	10)
The Nitrate Pollution Prevention Regulations 2008	硝酸塩汚染防止規則 2008	硝酸塩監視区域を定め、区域内の農家に窒素肥料の使用制限などを課している。	11)
The Nitrate Pollution Prevention (Wales) Regulations 2008 (as amended)	修正硝酸塩汚染防止規則 2008		12)
Water Resources Act 1991	水資源法 1991	水資源の持続可能な利用のための水源管理法。汚染者負担の原則に基づく賦課金制度などが定められている。	13)

表-4.3 イギリスの水道水質基準[7)]

基準項目

微生物学的項目		
項目名	単位	基準値
パート 1：EU 飲料水指令による要件		
腸球菌	個/100 mL	0[*1]
大腸菌	個/100 mL	0[*1]
パート 2：イギリス独自の要件		
大腸菌群	個/100 mL	0[*2]
大腸菌	個/100 mL	0[*2]
化学的項目		
パート 1：EU 飲料水指令による要件		
アクリルアミド	μg/L	0.10

アンチモン		μg Sb/L	5.0 [*1]
ヒ素		μg As/L	10 [*1]
ベンゼン		μg/L	1.0 [*1]
ベンゾ(a)ピレン		μg/L	0.010 [*1]
ホウ素		mg B/L	1.0 [*1]
臭素酸		μg BrO$_3$/L	10 [*1]
カドミウム		μg Cd/L	5.0 [*1]
クロム		μg Cr/L	50 [*1]
銅		mg Cu/L	2.0 [*1]
シアン化物イオン		μg CN/L	50 [*1]
1,2-ジクロロエタン		μg/L	3.0 [*1]
エピクロロヒドリン		μg/L	0.10
フッ素		mg F/L	1.5 [*1]
鉛		μg Pb/L	10 [*1]
水銀		μg Hg/L	1.0 [*1]
ニッケル		μg Ni/L	20 [*1]
硝酸イオン		mg NO$_3$/L	50 [*1]
亜硝酸イオン		mg NO$_2$/L	0.50 [*1]
		mg NO$_2$/L	0.10 [*3]
農薬	アルドリン	μg/L	0.030 [*1]
	ディルドリン		
	ヘプタクロル		
	ヘプタクロル エポキシド		
	その他の農薬		0.10 [*1]
総農薬		μg/L	0.50 [*1]
多環芳香族炭化水素		μg/L	0.10 [*1]
セレン		μg Se/L	10 [*1]
テトラクロロエチレン及びトリクロロエチレン		μg/L	10 [*1]
総トリハロメタン		μg/L	100 [*1]
塩化ビニル		μg/L	0.50
パート2：イギリス独自の要件			
アルミニウム		μg Al/L	200 [*1]
色度		mg/L Pt/Co	20 [*1]
水素イオン濃度		pH 値	9.5 - 6.5(最低) [*1]
鉄		μg Fe/L	200 [*1]
マンガン		μg Mn/L	50 [*1]
臭気		希釈倍数	3(25℃) [*1]
ナトリウム		mg Na/L	200 [*1]

味	希釈倍数	3(25℃)[*1]
四塩化炭素	μg/L	3 [*1]
濁度	NTU	4 [*1]

指標項目

項目名	単位	基準値
アンモニウムイオン	mg NH$_4$/L	0.50 [*1]
塩化物イオン	mg Cl/L	250 [*4]
ウエルシュ菌(芽胞を含む)	個/100 mL	0 [*4]
大腸菌群	個/100 mL	0
コロニー数	個/1 mL(22℃)	異常な変化のないこと [*5]
コロニー数	個/1 mL(37℃)	異常な変化のないこと [*5]
電気伝導度	μS/cm(20℃)	2500 [*4]
硫酸イオン	mg SO$_4$/L	250 [*4]
総放射線量	mSv/年	0.10 [*4]
TOC	mg C/L	異常な変化のないこと [*4]
トリチウム(放射能)	Bq/L	100 [*4]
濁度	NTU	1 [*3]

*1 給水栓における基準
*2 配水池および浄水場における基準。大腸菌群については、各配水池において全試料のうち95％が基準値に適合することが求められる。
*3 浄水場における基準
*4 供給点における基準
*5 給水栓、配水池および浄水場における基準

4.2.2 資機材および薬品と給水装置

水道用の資機材や薬品に関しては、水道(水質)規則2000[7)]に則り、その使用による供給水への水質影響、あるいは消費者の健康影響の有無を考慮して、DWIが認可を判断する。認可対象品目は、以下の品目である。

A　化学薬品・ろ材(凝集剤、吸着剤、イオン交換樹脂、消毒剤、浄水・給配水システムの消毒剤・洗浄剤、膜の消毒剤・洗浄剤)
B　給水に使用される機材(各種管類・配管材、緊急時使用されるホースや給水タンク)
C　ライニングやコーティング材、シール材
D　膜ろ過システムにおける資機材

認可製品の見直しは、ある物質に関する毒性情報が公表された場合や製品に大幅な変更があった場合に行われ、認可品リストは毎年少なくとも1回は作成され

る[14]。

給水装置に関しては、Defra が水道 (給水装置) 規則 1999 [The Water Supply (Water Fittings) Regulations 1999][8] を定め，1999 年 7 月から施行している。規則は以下の 3 部からなっている。

　第 1 部　用語の定義および規則の範囲
　第 2 部　給水装置設置に対する規制、給水装置の要件、設置工事の承認・通知、施工者の認可
　第 3 部　罰則、法への補足、規則の施行、緩和措置、内規の無効化

4.2.3 消毒と残留塩素の保持

水道 (水質) 規則 2000 で水道水の消毒を義務付け、消毒効果を損なわずに、かつ消毒副生成物を最少にすることを求めている。消毒剤の残留濃度の基準値・目標値は、「消毒剤残留濃度は水源水質、処理方法、配水システムの状況に応じて異なる」という観点から設定していない[15]。

4.2.4 水安全計画の策定

DWI が毎年発行している年報の 2005 年版 (Drinking water 2005)[16]で水安全計画 (1.2.2 参照) を紹介し、その取り組みを勧めている。また、2006 年版[17]では、イギリスにおける水安全計画の進捗を取り上げ、ゆっくりしたスタートではあるが着実に進展しており、2008 年末までに世界的リーダーとなる力を持っているとしている。2007 年版[18]には、「危害原因事象のリスクレベルを過小評価している会社があるが、ほとんどの会社では水安全計画を日々発展させている」との記述があり、水安全計画の改善を各水道会社に指導、助言している。

4.2.5 水道水質のサーベイランス

水道水質に関する監視活動は、DWI が担当している。監査は現場での管理状況を見ることによるが、DWI が直接サンプリング調査を行うこともある。

サーベイランスについて、DWI 発行の水安全計画ガイドブック[19]で、「サーベイランスは水安全計画を策定した組織外の承認された人によって行い、独立していな

ければならない。サーベイランスでは給水が安全で各法的要件を満たしているかを確認するために、採水や分析をすることもある。分析機関も、組織外の承認された人間や組織で、独立している必要がある」としている。

4.2.6 水質検査結果の公表内容

DWI が各水事業会社や法定水道会社の水質検査結果についてチェックし、毎年 6 月頃に前年度の結果を年次報告として公表している。2013 年 7 月現在、2012 年の結果が公表されている。

2012 年の年報[1]では、①イングランドおよびウェールズ全体のまとめ、②中部および東部、ロンドンおよび南東部、北部、西部、ウェールズの 5 地方に分けた地方ごとの詳細データ、③各会社の水質検査結果を報告している。

全体のまとめは、給水状況、水質状況、水事業会社や DWI の活動状況などを記して、所管大臣あてに報告している。

地方別報告としては、Public water supplies in the London and South East region of England[20]などで、地域内の給水系統、地域の水質概要、水源(地下水、表層水など)系統、給水概要(人口、浄水場・配水池の数、管路延長など)、水質検査(試験頻度など)、検査結果、水質検査の顧客認識(相談件数、内容など)、水質事故、技術調査活動、地域懸案事項、付録としてその他の情報の掲載場所、専門用語集、改善項目(どの会社のどの水質項目が改善されたか)などを記している。

会社別報告では、Data Summary Tables for Thames Water[21]のように浄水場、配水池、給水栓での項目別水質検査結果をまとめて公表している。

4.2.7 水質基準不適合時の対応

水質基準不適合時の対応は水道(水質)規則 2000[7]で定めており、EU 飲料水指令に準拠したデロゲーション(2.2.1 参照)が採用されている。不適合の原因と範囲、基準からの逸脱状況などとその処置をはっきりさせ、給水区域の住民全員に文書で注意喚起することにしている。また、国務大臣および関係自治体へも送付しなければならない。

不適合水の一時的給水の条件として、基準超過項目が規則で定めた水質項目の場合や他の水道事業体からの給水に限り、健康的な生活のための給水維持の必要性、

給水維持に他の手段がなく、健康に対する潜在影響がないことなどを挙げ、これらの条件を満たした場合に、国務大臣が水道事業者の申請に対して一時的給水の許可ができることになっている。また、許可期間は3年以内で、許可する根拠、影響する給水区域、対象項目の基準値と超過値、過去12ヶ月のデータ、現在の値、給水区域の平均給水量か浄水場の送水量、給水人口、影響を受ける食品関連業者の有無、逸脱する期間とともに、一時給水期間中の水質監視計画とその実行計画、国務大臣の所見などを示すことも条件となっている。

4.3 水源保全のための施策と取り組み

4.3.1 水域の水質評価と管理

1989年の水道事業民営化の際、全河川の水質を保護・改善するため河川水質目標(River Quality Objectives：RQOs)が制定された。また、表流水(河川生態系)(分類)規則1994[Surface Water (River Ecosystem)(Classification) Regulations 1994][22]では、河川類型を魚の生息できる水質を基準にBOD、DOなどの9項目を指標項目とし、5段階に分類していた。

RE1　非常に良い水質(全魚種が生息可能)
RE2　優れた水質(全魚種が生息可能)
RE3　良好な水質(軽汚水性魚種が生息可能)
RE4　普通(汚水性の魚種が生息可能)
RE5　悪い水質(魚類の生育限界)

水質は、「pass」、「marginal」、「failure」で評価し、「pass」および「marginal」が適合とされた。毎年地域別と全国的評価報告書を作成し、基準不適合の場合は是正処置をとり、河川水質保全の理念と水質改善の必要性を再認識させていた。

また、河川のクラス分けは一般水質評価(General Quality Assessment：GQA)[22]の方法で行っていた。しかし、2007年末からはEU水枠組指令(Drinking Water Directive：WFD)[23]に基づいた取り組みが行われている。現在は、河川のみならず、地下水、湖、入り江、海岸を対象に評価を行い、その結果を地域別に報告している。EUの水枠組指令は水系ごとに水資源(表流水、地下水、海域などすべてを含む)を生態学的に管理し、持続的な水利用を目指している。水域を「high」、「good」、「moderate」、「poor」、「bad」の5段階に分類し、最終的には「good」以上にすること

を目標にしている。また、利用者、汚染者の費用負担を明確化し、管理案の公表、実施に際しての住民団体などの参画をうたっている。

水源保全に関する具体的な活動は環境庁が主体となって実施し、詳細な技術的支援をイギリス技術顧問団(United Kingdom Technical Advisory Group：UKTAG)が行っている[24]。国内を Anglian 川流域、Dee 川流域、Humber 川流域、Northumbria 川流域、North West 川流域、Severn 川流域、South East 川流域、South West 川流域、Thames 川流域、Western Wales 川流域の各水系に別けて管理している。

例えば、テムズ水系には 483 河川、76 湖沼(ダム湖を含む)、11 の入江、1 つの海岸、46 箇所の地下水源があり、これらすべてが管理対象となる。また、テムズ水域内の 78％が硝酸塩監視区域(Nitrate Vulenerable Zones：NVZs)になっており、93 の飲料水保護地域(Drinking Water Protected Areas：DrWPAs)などがあるが、このような他の法令などの規制・保護対象区域がある地域は優先度を上げている。なお、飲料水保護地域(DrWPAs)とは、①人が飲用に使用しているか、その予定がある、②平均して $10 m^3$/日以上配水しているか、その予定がある、あるいは 50 人以上に給水しているか、その予定がある表流水か地下水の水域で、この地域で要求される事項は EU 水枠組指令の内容を満たすものとなっている。

管理活動計画は分野ごと(すべての水セクター、農業および農村土地管理、釣り・漁業および資源保護、政府機関、商工業、地方行政機関、鉱山業および採石業、海運港湾関連事業、都市経営・交通・上下水道事業、個人およびコミュニティーなど)に環境庁と関連団体・組織とで策定し実施する。また、テムズ水域内の河川・湖沼を集水域ごとに 17 グループ化し、各集水域の現況を総括し、特徴的な活動を定めている。地下水、入江・海岸部は別にまとめている[29〜31]。

4.3.2 水道水源の保護と集水域内の立地・土地利用規制

水法 1989[9]は、環境およびレクリエーションに関する一般的な義務として、水道事業者などが環境保全と自然の美しさを高揚し、考古学、建築または歴史上の重要性を持つ建物や遺跡を保護し、一般の人々に立ち入りを認めることに配慮すること、そして水道事業者などがその土地や水面を人々のリクリエーション目的に「最善の方法」で利用させることを挙げている[28]。また、水法 1989 では水質保護区域(Water protection zones)を指定し、法令で定めることにより、指定区域内での水が汚染されてしまうと考えられる活動の禁止または制限ができるようになっている。水質保

護区域は地下水だけでなく表流水についても設定できるが、実際は地下水にのみ適用されている。さらに、水質保護区域とは別に、農家などの硝酸塩の影響を受けやすい地域を硝酸塩影響地域(Nitrate sensitive areas)に指定し、指定地域内農地では、法令に定める活動の実行、禁止、制限を行うことができるようになっている。

4.3.3 地下水管理

表-4.4に示すように、イギリスでは地下水は全水道水源のうちの30%程度であるが、地域によっては80%近くを占めるところもある。

表-4.4 各給水地方の水事業会社取水水源種別構成比[1]

給水地方	水源種別構成比(%)		
	表流水	地下水	混合水
北部地方	81	11	8
中部および東部地方	58	34	8
ロンドンおよび南東部地方	54	42	4
西部地方	70	27	3
ウェールズ地方	93	6	1

イギリスでの地下水管理は、消費需要と環境保護のバランスをとり、汚染防止と改善を目的に制定されたEU地下水指令(80/68/EEC)[29]に基づき、地下水規則1998(The Groundwater Regulations 1998)[10]によって行われている。地下水規則1998では2,000箇所の水源保護区域(Source Protection Zones：SPZ)[30]が定められており、水源保護区域内では、以下の二分類の物質を対象とした立地・土地利用規制などが行われる。

- List 1(有害物質)：毒性が高く、地下水に含まれてはならず、地表での存在は許されるが、地下水に到達してはならない物質。農薬、洗羊液(寄生虫駆除のために羊などを浸して洗う殺虫剤)、溶剤、炭化水素、水銀、カドミウム、シアンなど。
- List 2(非有害汚染物質)：毒性が低く、限度以下で地下水に許容されるが、汚染レベルまで含まれていてはならない物質。

また、水源保護区域は、以下のような3つの区域と特別な1区域に分類されている。

- SPZ 1-Inner protection zone：50日以内に水源に流入する地下水面の地点。最低でも半径50m以内が保護区域となる。
- SPZ 2-Outer protection zone：400日以内に汚染水が地下水面に流入する地域。この区域は水源から少なくとも250～500mの半径の区域。
- SPZ 3-Source catchment protection zone：汚染された場合、地下水水源に影響があ

ると考えられる全区域。

Former zone of special interest：この区域は地下水として供給される滞水層に影響を与える表流水集水域(伏流水として)。

ところで、EUの水枠組指令の制定に伴い、新たにEU地下水指令(2006/118/EC)[31]が制定されたことを受け、イギリスでも新たに地下水規則2009［The Groundwater (England and Wales) Regulations 2009］[32]が起案された。この規則は2013年からの施行を予定している。地下水規則2009では、規制物質を有害物質と非有害汚染物質(有害物質以外のすべての汚染物質)に分け、地下水への有害物質の浸透防止や非有害汚染物質の浸透制限をするために必要な措置を環境庁がとることにしている。なお、有害物質としては、毒性があり、難分解性で蓄積性のある物質として、有機ハロゲン化合物や有機リン化合物、シアン化合物や金属類(特にカドミウムや水銀)とその化合物など9グループの化学物質を挙げ、リスト化することにしている。

今後、イギリスでは、この新しい地下水規則2009と環境認可規則2010［The Environmental Permitting (England and Wales) Regulations 2010］[33]による地下水管理が行われることになる。

4.3.4 富栄養化・硝酸塩対策

EU硝酸塩指令(Nitrate Directive)[34]では、加盟国は次のような水域を硝酸塩監視区域(NVZs)として指定することになっている。
① 硝酸イオンの濃度が50 mg/L以上か、(対策を取らなければ)そうなる危険のある(特に飲用水として利用する)表流水、
② 硝酸イオンの濃度が50 mg/L以上か、(対策を取らなければ)そうなる危険のある地下水、
③ 富栄養化しているか、(対策を取らなければ)そうなる危険のある淡水域、河口域、沿岸水域、海水域。

硝酸塩監視区域に指定された地域内の農業従事者は、加盟国の定めた行動計画を遵守が求められる。また、加盟国は、4年ごとに硝酸塩指令に規定された事項について欧州委員会への報告が求められる。

イギリスの富栄養化問題に対する取組みは、上記のEUの硝酸塩指令のほかに、EUの都市下水処理指令(Urban Waste Water Treatment Directive)、EUの生息地指

令(Habitats Directive)、EUの水枠組指令、イギリス生物多様性行動計画(UK Biodiversity Action Plan)、オスロ・パリ協定(Oslo and Paris Convention：OSPAR)(内容は海域の富栄養化対策計画)などに基づいて行われてきた。しかし、これらによる取組みは一面的なものであり、より全面的に富栄養化対策に取り組む枠組みが必要であるとの考えから、2000年に環境庁はイングランドとウェールズにおける富栄養化管理計画を策定した。この計画の特徴は、地方や国の関係機関など広範な関係者の参加によるパートナーシップ型の取組みを重視するとともに、対策の手法として、規制、ボランティア、協力、教育、経済等のあらゆる手法の適用を想定し、そして、栄養塩負荷の削減策では、全国的な方策のほかに重要水域では流域ごとの管理活動計画を策定することである[35]。

イギリスでは、地下水、表流水ともに硝酸塩濃度が非常に高く、増加傾向にあり、Defraは2002年に農地からの硝酸塩排出規制を強化する案(硝酸塩監視区域を8%から55%に拡大)を発表した。

しかし、それでも地下水の硝酸塩濃度の上昇を止められないことが懸念されたことから、さらに規制強化に対するパブリックコメントを行い、硝酸塩監視区域を55%から70%に拡大することが2008年に決定され、9月に新しい硝酸塩規則が策定された。イングランドでは硝酸塩汚染防止規則2008(The Nitrate Pollution Prevention Regulations 2008)[11]、ウェールズでは修正硝酸塩汚染防止規則2008[The Nitrate Pollution Prevention (Wales) Regulations 2008 (as amended)][12]が制定され、イングランドの62%、ウェールズの約4%が硝酸塩監視区域に指定された。硝酸塩監視区域に指定されると区域内の農家には硝酸塩監視区域ルール(窒素肥料の使用制限、家畜堆肥の保管管理、窒素肥料散布などの記録・保存など)の実行が要求される。また、硝酸塩監視区域の指定見直しは4年ごとに行われることから、今後、硝酸塩監視区域の拡大が予想される。

4.3.5 流域の水質保全に関する経済的インセンティブ

イギリスでは、汚染者負担の原則が適用されており、水質保全に係る経済的手法としては、Discharges to Controlled Water制度がある。この制度の導入目的は、国家予算から賄われていた許認可手続きやモニタリングに係る費用を調達することであった。制度は水資源法1991(Water Resources Act 1991)[13]に基づき、運用に係る規定を環境庁が作成し、1999年から実施されている。対象者は、排水許可証を保

有し水域に排水を直接排出している一定規模以上の事業者と間接排出者(公共下水道処理施設に排水する事業者)である。賦課金には申請料(Application Charge)と年間賦課金(Annual Charge)があり、賦課金は、環境庁が毎年、排出量や排出成分の種類、放流水域により計算し決定する。また、一定の条件に該当する場合に申請料が減額される措置制度がある。この賦課金制度はイングランドおよびウェールズにのみ適用されている [36]。

参考文献

1) DWI：Drinking water 2012,July 2013,
 http://dwi.defra.gov.uk/about/annual-report/2012/index.htm （2013 年 7 月 29 日）
2) WHO and UNICEF: Progress on sanitation and drinking-water - 2013 update, ISBN 978 92 4 150539 0,
 http://www.who.int/water_sanitation_health/publications/2013/jmp_report/en/index.html （2014 年 1 月 11 日）
3) Greater London Authority: London's Environment Revealed,
 http://data.london.gov.uk/datastore/package/state-environment-report-london （2013 年 7 月 29 日）
4) ヒュー・バーティキング著、斎藤博康訳：英国上下水道物語、日本水道新聞社、1995, ISBN 4-930941-10-5
5) トニー・ラチワル：英国上下水道事業における 30 年間の技術と組織の発展－テムズ・ウオーター社が経験した公から民への移行, 第 7 回水道技術国際シンポジウム講演集, 2006 年 11 月
6) European Council：Council Directive 98/83/EC of 3 November 1998 on the quality of water intended for human consumption,
 http://eur-lex.europa.eu/LexUriServ/LexUriServ.do?uri=OJ:L:1998:330:0032:0054:EN:PDF （2013 年 7 月 29 日）
7) DWI：The Water Supply (Water Quality) Regulations 2000,
 http://dwi.defra.gov.uk/stakeholders/legislation/ws_wqregs2000.pdf （2013 年 7 月 29 日）
8) Government of the United Kingdom：The Water Supply (Water Fittings) Regulations 1999,
 http://www.opsi.gov.uk/si/si1999/19991148.htm （2013 年 7 月 29 日）
9) Government of the United Kingdom：Water Act 1989,
 http://www.legislation.gov.uk/ukpga/1989/15/contents （2013 年 8 月 14 日）
10) Government of the United Kingdom：The Groundwater Regulations 1998,
 http://www.legislation.gov.uk/uksi/1998/2746/contents/made （2013 年 8 月 15 日）
11) Government of the United Kingdom：The Nitrate Pollution Prevention Regulations 2008,
 http://www.legislation.gov.uk/uksi/2008/2349/contents/made （2013 年 8 月 26 日）
12) Government of the United Kingdom：The Nitrate Pollution Prevention (Wales) Regulations 2008(as amended),
 http://www.legislation.gov.uk/wsi/2008/3143/contents/made （2013 年 8 月 26 日）
13) Government of the United Kingdom：Water Resource Act 1991,
 http://www.legislation.gov.uk/ukpga/1991/57/contents （2013 年 8 月 26 日）

14) DWI：List of Approved Products for use in Public Water Supply in the United Kingdom, May 2014,
http://www.dwi.gov.uk/drinking-water-products/approved-products/soslistcurrent.pdf　（2014年5月24日）
15) 国包章一、島崎大：諸外国の水道における消毒及び給配水水質管理の状況、平成17年度厚生労働科学研究「残留塩素に依存しない水道の水質管理手法に関する研究」総括・分担研究報告書、平成18年3月
16) DWI：Drinking water 2005，June 2006,
http://webarchive.nationalarchives.gov.uk/20120906081707/http://dwi.defra.gov.uk/about/annual-report/2005/index.htm　（2013年8月27日）
17) DWI：Drinking water 2006-Drinking Water in England and Wales，June 2007,
http://webarchive.nationalarchives.gov.uk/20120906081707/http://dwi.defra.gov.uk/about/annual-report/2006/index.htm　（2013年8月27日）
18) DWI：Drinking water 2007-Drinking Water in England and Wales，June 2008,
http://webarchive.nationalarchives.gov.uk/20120906081707/http://dwi.defra.gov.uk/about/annual-report/2007/index.htm　（2013年8月27日）
19) DWI：A Brief Guide to Drinking Water Safety Plans,October 2005,
http://www.dwi.gov.uk/stakeholders/guidance-and-codes-of-practice/Water%20Safety%20Plans.pdf　（2013年7月29日）
20) DWI：Drinking water 2012-Public water supplies in the London and South East region of England, July2013,
http://dwi.defra.gov.uk/about/annual-report/2012/london-se.pdf　（2013年7月29日）
21) DWI：Data Summary Tables for Thames Water,July 2013,
http://dwi.defra.gov.uk/about/annual-report/2012/summary-tables/tms.pdf　（2013年7月29日）
22) Environment Agency：General Quality Assessment (GQA Scheme: Classification Methods),
http://www.idox.cotswold.gov.uk/WAM14/doc/Applicant%20Correspondence-157810.pdf?extension=.pdf&id=157810&appid=&location=VOLUME1&contentType=application/pdf&pageCount=1　（2013年8月28日）
23) European Council: Directive 2000/60/EC of the European Parliament and of the Council of 23 October 2000 establishing a framework for Community action in the field of water policy,
http://europa.eu/legislation_summaries/environment/water_protection_management/l28002b_en.htm　（2013年7月29日）
24) UK Technical Advisory Group on the Water Framework Directive, UK Environmental Standard and Condition (Phase I),
http://www.wfduk.org/sites/default/files/Media/Environmental%20standards/Environmental%20standards%20phase%201_Finalv2_010408.pdf　（2014年4月16日）
25) Environment Agency：Drinking Water Protected Areas and SafeGuard Areas,
http://www.environment-agency.gov.uk/homeandleisure/141891.aspx　（2014年1月11日）
26) Environment Agency：Thames River Basin District,
http://www.euwfd.com/html/thames_river_basin_district.html　（2014年4月16日）
27) Environment Agency：Water for life and livelihoods, River Basin Management Plan, Thames River Basin District,
https://www.gov.uk/government/uploads/system/uploads/attachment_data/file/289950/geth0910bswm-e-e.pdf　（2014年4月16日）

28) 斎藤博康監訳：イギリス水法(1989 年)(1)、水道協会雑誌、1990; 59(3): 56-57
29) European Council：Council Directive 80/68/EEC of 17 December 1979 on the protection of groundwater against pollution caused by certain dangerous substances as amended by Council Directive 91/692/EEC (further amended by Council Regulation 1882/2003/EC)、
http://rod.eionet.europa.eu/instruments/217 （2013 年 8 月 15 日）
30) Environment Agency：Groundwater source protection zones,
http://www.environment-agency.gov.uk/homeandleisure/37833.aspx （2013 年 8 月 15 日）
31) European Council：Directive 2006/118/EC of the European Parliament and of the Council of 12 December 2006 on the protection of groundwater against pollution and deterioration,
http://europa.eu/legislation_summaries/environment/water_protection_management/128139_en.htm
（2013 年 12 月 16 日）
32) Government of the United Kingdom：The Groundwater (England and Wales) Regulations 2009,
http://www.legislation.gov.uk/uksi/2009/2902/contents/made （2013 年 12 月 16 日）
33) Government of the United Kingdom：The Environmental Permitting (England and Wales) Regulations 2010, http://www.legislation.gov.uk/ukdsi/2010/9780111491423/introduction （2013 年 8 月 15 日）
34) European Council：Council Directive of 12 December 1991 concerning the protection of waters against pollution caused by nitrates from agricultural sources （91/676/EEC）、
http://eur-lex.europa.eu/LexUriServ/LexUriServ.do?uri=CONSLEG:1991L0676:20081211:EN:PDF （2013 年 8 月 26 日）
35) 西嶋秀幸、富岡誠司：EU とイギリスにおける流域管理政策調査　The basin management policy in EU and UK、平成 14 年度ダム水源地環境技術研究所所報、水源地環境センター
36) 環境省：水質保全分野における経済的手法の活用に関する検討会報告書、2004 年 7 月、
http://www.env.go.jp/water/report/h16-02/04.pdf （2013 年 8 月 26 日）

第5章
オーストラリアにおける水道の水質管理と水源保全

　オーストラリアでは連邦制が採用されており、水道の監督は各州政府が行っている。連邦政府はオーストラリア飲料水ガイドラインを取りまとめて公表しており、各州政府はそれぞれ水道を管理する法令を制定する一方、オーストラリア飲料水ガイドラインを水質管理の基本として活用している。水質管理制度として、ニューサウスウェールズ州の事例を述べる。消毒や残留消毒剤の保持は義務付けられていないものの、微生物検査の実施および必要な検体数などが規定されており、水質基準超過時にとるべき措置が具体的に定められている。水源保全に関しては、集水域における立ち入り制限、もしくは集水域での活動の制限などが定められている。

オーストラリアの基礎データ
　国名：オーストラリア連邦(6州と北部準州およびその他の特別地域からなる)
　面積：769.2万 km^2
　人口：2,291.8万人(2012年)
　人口密度：3.0人/km^2(2012年)
　年降水量：シドニー 1,032.5 mm、ダーウィン 1,789.4 mm
　乳児死亡率：4.0‰(2010年)
　1人当たり国民総所得：46,200ドル(2010年)
　通貨：オーストラリアドル(AUD)(2014年4月現在、1AUD＝約95円)
出典(ただし、通貨を除く)：データブック オブ・ザ・ワールド世界各国要覧と最新統計 2013年版、二宮書店、2013

オーストラリアの水道の基本情報
　基本法令：オーストラリアは連邦制のため、水道に関する法令は各州で制定
　　されている。ニューサウスウェールズ州では公衆衛生法(Public Health

Act) が定められている。
水道事業体数：約 280 [1]
普及率：97% [2]
1人1日当たり平均給水量：205 L [3]
水質基準：オーストラリア飲料水ガイドラインに準拠する形で各州が水質基準を制定。オーストラリア飲料水ガイドラインでは、微生物4項目、藻類毒素1項目、理化学項目80項目、農薬126項目、放射線および放射性物質3項目についてガイドライン値が定められている。
消毒に関する規制：消毒義務なし。

5.1 水道の概要

5.1.1 連邦政府の役割

　連邦政府は憲法に明記された国防、外交、移民、社会福祉、貿易課税、保健医療などに関する権限を有している。憲法に明記されていない事項の権限は州政府にあるとされており、水道に関する規制は州（State）または準州（Territory）の地方政府が管轄している。公衆衛生、および水を含む天然資源管理も州および準州（以降、州政府と記述）の責任である[4]。
　連邦政府の保健省（Department of Health and Aging）は公衆衛生を担当しており、その一組織である国家保健医療調査委員会（National Health and Medical Research Council）は、公衆衛生および保健医療水準の向上を活動目的の一つとしている[5]。国家保健医療調査委員会は、水道水の安全性を守る枠組みの一つとして、オーストラリア飲料水ガイドライン（Australian Drinking Water Guidelines）[6]を策定しており、飲料水ガイドラインにはそれぞれの州政府が定めている水道の水質基準の根拠となる水質ガイドライン値が示されている。すべての州政府は、この水質ガイドライン値を各州の水質基準として採用している[7]。
　オーストラリアでは、近年の降水量の低下現象や人口の増加に伴い、将来の水資源の確保に対して関心が高まっている[8]。そのため、水資源の多様化が必要と認識されるようになり、水の再生利用が行われるようになった。再生水の利用は農業用水などの利用に加え、水道水としての利用も含まれており、その場合に利用者の健康が損なわれることがないよう健康影響評価に基づいたオーストラリア水再利用ガ

イドライン (Australian Guidelines for Water Recycling)[9]が策定されている。近年の再利用量は年間で35万トン程度[3]であり、農業用水としての利用が最も多く、家庭用水としての利用は2%程度である。また、その利用形態は、上水道とは異なる給水管を経由したトイレ用水、戸外の散水などに用いられている[8]。

5.1.2 州政府の役割

水道の監督は各州政府内の公衆衛生担当相が担当しており、それぞれの州政府が制定している法律を監督権限の根拠としている。例えば、ニューサウスウェールズ州では公衆衛生法 (Public Health Act) において保健省が水道を監督するとしている[10]。また、ビクトリア州では安全飲料水法 (Safe Drinking Water Act) に基づいて保健省が水道事業体を監督している[11]。上述したいずれの法律も、水が他の用途に使用されるかどうかにかかわらず、①人が消費することを意図している水、②食品の洗浄、人が消費する氷の原料などに用いられる水を供給する場合は、これらの法律の規制対象としている。なおボトル水は、これらの法律の規制対象とはならず、食品衛生上の規制を受けるとされている。

5.2 水道水質管理の制度と動向

5.2.1 オーストラリア飲料水ガイドライン[6]

(1) 飲料水ガイドラインの概要

オーストラリア連邦政府は州政府の公衆衛生行政を支援する施策の一環として、オーストラリア飲料水ガイドラインを策定して提示している。飲料水ガイドラインの目的は水道における最良な水質管理の枠組みを示すこととしており、強制力のある基準ではなく、水道水を供給するすべての機関、団体、水源水域の管理機関、水道の規制機関および保健当局などで利用されることを想定している。

(2) 飲料水ガイドラインの内容

a. 水道水の品質保証プログラム　　HACCP (Hazard Analysis and Critical Control Point：危害分析重要管理点方式) や ISO9001 などに共通する水道水の品質保証プログラムの枠組みを提示するとともに、同プログラムを水道へ導入することの必要性

が示されている。品質保証プログラムは、「水道水質管理の枠組み(Framework for Management of Drinking Water Quality)」として記述されており、12の要素から構成されるとしている。それらは順に、組織トップの品質保証プログラムの導入宣言、危害分析と重要管理点の評価、運転プログラムの作成、運転管理指標が異常を示した場合の対応プログラムの作成、プログラムの検証体制の確立、品質保証プログラムの見直しなどに関するもので、WHO飲料水水質ガイドラインで示している水安全計画とほぼ同じ内容である。

b. 水質ガイドライン値　　微生物項目、理化学項目、放射能に関する項目の情報とそれらのガイドライン値が示されている。水質ガイドラインには健康に関するガイドライン値と外観に関するガイドライン値が定められており、項目によっては重複して値が定められているものがある。それらの一覧を**表-5.1**に示した。最新のガイドライン(Australian Drinking Water Guidelines 2011)には微生物項目が4項目、藻類毒素が1項目、理化学項目が80項目、農薬が126項目、放射線および放射性物質が3項目含まれている。これらのうち、外観のみのガイドライン値が示されている理化学項目は16項目、重複してガイドライン値が定められている理化学項目は

表-5.1　オーストラリアの水質ガイドライン値[6]

微生物

項　　目	最大許容値
大腸菌ファージ	100 mL 中に検出されないこと
大腸菌	100 mL 中に検出されないこと
腸球菌	検出されないこと
糞便性大腸菌群	100 mL 中に検出されないこと

藻類毒素：μg/L

項　　目	最大許容値
ミクロキスチン	1.3

理化学項目(単位：mg/L)

項　　目	ガイドライン値 健康影響	ガイドライン値 外観	項　　目	ガイドライン値 健康影響	ガイドライン値 外観
アクリルアミド	0.0002		ホルムアルデヒド	0.5	
アルミニウム		0.2	硬度		200
アンモニア		0.5	ヘキサクロロブタジエン	0.0007	
アンチモン	0.003		硫化水素		0.05

ヒ素	0.01			ヨウ化物イオン	0.1		
バリウム	2			鉄		0.3	
ベンゼン	0.001			鉛	0.01		
ベリリウム	0.06			マンガン	0.5	0.3	
ホウ素	4			水銀	0.001		
臭素酸	0.02			モリブデン	0.05		
カドミウム	0.002			モノクロラミン	3		
四塩化炭素	0.003			ニッケル	0.02		
塩化物イオン	250			硝酸イオン	50		
塩素	5			亜硝酸イオン	3		
二酸化塩素		0.4		ニトリロ三酢酸	0.2		
亜塩素酸	0.8			NDMA	0.0001		
モノクロロ酢酸	0.15			トリブチルスズオキシド	0.001		
ジクロロ酢酸	0.1			pH		6.5–8.5	
トリクロロ酢酸	0.1			フタル酸-ジ-2-エチルヘキシル	0.01		
クロロベンゼン	0.3	0.01		ポリヘキサニド	0.7		
2-クロロフェノール	0.3	0.0001		ベンゾ(a)ピレン	0.01		
2,4-ジクロロフェノール	0.2	0.0003		セレン	0.01		
2,4,6-トリクロロフェノール	0.02	0.002		ケイ素		80	
クロム	0.05			銀	0.1		
銅	2	1		ナトリウムイオン		180	
シアン	0.08			スチレン	0.03	0.004	
塩化シアン	0.08			硫酸イオン	500	250	
1,2-ジクロロベンゼン	1.5	0.001		味、臭気		異常でないこと	
1,3-ジクロロベンゼン		0.02		テトラクロロエチレン	0.05		
1,4-ジクロロベンゼン	0.04	0.003		トルエン	0.8	0.025	
1,2-ジクロロエタン	0.003			蒸発残留物		600	
1,1-ジクロロエチレン	0.03			抱水クロラール	0.02		
1,2-ジクロロエチレン	0.06			トリクロロベンゼン	0.03	0.005	
ジクロロメタン	0.004			トリハロメタン	0.25		
1,3-ジクロロプロペン	0.1			色度		15HU	
溶存酸素		85%以上		濁度		5NTU	
エピクロロヒドリン	0.0005			ウラン	0.017		
エチルベンゼン	0.3	0.003		塩化ビニル	0.0003		
EDTA	0.25			キシレン	0.6	0.02	
フッ素	1.5			亜鉛		3	

放射性物質(単位：Bq/L)

項　　目	最大許容値
α 線	0.5
ラドン	100
β 線	0.5

農薬(単位：mg/L)

項　　目	ガイドライン値 健康影響	項　　目	ガイドライン値 健康影響
アセフェート	0.008	ヘプタクロール	0.0003
アルディカーブ	0.004	ヘキサジノン	0.4
アルドリン、ディエルドリン	0.0003	イマダビル	9
アメトリン	0.07	イプロジオン	0.1
アミトラズ	0.009	リンデン	0.01
アミトロール	0.0009	マルジソン	0.07
アシュラム	0.07	マンコゼブ	0.009
アトラジン	0.02	MCPA	0.04
アジンフォスメチル	0.03	メトアルデヒド	0.02
ベノミル	0.09	メタム	0.001
ベンタゾン	0.4	メチダチオン	0.006
ビオレスメトリン	0.1	メチオカーブ	0.007
ブロマシル	0.4	メソミル	0.02
ブロモキシニル	0.01	臭化メチル	0.001
キャプタン	0.4	メチラム	0.009
カルバリル	0.03	メトラクロール	0.3
カルベンザジム	0.09	メトリブジン	0.07
カルボフラン	0.01	メトスルフロンメチル	0.04
カルボキシン	0.3	メビンフォス	0.005
カーフェントラゾンエチル	0.1	モリネート	0.004
クロラントラニリプロール	6	ナプロパミド	0.4
クロルデン	0.002	ニカルバジン	1
クロフェンビンフォス	0.002	ノルフラゾン	0.05
クロロタロニル	0.05	オメトエート	0.001
クロルピリフォス	0.01	オリザリン	0.4
クロルスルフロン	0.2	オキサミル	0.007
クロピルアリド	2	パラクアット	0.02
サイフルトリン	0.05	パラチオン	0.02
サイパーメトリンモノマー	0.2	パラチオンメチル	0.0007

サイプロデニル	0.09	ペブラーテ	0.03
2,4-D	0.03	ペンディメトリン	0.4
DDT	0.009	ペンタクロロフェノール	0.01
デルタメトリン	0.04	パーメトリン	0.2
ダイアジノン	0.004	ピペロニルブトキシド	0.6
ジカンバ	0.1	ピリミカーブ	0.007
ジクロロプロップ	0.1	ピリミフォスメチル	0.09
ジクロボス	0.005	プロフェノフォス	0.0003
ジクロホップメチル	0.005	プロパクロール	0.07
ジコフォル	0.004	プロパニル	0.7
ジフルベンズロン	0.07	プロパルギテ	0.007
ジメトエート	0.007	プロパジン	0.05
ジクワット	0.007	プロピコナゾール	0.1
ジスルフォトン	0.004	プロピザミド	0.07
ジウロン	0.02	ピラスルフォトル	0.04
2,2-DPA	0.5	ピラゾフォス	0.02
エンドスルファン	0.02	プロキスラム	4
エンドタール	0.1	キントゼン	0.03
EPTC	0.3	シマジン	0.02
エスフェンバレート	0.03	スピロテトラマト	0.2
エチオン	0.004	テメフォス	0.4
エトプロフォス	0.001	テルバシル	0.2
エトリジアゾール	0.1	テルブフォス	0.0009
フェナミフォス	0.0005	テルブチラジン	0.01
フェナリモル	0.04	テルブチリン	0.4
フェニトロチオン	0.007	チオベンカーブ	0.04
フェンチオン	0.007	チオメトン	0.004
フェンヴァレレート	0.06	チウラム	0.007
フィプロニル	0.0007	トルトラズリル	0.004
フラムプロップメチル	0.004	トリアジメフォン	0.09
フルオメチュロン	0.07	トリクロルフォン	0.007
フルプロパネート	0.009	トリクロピル	0.02
グリフォサート	1	トリフルラリン	0.09
ハロキシフォップ	0.001	ヴァノレート	0.04

14項目あり、ガイドライン値が重複している項目はいずれも外観に関するガイドライン値が低く設定されている。

　農薬は、126項目すべてについて健康影響の観点から評価したガイドライン値が示されており、このうち1項目は定量下限に基づくガイドライン値が示されている。定量下限に基づくガイドライン値は、水源、集水域などで使用が許可されていない農薬を検出した場合、直ちに原因究明活動を開始するための指標とされている。

c. 水道用薬品の品質　水道用薬品に含まれる不純物に関する基準の設定および薬品としての品質に関する考え方が飲料水ガイドラインの第8章に示されている。水道用薬品の使用目的は、①殺藻剤などによる藻類の制御、②凝集沈澱処理、③吸着処理、④軟化処理、⑤酸化処理、⑥消毒、⑦pH調整および緩衝能力の増加、⑧腐食の制御としており、これらに加えてオーストラリアで広く行われているフッ素添加処理用の薬品も水道用薬品として取り扱われている。飲料水ガイドラインに含まれている水道用薬品は35種類で、殺藻剤が1種類、凝集沈澱処理用が12種類、吸着処理用が1種類、軟化処理用が5種類、酸化処理用が6種類、消毒剤が9種類、pH調整剤および緩衝能力の増加用が8種類、腐食の制御用が9種類、フッ素処理剤が3種類である（使用目的の重複分を含む）。

　薬品に含まれる不純物の規制濃度は、推奨最大不純物濃度（Recommended Maximum Impurity Concentration）とされている。推奨最大不純物濃度は、水道水に付加される量が水質ガイドライン値の10％以下にすることを基本として、薬品ごとの最大注入率に基づいて算出している。

d. 水質監視　水質監視の目的は、「水質管理の枠組み」の中で示されているバリア（浄水処理など水道水の安全性を確保するための手段を意味する）および水道システム全体が安全な水道水を供給するために効果的に機能していることを証明するためとしている。水質監視には次の4種類がある。これらの監視の目的に応じて、測定する項目、頻度、採水場所などが異なるとしている。

① 運転監視：処理過程、処理装置が適切に稼動していることを確認することが目的であり、仮に異常が認められた場合は迅速な修正の処置を行うことになる。この監視結果は、水質基準を満足しているかどうかの判定には、通常用いることはない。

② 水質検査：配・給水過程の水道水質が水質基準を満足していることを確認する目的で行われる。

③ 水道利用者の満足度の監視：利用者の意見、苦情などを監視するもので、苦

情数に変化がない場合は、臭い、色度などに異常がないと判断できる。仮に苦情などが大幅に増加した場合は、水道システムの一部に異常があると判断できる。

④ 開発・調査：水道システムに対する理解度の向上、システム内の潜在的な危害因子の特定、知識的に明白でない部分の確認などを目的とする。

e. **消毒**　飲料水ガイドラインでは水道における消毒処理の必要性を強調しており、消毒方法として遊離塩素、結合塩素、二酸化塩素、オゾン、紫外線などを挙げている。塩素処理を行う場合、30分の接触後に総塩素濃度が0.5 mg/L以上残留していることが重要としている。

5.2.2 各州における水道水質基準

飲料水ガイドラインでは、水道の水質基準は地域や地方の実情、経済、政治、文化的な事情および消費者の水質に関する意向や料金を支払う意欲などを考慮して決定するとしている。オーストラリアの8つの州政府は、基本的にオーストラリア飲料水ガイドラインに示された項目およびガイドライン値を水質基準として適用している。また、飲料水ガイドラインには水質検査および検査の頻度、採水場所に関する情報なども示されているが、実際に検査する項目、検査の頻度などは各州政府が決定している。

5.2.3 ニューサウスウェールズ州における水道事業の枠組み

ニューサウスウェールズ州は、面積が80万 km^2、人口が690万人で、人口はオーストラリアの州の中で最も多い。また、州内には、人口430万人のオーストラリア最大の都市シドニー(Sydney)を含んでいる。表-5.2にニューサウスウェールズ州に

表-5.2　オーストラリア(ニューサウスウェールズ州)の水道水質管理に関係する主な法令

法令の名称		概　要	文献
正式名称	和訳		
Public Health Act	公衆衛生法	公衆衛生の状況監視と向上を目的としている。	18)
Public Health Regulation	公衆衛生規則	公衆衛生法を補完し、水道事業者に対して品質保証プログラムの策定と記録およびその保存を規定している。	19)

Sydney Water Act	シドニー水法	シドニーおよびその周辺での州営企業の上下水道サービスの実施について定めている。	20)
Protection of the Environment Operations Act	環境影響防止法	環境の保護を目的とした立ち入り制限区域などの設定について定めている。	21)
Sydney Water Catchment Management Act	シドニー集水域管理法	シドニー集水域管理庁の設置とその目的，役割および機能を定めている。	22)

おける水道水質管理に関する主な法令を示した。

(1) ニューサウスウェールズ州の水道事業体

ニューサウスウェールズ州には、大都市地域で主に給水する大都市水道事業体(Metropolitan water supply and services)、大都市の周辺部に給水する中都市水道事業体(Non-metropolitan water supply and services)および農村水道事業体(Rural water supply and services)があり、給水接続件数が50,000以上は大都市水道事業体、それ以下は中都市水道事業体とされている。

シドニーの水道は、シドニー集水域管理庁[12](Sydney Catchment Authority)から原水の供給を受けるシドニー水道企業団[13](Sydney Water)が浄水処理し、給水している。シドニー集水域管理庁、シドニー水道企業団ともにニューサウスウェールズ州が設立した州営企業で、これら以外にも水道水、灌漑用水などの供給、排水処理などを行う州営企業が設立されている。シドニーとその周辺地域以外への給水は、農村水道事業体を含めてほとんどが地域の自治体が行っている。それらの多くは、前述の州営企業から原水または用水を受水している。

(2) シドニー水道企業団[14]

法で定める州営企業がシドニーとその周辺で上下水道サービスを行うことを目的して、シドニー水法(Sydney Water Act)[20]が制定されている。同法は水道事業のライセンス条件として、水道事業に具備すべき要件、施設、運転、維持管理などの基本事項を含めることと規定している。また、ライセンス条件に関して保健省を含む3つの監督機関と覚書き(memorandum)を締結することとしている。

シドニー水道企業団が保健省と締結している覚書きには、①オーストラリア飲料水ガイドラインの遵守、②総合的な年間の水道水質検査計画の策定、③水質検査結果の四半期ごとの報告・公表、④あらゆるリスクの制御と水道水の外観的ガイドライン値の遵守を含む水道水質5カ年計画の策定、⑤水質などの異常時における保健

省への迅速な報告と対応計画の策定、などが盛り込まれている。

5.2.4 ニューサウスウェールズ州における水道水質管理の枠組み[10]

(1) 水質管理体制の概要

州政府の保健省が公衆衛生行政を担当しており、公衆衛生法を根拠として水道を監督している。公衆衛生法の目的は公衆衛生の状況を監視し、向上させることである。同法では水道事業者(Supplier of Drinking Water)として、①シドニー水道企業団、②ハンター水道企業団(Hunter Water)、③水管理法(Water Management Act)、地方自治体法(Local Government Act)、Lord Howe 島法(Lord Howe Island Act)、水産業競争法(Water Industry Competition Act)に規定するものなどとしている。ボトル水を供給するものはこれには含まれない。

公衆衛生法には、水道水質とその安全性に関する規制、監視の条項が盛り込まれている。保健省は、水道の利用者に対する煮沸勧告を含む助言、水道事業者に対する助言、水道事業体への立ち入り調査、水質検査の要求、水道水質に関する情報と記録の提供要求、水道水が健康を害するおそれのある場合の給水制限と給水停止、水道水が常時安全であることを担保する品質保証プログラムの導入要求などが行えるとされている。また、ほとんどの規定において罰則が定められている。

ニューサウスウェールズ州政府は、基本的にオーストラリア飲料水ガイドラインに示された項目およびガイドライン値を水質基準として適用している。

(2) ニューサウスウェールズ州における水質検査の規定

ニューサウスウェールズ州は水道水の微生物、農薬を含む化学物質、放射能などに関する安全性を水道事業体自らが確認することが期待されているとしており、水質検査を行う項目、推奨する水質検査の最小試料数、検査する機関などを水道水監視プログラム(Drinking Water Monitoring Program)で示している。州が水質検査が必要と定める項目および試料数の範囲内であれば、検査に要する費用を水道事業体が負担しなくてよい。

a. 水質検査の試料数　　水質検査の試料数は給水する人口、給水する都市の数に応じて定められている。微生物項目の推奨最小試料数は、**表-5.3**に示すように、給水する都市の数が単数か複数かで異なっている。給水する都市が1つの場合、給水人口が100人未満では12試料/年(1試料/月)、10万人を超える場合には6試料

表-5.3 微生物検査の試料数[10]

(a) 単独の都市への給水

給水人口	推奨最小試料数
100人未満	12試料/年(1試料/月)
100～500人未満	26試料/年(1試料/2週)
500～5,000人	52試料/年(1試料/週)
5,000～10万人	52試料/年(1試料/週)に加えて5,000人を超える人口について5,000人につき1試料/月を追加する。
10万人超	6試料/週に加えて10万人を超える人口について1万人につき1試料/月を追加する。

(b) 複数の都市への給水

給水人口	推奨最小試料数
1,000人未満	12試料/年(1試料/月)
1,000～5,000人	26試料/年(1試料/2週)
5,000～10万人	52試料/年(1試料/週)に加えて5,000人を超える人口について5,000人につき1試料/月を追加する。

/週とされている。給水する都市の数が複数の場合は、表-5.3に示すような試料数としており、前述した単独都市への給水に比べて人口に対する試料数の割合は小さく設定されている。理化学項目は給水人口が5,000人以下では2試料/年、5,000人を超える場合は12試料/年としている。フッ素を水道水に添加している場合、フッ素濃度を①浄水場で毎日測定する、②配水区域で週に2試料測定する、③測定記録の保管と州保健省への報告、④試料を月に1回州の分析機関へ送付する、ことが規定されている。

b. 採水場所　採水場所は、給水人口を基本にして設定することが示されている。また、検査ごとに採水場所をローテーション方式により異なる場所で検査することが望ましいとしている。

c. 分析機関　水道水質の分析に関して認定を受けた機関が示されており、州の費用負担で検査する場合はこれらの機関で水質分析しなければならないとされている。

d. 検査項目　次の①～③に示した水質項目を定期的に検査し、州の定められた担当に報告することとされている。農薬、消毒副生成物などの検査は各水道事業体が検査の必要性を検討し、場合によっては保健省の担当部署の助言を基に検査計画を定めるとしている。

① 微生物項目：大腸菌、大腸菌群

② 理化学項目：pHなど外観に関する6項目、重金属および無機物質など26項目
③ 水道事業体の選択項目：電気伝導度など外観に関する3項目、無機物質など10項目
④ 農薬：農薬は定期的に検査する項目に位置付けられていない。農薬に起因するリスクを評価して検査計画を策定するが、当局が検査の必要性を認めた場合、水道事業体は測定費用の負担を要しない。
⑤ 消毒副生成物：塩素処理もしくは結合塩素処理を行っている水道事業体に対して、消毒副生成物に関する水質検査の実施を推奨している。トリハロメタンに関して、当局が検査の必要性を認めた場合、水道事業体は測定費用の負担を要しない。

(3) 水質基準の超過など、水質異常時の対応

ニューサウスウェールズ州では、水質基準を超過した場合などの水質異常時の対応手順を定めている。対応手順は、①理化学項目の異常、②大腸菌、大腸菌群の検出、③ジアルジア、クリプトスポリジウムの検出もしくは浄水処理異常の3ケースについて定めている。

理化学項目が異常を示した場合、水道事業体が必要な調査と再検査を行い、水質基準超過が確認された場合に次の対応を定めている。

① 水質ガイドラインの区分け（健康項目もしくは外観に関する項目）、超過濃度、汚染もしくは浄水処理上の事故などの想定される原因を検討したうえで、直ちに健康に影響する可能性があるかどうかを水道事業体および衛生当局が決定する。
② 直ちに健康に影響する可能性があると判断された場合、関係機関と協議し、事故対応、代替給水、利用者への警告、調査、再検査などの対応を協議する。
③ 直ちに健康への影響がないと判断される場合は、水道事業体は関係機関と協議しながら原因究明を行う。
④ 再検査はニューサウスウェールズ州保健省の検査機関または全国検査機関協会（National Association of Testing Authorities：NATA）の認定を受けた検査機関で行う。
⑤ 再検査で異常が確認されない場合は対応を終了する。
⑥ 再検査で異常が確認された場合は過去の測定結果、基準超過の継続時間、利

用者の苦情などに基づいてリスク評価し、利用者への周知、飲用不可の広報、代替給水の必要性を検討する。

大腸菌、大腸菌群を検出した場合は直ちに消毒設備などの点検を行い、消毒が確実に行われるように対応する。消毒設備などが正常であれば、大腸菌などの再検査を行ったうえで、煮沸勧告などを含む対応を保健省担当者と協議することが定められている。

ジアルジア、クリプトスポリジウムの検出および浄水処理異常により塩素濃度が 0.2 mg/L 未満になった場合は直ちに煮沸勧告の必要性について検討するとしている。また、浄水が 1NTU を超過した場合も水源の変更などを検討したうえで、不可能な場合は煮沸勧告の必要性について検討するよう定められている。

(4) 水道用薬品に関する規制

オーストラリア飲料水ガイドラインに示された水道用薬品のガイドラインを適用するかどうかは各州政府が決定している。ニューサウスウェールズ州は水道事業のライセンス条件、覚書きなどに示された「安全な水道水を供給する」責任に基づき、水道事業体が飲料水ガイドラインに適合する薬品を使用するようにしている。シドニー水道企業団では飲料水ガイドラインに適合する薬品の購入仕様を定め、この仕様を満足する薬品を使用している。

(5) 水質検査結果の公表

公衆衛生法では水質検査結果の公表は規定されていないが、ニューサウスウェールズ州は水道事業ライセンス、覚書きを利用して、各水道事業体が水質検査結果を一定期間ごとに公表するようにしている。シドニー水道企業団は、州政府と、水質検査結果を四半期ごとに取りまとめ、インターネットを通じて公表することを覚書きで取り決めている。

(6) 水安全計画

公衆衛生法は、保健省が水道事業者に対して水道水が常に安全であることを担保する品質保証プログラムの導入を要求できるとしている。品質保証プログラムは飲料水ガイドライン「水道水質管理の枠組み」として記述されており[12]、WHO の水安全計画と実質的に同じものである。州政府は、水道事業ライセンス、覚書きなどを活用して、オーストラリア飲料水ガイドラインで示された水道水質管理の枠組み

が水道事業体に確実に導入されるよう図っている。シドニー水道企業団では、覚書に基づき、水道水質管理計画(Drinking Water Quality Management Plan)で水質管理の枠組みに関する具体的な対応を公表している。

5.3 ニューサウスウェールズ州における水道水源の水質保全のための施策と取り組み [15]

ニューサウスウェールズ州内の環境を保護するための基本法は環境影響防止法(Protection of the Environment Operations Act)[21]である。同法では環境を保全するための様々な規制の根拠を定めており、立ち入りを規制できる特別区域および各種の活動を制限できる制限区域の設定などが行える。

シドニー集水域管理法(Sydney Water Catchment Management Act)[22]はシドニー集水域管理庁の設置を定めたもので、管理庁に関する役割の定義、機能および目的を定めている。シドニー集水域管理庁の設置目的は
① 集水域の水質改善
② 公衆衛生および公衆安全の維持・保護、環境保全
③ 管理庁が給水する用水水質の基準遵守
④ 環境へ影響する行為の管理・規制
⑤ 集水域内の施設の効率的、効果的かつ商業ベースに合致する管理
としている。また、同法では
① 集水域および集水域の施設の管理と保全
② 用水の供給
③ 集水域の内部および周辺での特定の活動の制限
をシドニー集水域管理庁の役割としている。

シドニー集水域管理法は環境影響防止法に規定されている特別区域の設定など、同様の規制が行えることになっている。特別区域は飲料用もしくは他の用途の水質保全、管理庁の目的に沿う生態系の維持を目的として設定する。指定された特別区域では、
① 立ち入りの禁止もしくは制限
② 集水域を汚染する行為・活動の規制
③ 家庭内での使用などの例外を除く農薬の指定された区域への持ち込み、使用および貯蔵の禁止

の措置が取られている。いずれも、違反した場合の罰則が規定されている。シドニー集水域管理庁では、全集水面積 16,000 km² のうち、3,640 km² が特別区域に指定されているとしている [16]。

ニューサウスウェールズ州では、州環境計画政策（シドニー水道水源）2011［State Environmental Planning Policy（Sydney Drinking Water Catchment）2011］が水源を保全する枠組みとして活用されている [17]。同計画では、水源である集水域の保全と良質な原水の供給を目的として、水源区域内では水源水質に影響がない、もしくは良い影響があると評価される開発計画のみが許可される仕組みになっている。

参考文献

1) National Water Commission：Water supply and services,
 http://archive.nwc.gov.au/home/water-governancearrangements-in-australia/governance-at-a-glance/water-supply-and-services （2013 年 12 月 7 日）
2) 国土交通省：世界各国の水関連情報,
 http://www.mlit.go.jp/tochimizushigen/mizsei/j_international/outline/data/aus.pdf （2013 年 12 月 7 日）
3) Australian Bureau of Statistics：Towards the Australian Environmental-Economic Accounts. 2013,
 http://www.abs.gov.au/ausstats/abs@.nsf/mf/4655.0.55.002 （2013 年 12 月 7 日）
4) Australian Government：Our government,
 http://australia.gov.au/about-australia/our-government （2013 年 12 月 7 日）
5) Natural Health and Hedical Reseach Council：ホームページ,
 http://www.nhmrc.gov.au （2013 年 12 月 7 日）
6) Natural Health and Hedical Reseach Council：Australian Drinking Water Guidelines(2011),
 http://www.nhmrc.gov.au/guidelines/publications/eh52 （2013 年 12 月 7 日）
7) National Water Commission: Drinking water management,
 http://archive.nwc.gov.au/home/water-governancearrangements-in-australia/governance-at-a-glance/governance-at-a-glance3 （2013 年 12 月 7 日）
8) National Water Commission：National Performance Report 2009-10：urban water utilities,
 http://archive.nwc.gov.au/library/topic/npr （2013 年 12 月 7 日）
9) Department of the Environment：National Water Quality Management Strategy-Australian Guidelines for Water Recycling：Managing Health and Environmental Risks（Phase 2）Augmentation of Drinking Water Supplies,
 http://www.environment.gov.au/system/files/resources/9e4c2a10-fcee-48ab-a655-c4c045a615d0/files/water-recycling-guidelines-augmentation-drinking-22.pdf （2013 年 12 月 7 日）
10) New South Wales Ministry of Health：Drinking Water Quality,
 http://www.health.nsw.gov.au/environment/water/Pages/default.aspx （2013 年 12 月 7 日）
11) Victoria Department of Health：Water,

参考文献

    http://www.health.vic.gov.au/water/index.htm （2013 年 6 月 30 日）
12）Sydney Catchment Authority：ホームページ、
    http://www.sca.nsw.gov.au/home （2013 年 12 月 7 日）
13）Sydney Water：ホームページ、
    http://www.sydney.water.com.au/SW/index.htm （2013 年 12 月 7 日）
14）Sydney Water：Who we are,
    http://www.sydneywater.com.au/SW/about-us/our-organisation/who-we-are/index.htm （2013年12月7日）
15）Sydney Catchment Authority：Our role and services,
    http://www.sca.nsw.gov.au/about/what-we-do/role （2013 年 12 月 7 日）
16）Sydney Catchment Authority：Protected and Special Areas,
    http://www.sca.nsw.gov.au/catchment/manage/special-areas （2013 年 12 月 7 日）
17）Sydney Catchment Authority：State Environmental Planning Policy（Sydney Drinking Water Catchment）2011,
    http://www.sca.nsw.gov.au/catchment/development/sepp （2013 年 12 月 7 日）
18）New South Wales Government：Public Health Act 2010 No 127,
    http://www.legislation.nsw.gov.au/maintop/view/inforce/act+127+2010+cd+0+N （2014 年 4 月 19 日）
19）New South Wales Government：Public Health Regulation 2012,
    http://www.legislation.nsw.gov.au/viewtop/inforce/subordleg+311+2012+cd+0+N （2014 年 4 月 19 日）
20）New South Wales Government：Sydney Water Act 1994 No 88,
    http://www.legislation.nsw.gov.au/viewtop/inforce/act+88+1994+cd+0+N （2014 年 4 月 19 日）
21）New South Wales Government：Protection of the Environment Operations Act 1997 No 156,
    http://www.legislation.nsw.gov.au/viewtop/inforce/act+156+1997+cd+0+N （2014 年 4 月 19 日）
22）New South Wales Government：Sydney Water Catchment Management Act 1998 No 171,
    http://www.legislation.nsw.gov.au/viewtop/inforce/act+171+1998+cd+0+N/ （2014 年 4 月 19 日）

第6章
オランダにおける水道の水質管理と水源保全

　オランダでは、従来から、塩素消毒を行わない浄水処理システムの確立を目指してきていることから、わが国のような給水栓における残留塩素の保持義務を制度上設けない反面、微生物に関する水質管理において、近年急速に発展してきた微生物学的リスクの定量評価(QMRA)の手法を法令で義務付けるなど、独自の制度を設けている。また、流域の自治組織が中世から興った歴史的背景もあって、水源保全に関しては、治水、河川管理、排水規制、下水道事業などを流域の水管理委員会が一体的に所管する仕組みができ上がっている。

オランダの基礎データ

　国名：オランダ王国

　面積：3.7 万 km^2（本土）

　人口：1,671.4 万人（本土）(2012 年)

　人口密度：447.4 人 /km^2 (2012 年)

　年降水量：アムステルダム 850 mm

　乳児死亡率：4.0‰ (2010 年)

　1 人当たり国民総所得：49,030 ドル (2010 年)

　通貨：ユーロ（EUR）(2014 年 4 月現在、1EUR ＝ 約 141 円)

出典（ただし、通貨を除く）：データブック オブ・ザ・ワールド世界各国要覧と最新統計 2013 年版、二宮書店、2013

オランダの水道の基本情報

　基本法令：飲料水法（Drinkwaterwet）

　水道事業体数：10[1] (2013 年)

　普及率：100% [2] (2008 年)

1人1日当たり平均給水量：127.5 L[2]（2007年）

水質基準：健康に関係する微生物7項目、健康に関係する化学物質29項目、浄水処理の管理19項目、感覚・外観10項目、前兆的な汚染指標10項目

消毒に関する規制：採鉱施設における設備を除き、残留塩素を保持する義務はない。クリストスポリジウムなどについては、微生物学的リスクの定量評価（QMRA）の手法を用いて年間の感染リスクを10,000人に1人以下にするよう義務付けている。

6.1 水道の概要

オランダの水源は、2/3が地下水、1/3が表流水である。2008年には、これらを224箇所の浄水場において浄水処理を施している[2]。

オランダの西部では、表流水として主にライン川とマース川から取水している。北部、東部、南部では、地下水が主体である。ライン川流域は、スイス、ルクセンブルグおよびドイツの広い地域に及んでいる。約1,300 kmの長さで、平均水量は2,300 m^3/sである。マース川流域は、フランスが一部で、ベルギーが大部分の地域を占める。約900 kmの長さで、平均水量は約230 m^3/sである。

オランダの平均的な降水量は年間775 mmで、降水時間は570時間以上である。年間125日程度は全く雨が降らない。主として夏の季節に降る[3]。

オランダの水道会社は、1950年頃までは200を超えたが、統合が進み、2007年からは10の会社に集約されている。水道会社は、メータまでの水道施設や管路と水道水質への管理責任を持つ[2]。株主には、給水区域に関連する基礎的自治体（市）および州政府がなっている。これは、民間会社が公衆への水道水の供給を禁じた

図-6.1 オランダの水道会社とその配水区域[7]

2004年の改正水道法 (Wijzigingswet Waterleidingwet)[4] に基づくものである。なお、水道法 (Waterleidingwet)[5] は後述のように2009年に改正されて、現在は飲料水法 (Drinkwaterwet)[6] に引き継がれている。図-6.1 に各水道会社の配水区域を示す[7]。

2009年の統計では、水道事業に携わっているフルタイムの従業員は5,063名である。年間総配水量は約11億 m^3 で、有収率は96％、送配水管の総延長は11万7,322 km である[8]。

また、水道会社は、オランダ水道協会(Vewin)を組織している。設立は1952年11月で、当時は198の水道会社のうち177社が会員で、年間総配水量は3億7,800万 m^3 であった[1]。

6.2 水道水質管理の制度と動向

6.2.1 水道水質管理に関する主な法令

オランダの飲料水、表流水、地下水の水質管理に関係する主な法令は、**表-6.1** のとおりである。

水道に関する基本法令は、1957年に住宅・国土計画・環境省 (Ministerie van Volkshuisvesting, Ruimtelijke Ordening en Milieubeheer：VROM) のもとで制定された水道法[5]であったが、飲料水の水質を良好に維持しながら、将来においても十分な量を低廉な価格で供給するために、2009年に全面改正されて飲料水法[6]が制定され、2011年7月1日から施行された[9]。

6.3 で述べる表流水、地下水の水質管理に関しては、治水事業や海域の水質汚濁防止などに関係する法律を含めて8つの法律が統合され、2009年12月から水法 (Waterwet)[10] が施行されている[11,12]。この新しい水法が制定された背景には、気候変動に対応するための総合的な水管理制度や計画が必要となったことに加えて、EU における水枠組指令に基づいて国際河川の流域管理が必要になったことがある[11]。

この新しい水法に基づき、水管理の総合計画として 2009 年に国家水計画が策定された。2009～2015 年における治水、水利用、安全な水の供給のための水質管理などの総合的な水政策を概説している。国家水計画では、水枠組指令の一部として作成された河川流域管理計画も含まれている[9]。

表-6.1 には、統合された法律のうち、表流水、地下水管理などに関する旧法の名

表-6.1 オランダの水道水質管理に関係する主な法令

法令の名称		概　要	文献
正式名称	略称(和訳)		
Wet van 18 juli 2009, houdende nieuwe bepalingen met betrekking tot de productie en distributie van drinkwater en de organisatie van de openbare drinkwatervoorziening	Drinkwaterwet(飲料水法)	飲料水の供給における公衆衛生を保持するため、水道事業者に求める措置などを規定している。	6)
Wet van 6 juni 1991, houdende regels met betrekking tot de waterschappen	Waterschapswet(水管理委員会法)	水管理委員会の組織について規定している。	13)
Wet van 29 januari 2009, houdende regels met betrekking tot het beheer en gebruik van watersystemen	Waterwet(水法)	従来の8つの法律を再編して統合的な水管理の施策を規定している。	10)
水法に統合された旧法	Wet van 13 november 1969, houdende regelen omtrent de verontreiniging van oppervlaktewateren	Wet verontreiniging oppervlaktewateren または WVO(表流水汚濁防止法)	排水許可証制度や排水賦課金制度などについて規定していた。	—
	Wet van 22 mei 1981, houdende regelen inzake het onttrekken van grondwater en het kunstmatig infiltreren van water in de bodem	Grondwaterwet(地下水法)	地下水揚水の許可制度などを規定していた。	—
	Wet van 14 juni 1989, houdende regelen inzake de waterhuishouding	Wet op de waterhuishouding (水資源法)	表流水の量的管理に関して計画的な管理を求めていた。	—

称も参考に記載する。

なお、VROM は、2010 年 10 月、それまでの運輸・水利省 (Ministerie van Verkeer en Waterstaat：V & W) と合併して、社会基盤・環境省 (Ministerie van Infrastructuur en Milieu：IenM) に再編されている。

6.2.2 水道水質基準と水質管理体制

オランダの水道水質基準は、1957 年に制定された水道法[5])に基づき、政令である水道令 (Waterleidingbesluit)[14]) で規定された。この水質基準は、1998 年に出された EU の飲料水指令 (Drinking Water Directive) を踏まえて、2001 年に大幅に改正されており[15])、一般的なヨーロッパの規制よりも厳しく設定された。さらに、水道法に代わって制定された飲料水法に基づき、政令も 2011 年に全面改正されている。新しい政令の名称は、飲料水令 (Drinkwaterbesluit)[16]) である。

飲料水令では、水質基準項目の分類として、以下の5つに分けている。
① 健康に関係する微生物の項目(**表-6.2** 参照)
② 健康に関係する化学物質の項目(**表-6.3** 参照)
③ 浄水処理の管理に関する指標項目(**表-6.4** 参照)
④ 感覚的・外観上の指標項目(**表-6.5** 参照)
⑤ 前兆的な汚染指標項目(**表-6.6** 参照)

飲料水法においては、「水道会社の所有者は、微生物や化学物質によって人の健康に悪影響を及ぼさないような濃度で飲料水を確保しなければならない。」と規定している。水質基準項目のうち、健康に関係する微生物の項目においては、ウイルスや原虫類のような特定の微生物では、健康影響に関わる濃度が測定できないほど非常に低いものとなるとしたうえで、数値として最大許容値を示すことはせず、代わりに規定を遵守するための具体的な要件として、微生物学的リスクの定量評価(Quantitative Microbial Risk Assessment：QMRA)の手法を用いて示される感染リスクを年間で10,000人に1人以下にするよう義務付けている。

オランダで水道水質管理の実務にQMRAの手法を取り入れていることは特筆すべきことで、6.2.3で詳述する。

オランダ水道協会では、水質基準項目のいくつかについて、水質基準よりもさらに厳しい値を推奨している[17]。

健康に関係する化学物質の項目では、以下のとおりである。
・硝酸イオン：25 mg/L(水質基準は 50 mg/L = 硝酸態窒素 11 mg/L に相当)
・亜硝酸イオン：0.05 mg/L(水質基準は 0.1 mg/L = 亜硝酸態窒素 0.03 mg/L に相当)

表-6.2 健康に関係する微生物の項目 [16]

項　目	最大許容値	単　位	注意事項
大腸菌	0	cfu/100 mL	cfu = colony forming units
腸球菌	0	cfu/100 mL	
クリプトスポリジウム	−		＊
腸管系ウイルス	−		＊
ジアルジア	−		＊
カンピロバクター	−		＊
バクテリオファージ	−	pfu/L	＊ pfu = plague forming unite

＊ 表流水や汚染リスクのある地下水を原水として用いている場合においては、リスクの定量評価を行って計算される理論的な感染リスクが年間で10,000人に1人以下であること。

表-6.3 健康に関係する化学物質の項目[16]

項目	最大許容値	単位	注意事項
アクリルアミド	0.10	μg/L	
アンチモン	5.0	μg/L	
ヒ素	10	μg/L	
ベンゼン	1.0	μg/L	
ベンゾ(a)ピレン	0.010	μg/L	
ホウ素	0.5	mg/L	
臭素酸	1.0	μg/L	消毒を行う場合、最大許容値は90%値として 5.0 μg/L(この場合でも最大値は 10 μg/L)
カドミウム	5.0	μg/L	
クロム	50	μg/L	
シアン化合物(総量)	50	μg/L	
1,2-ジクロロエタン	3.0	μg/L	
エピクロロヒドリン	0.10	μg/L	
フッ素	1.0	mg/L	
銅	2.0	mg/L	
水銀	1.0	μg/L	
鉛	10	μg/L	
ニッケル	20	μg/L	
硝酸イオン	50	mg/L	
亜硝酸イオン	0.1	mg/L	
N-ニトロソジメチルアミン(NDMA)	12	ng/L	
多環芳香族炭化水素(総量)	0.10	μg/L	定量下限値を超える特定の化合物の濃度の合計
ポリクロロビフェニル類(PCBの個々の化合物)	0.10	μg/L	個々の化合物についての基準
PCB(総量)	0.50	μg/L	0.05 μg/Lを超える特定の化合物の総量
農薬類(個々の化合物)	0.10	μg/L	*1 アルドリン、ジエルドリン、ヘプタクロル、ヘプタクロルエポキシドの最大値は 0.030 μg/L
農薬類(総量)	0.50	μg/L	定量下限値を超える個々の農薬の総量
セレン	10	μg/L	
テトラおよびトリクロロエチレン(総量)	10	μg/L	
トリハロメタン類(総量)	25	μg/L	*2 特定化合物の総量(最大値を 50 μg/L とする 90%値として)
塩化ビニル	0.10	μg/L	

*1 農薬類:有機殺虫剤、有機除草剤、有機殺菌剤、有機抗線虫剤、有機ダニ駆除剤、有機殺藻剤、有機殺鼠剤、有機殺変形菌剤および関連物質(成長調整物質)であり、それらの代謝産物、反応生成物などは人への毒性に関連する。

*2 特定化合物は、クロロホルム、ブロモホルム、ジブロモクロロメタンおよびブロモジクロロメタン。ブロモジクロロメタンは、15 μg/Lを超えないこと。

表-6.4 浄水処理の管理に関する指標項目[16)]

項 目	最大許容値(特に指定がない場合)	単 位	注意事項
アエロモナス菌(30℃)	1,000	cfu/100 mL	cfu = colony forming units
アンモニウムイオン	0.20	mg/L	
大腸菌群	0	cfu/100 mL	
塩化物イオン	150	mg/L	年平均値
ウエルシュ菌(芽胞を含む)	0	cfu/100 mL	
DOC/TOC	—	mg/L	異常な変化がないこと
電気伝導率(20℃)	125	mS/m	
総硬度	>1	mmol/L	総硬度は、1L当たりのCa^{2+}およびMg^{2+}のmmolの合計として計算すること。軟水および脱塩水の場合、最大限界値は90%値を適用する。
従属栄養細菌(22℃)	100	cfu/mL	幾何学的年平均値
放射能:			
全α線	0.1	Bq/L	
全β線	1	Bq/L	
トリチウム	100	Bq/L	
総実効線量	0.10	mSv/年	
飽和指数(SI)(ランゲリア指数)	>-0.2	SI	年平均値
温度	25	℃	
遊離残留塩素	>0.1 かつ <0.3	mg/L	鉱業法に規定する採鉱施設における飲料水設備に限り適用する。
重炭酸塩	>60	mg/L	
pH値	>7.0 かつ <9.5	—	
溶存酸素	>2	mg/L	

表-6.5 感覚的・外観上の指標項目[16)]

項 目	最大許容値	単 位	注意事項
アルミニウム	200	μg/L	
臭気	—	—	消費者に受け入れられ、かつ異常な変化がないこと
色度	20	mg/L Pt/Co	
鉄	200	μg/L	
マンガン	50	μg/L	
ナトリウム	150	mg/L	年平均値 最大値は200 mg/L
味	—	—	消費者に受け入れられ、かつ異常な変化がないこと
硫酸イオン	150	mg/L	
濁度	4(給水栓) 1(給水施設出口)	FTU	FTU = formazine turbidity units 消費者に受け入れられ、かつ異常な変化がないこと
亜鉛	3.0	mg/L	16時間を超える静置後の値

表-6.6　前兆的な汚染指標項目 [16]

項　目	最大許容値	単　位	注意事項
AOX	—	μ mol X/L	
芳香族アミン類	1	μg/L	農薬類の代謝産物の場合 0.1 μg/L
(クロロ)フェノール類	1	μg/L	農薬類の代謝産物の場合 0.1 μg/L
ジグリム(n)	1	μg/L	
エチル-t-ブチルエーテル (ETBE)	1	μg/L	
ハロゲン化環状炭化水素類	1	μg/L	
ハロゲン化脂肪族炭化水素類	1	μg/L	
メチル-t-ブチルエーテル (MTBE)	1	μg/L	
環状炭化水素類および芳香族類	1	μg/L	
その他の人偽起源物質	1	μg/L	

・カドミウム：1.0 μg/L（水質基準は 5.0 μg/L）

浄水処理の管理に関する指標項目では、以下のとおりである。

・溶存酸素：4 mg/L 以上（水質基準は 2mg/L 以上）

・pH：7.8 〜 8.3（水質基準は 7.0 〜 9.5）

・電気伝導率：80 mS/m（水質基準は 125 mS/m）

・アンモニウムイオン：0.05 mg/L（水質基準は 0.20 mg/L）

・アエロモナス菌：200 cfu/100 mL（水質基準は 1,000 cfu/100 mL）

感覚的・外観上の指標項目では、以下のとおりである。

・濁度：0.8 FTU（水質基準は 1 および 4 FTU）

・鉄：0.05 mg/L（水質基準は 0.2 mg/L）

・マンガン：0.02 mg/L（水質基準は 0.05 mg/L）

2001 年における水道令（Waterleidingbesluit）の改正では、水質基準項目などについて、通常の管理（監視）と精密検査（内部監査）の概念に分け、それぞれどの項目をどこで測定すべきか、また、どのくらいの頻度で実施すべきかを示した。新たな飲料水令（Drinkwaterbesluit）ではこれらの規定が削除されて、2010 年に策定された法務大臣決定 [18] で測定項目や測定頻度などが規定されている。表-6.7 に管理上（監視）の測定項目と測定点を、表-6.8 に検査上（内部監査）の測定項目と測定点を、表-6.9 に測定頻度を示す [17, 18]。

測定頻度（表-6.9）については、EU 指令に準拠したものになっているが、測定点ごとに測定すべき項目（表-6.7、6.8）の提示は、オランダ独自のものである。水質基

表-6.7 管理上(監視)の測定項目 [18]

項目グループ	給水栓を測定点とする項目	浄水および給水栓を測定点とする項目
健康に関係する微生物の項目	大腸菌	—
健康に関係する化学物質の項目	亜硝酸イオン	—
浄水処理の管理に関する指標項目	アンモニウムイオン 大腸菌群 電気伝導率 従属栄養細菌(37℃) pH	アルミニウム
感覚的・外観上の指標項目	臭気 色度 味 濁度	鉄
前兆的な汚染指標項目	—	—

表-6.8 検査上(内部監査)の測定項目 [18]

項目グループ	給水栓を測定点とする項目	浄水および給水栓を測定点とする項目	浄水場の原水を測定点とする項目
健康に関係する微生物の項目	大腸菌 腸球菌	—	—
健康に関係する化学物質の項目	アクリルアミド アンチモン バリウム ベンゼン ベンゾ(a)ピレン 臭素酸 カドミウム クロム エピクロロヒドリン 銅 鉛 ニッケル 亜硝酸イオン トリハロメタン類 塩化ビニル 銀	ヒ素 ホウ素 シアン化合物(総量) 1,2-ジクロロエタン フッ素 水銀 硝酸イオン 多環芳香族炭化水素(PAH) PCB 農薬類 セレン テトラおよびトリクロロエチレン	—
浄水処理の管理に関する指標項目	アンモニウムイオン 大腸菌群 腐食指数 糞便性連鎖球菌 電気伝導率 総硬度 従属栄養細菌(37℃) 飽和指数(SI) 温度 遊離残留塩素 pH	アルミニウム 塩化物イオン ウエルシュ菌(芽胞を含む) DOC/TOC	放射能 トリチウム 総実効線量

感覚的・外観上の指標項目	臭気 色度 鉄 マンガン 味 濁度 亜鉛 硫化水素	ナトリウム 硫酸イオン	―
前兆的な汚染指標項目	―	―	フェノール類

表-6.9 管理上(監視)および検査上(内部監査)の測定頻度 [18]

給水地域内での給水量(m³/日)	管理上の年間測定数	検査上の年間測定数
≦ 100	2	1
> 100 かつ ≦ 1,000	4	1
> 1,000 かつ ≦ 10,000	4回に加え、1,000 m³/日ごとおよび総量の端数につき3回	1回に加え、3,300 m³/日ごとおよび総量の端数につき1回
> 10,000 かつ ≦ 100,000	4回に加え、1,000 m³/日ごとおよび総量の端数につき3回	3回に加え、10,000 m³/日ごとおよび総量の端数につき1回
> 100,000	4回に加え、1,000 m³/日ごとおよび総量の端数につき3回	10回に加え、25,000 m³/日ごとおよび総量の端数につき1回

準を達成していることを確認する測定点を一律に給水栓にするのではなく、放射能に関する項目や水源水質の将来的な悪化を予見することを目的とした前兆的な汚染指標項目のうちのフェノール類については、浄水場の原水だけを測定点とするなど、合理的かつ柔軟な運用をしている。

毎年、オランダ国立公衆衛生環境研究所(Rijksinstituut voor Volksgezondheid en Milieu：RIVM)[19]が飲料水の水質検査結果を取りまとめ、報告書(オランダ語)をホームページで公表している[19]。

6.2.3 塩素に依存しない浄水処理と QMRA 手法の制度化

一般的には化学的な消毒によって水道水の安全性は上がるといわれているが、オランダにおいては、化学的な消毒を施すことによる利点よりも欠点の方が多いと考えられている。まず、塩素を用いて消毒を行うことにより、副生成物であるトリハロメタンが生成してしまう。よく知られているように、オランダは世界で初めてトリハロメタンを発見した国である。また塩素は、水に臭いを付けるとともに味を損

なわせる要因となる。

そのため、オランダでは塩素を用いずに微生物の安全性を確保した水道水を供給するシステムを導入している。このシステムは、以下のような考え方を持っている[20]。

① 最も良い水源を用いる。
例：微生物面において安全な地下水、土壌を透過させた表流水（人工涵養、浸透ろ過など）、多様なバリアによる表流水の直接処理

② 沈殿、ろ過、紫外線消毒などの物理的プロセスを用いた浄水処理を行う。これらで処理できない場合においても塩素は用いず、オゾンや過酸化物を用いて酸化する。

③ 給配水過程での汚染を防ぐ。

④ 生物学的に安定な水、資機材を用いることにより、給配水過程での微生物の増殖を防ぐ。

⑤ 健康に影響が出るような事態を避けるために、システムに欠陥はないか定期的に監視する。

飲料水令では、病原微生物に関する水質基準として、大腸菌および腸球菌の数による基準（0 cfu/100 mL）を設けるだけでなく、水質基準の表の注記において、クリプトスポリジウム、腸管系ウイルス、ジアルジア、カンピロバクターおよびバクテリオファージについて理論的なリスク分析を実施するよう義務付けている[16]。すなわち、これらの病原体の年間における感染確率（pppy）について、暫定的な許容値を10,000人に1人としたうえで、水道事業体に理論的なリスク分析を求めている。これによって、表流水や汚染リスクのある地下水を原水としている場合には、微生物学的リスクの定量評価（QMRA）を行い、供給する飲料水の安全性を需要者に対して示すことが必要となっている[21]。

QMRAは、原水における病原体の存在状況の把握に加えて、給水栓に至るまでの様々な工程を通じて病原体がどれだけ除去されるかの定量化を行い、病原体の曝露量と用量－反応関係について利用可能な情報を体系的に組み合わせて、病原体の曝露による疾病負荷を推定するものである[22]。

QMRAを行う際には、原水の病原体の濃度のほか、これらの病原体の除去に対する浄水処理システムの有効性の情報、すなわち、浄水処理に用いられているすべての処理過程におけるウイルス、細菌、病原性原虫類の除去性の科学的なデータベースが必要である。そのため、オランダ水道会社のプロジェクトによる共同調査プロ

グラムによって、データベースが作成されている[21]。

また、オランダKWR水道・水循環研究所では、実務者が扱いやすいようにソフトウェアのインターフェイスを構築し、QMRAのツールとして各水道会社に配布している[23]。

このように、オランダにおけるQMRAの制度化は、浄水または給水栓の水において、微生物に関する水質項目が水質基準値または目標値を満足していればよいとするだけでなく、より高度なリスク低減手法を導入している点で優れているものである。

6.3 水源保全のための施策と取り組み

6.3.1 表流水の水源管理

オランダでは、1969年に制定された表流水汚濁防止法（Wet verontreiniging oppervlaktewateren：WVO）に基づいて、排水許可証制度や排水賦課金制度が導入された。この法律は、産業の発展に伴う水質汚濁を防止するため、以下の3点を定めた。

① 排水の排出者に対して、排水許可証の取得を義務付ける。
② すべての排出者は、流域の水管理に伴う費用を賄うため、汚染者負担の原則に基づいて排水賦課金を負担する。
③ 5年ごとの水管理に関する国家計画を策定する。

また、この法律によって、オランダの水域は、中央政府が管理する国家管理水域（大河川、運河、海岸水域など）と州および水管理委員会（Waterschappen）が管理する地域管理水域（中小河川、用水路、都市内運河など）に区分された[24]。

水管理委員会は、オランダにおける民主主義政治の最も古い形態の一つで、起源は中世に遡る。国土の約1/4が海面下であるオランダにとって、治水は重要な問題である。その治水に関する民主的な合意形成の組織であったため、水管理委員会は地域治水委員会とも訳される場合があるが、現在では、治水の権限のほか、下水処理場の運転管理や公共用水域の水質管理の権限を併せ持つものとなっている。

2013年現在、オランダには24の水管理委員会があり、職員数は約11,000人である[25]。**図**-6.2に全国の水管理委員会の管轄区域を示す[26]。

国は水質管理計画を策定し、排水許可証の発行によって、工場と下水処理場から

国家管理水域に排出される排水を規制する。

　一方、州は地域管理水域について第一義的な責任を負っており、水質管理計画を策定するが、通常は、詳細計画の作成および水質管理は水管理委員会に委ねられている。水管理委員会は、水管理税を一般家庭や企業から徴収して、洪水調節、水資源管理といった水量管理を行ってきたが、表流水汚濁防止法の施行によって水質管理の責務も加えられた。水管理委員会は、地域管理水域に排水を排出する工場、下水処理場および下水道に排出する工場に対して、排水許可証を発行してきた。下水処理場の建設、運転管理は、水管理委員会の業務であるが、下水道の管路は、通常、全国で約400箇所の市が管理している[24,27]。

図-6.2　24の水管理委員会の管轄区域[26]

　表流水の水質保全のための特徴的なもう一つの制度である排水賦課金制度は、表流水汚濁防止法に基づいて1970年に導入されたものである。国家管理水域または地域管理水域に排水を排出しようとする者(一般家庭、企業など)は、すべてそれぞれの水域の管理者に対して賦課金を支払わなければならない。

　賦課金は、水域の水質改善の費用を賄うために導入されており、その費用の中で大きいものは、下水処理場の建設、運転管理である。国では、浚渫や工場における汚染防止対策への助成金など、水管理政策のより一般的な施策に使用している[24]。

　賦課金は、汚染単位数(Pollution Equivalent Loads)Pに基づき次式で算出する[24,27,28]。

　　　賦課金の金額＝汚染単位数P×汚染単位当たりの料率
・有機汚濁物質の汚染単位数
　　　$P = Q \times (COD + 4.57 N)/49.6$

ここで、Q：1年当たりの排水量(m^3/年)、COD：化学的酸素要求量(mg/L)、N：ケルダール窒素(mg/L)、49.6：1年当たりの標準有機汚濁物質量(kg/年)。

・重金属の汚染単位数

　　P = 1 年当たりの重金属排出量 /1 年当たりの標準重金属排出量

　　カドミウム、水銀、ヒ素：標準重金属排出量　　0.1 kg/ 年

　　クロム、銅、ニッケル、亜鉛、鉛：標準重金属排出量　　1 kg/ 年

実際の算出においては、すべての排出者の汚染単位数を測定することは不可能であるため、以下の3つのカテゴリーに分けている。

① 一般家庭と汚染単位数5以下の小企業：汚染単位数を3に固定。ただし、単身居住者の場合には汚染単位数1が適用される。

② 5〜1,000単位を排出する企業：雇用者数、生産量などから作成される係数表に基づく。ただし、係数表に異議がある場合は、各企業の費用負担により排水の水質・水量測定を行い、汚染単位数を決定する。

③ 1,000単位以上を排出する企業：排水の水質・水量測定を行い、汚染単位数を決定する。

汚染単位当たりの料率は、国または水管理委員会ごとに水管理に必要な費用を排出される総汚染単位数で割ることにより計算されるため、地域によって料率は異なっている。"OECD Environmental Performance Reviews：Netherlands 2003"によれば、2001年度における料率の実績値の平均は、以下のとおりである。

　　汚染単位当たりの料率（平均値）= 43.5811 ユーロ

賦課金の料率は、下水処理施設の建設・維持管理費の増加や総汚染単位数の減少により、導入以来上昇している。

オランダの排水賦課金制度は、水管理委員会の業務のうち水質管理のための費用を充当するために必要なものである。水管理委員会の運営に直接関与する者の中に、産業界や地域の代表などが入っており、費用負担の意思決定プロセスに賦課金支払義務を有する当事者が関与していることが、導入以来、効果的な運用が可能となっている理由の一つとして挙げられている。水質管理費用の総額を最終的に賦課金負担者に配分する際に尺度となるのは汚染単位数であることから、自身の費用配分を減額させようとするには、汚濁負荷量の排出削減努力を進め、汚染単位数を下げざるを得ない仕組みとなっている[24]。

6.3.2 地下水の水源管理

オランダにおける地下水の揚水規制は、全国で12ある州が権限と責任を有して

いる。州が、1981年に制定された地下水法（Grondwaterwet）に基づき、水道会社など、地下水揚水を行う事業者に対して地下水揚水許可証を発行してきた。

　2009年に施行された水法によって、前項で解説した排水許可証制度やこの地下水揚水許可証制度など、合計で6つの許可証制度は、統合的な水許可証に組み込まれている[11]。

参考文献

1) Vewin：ホームページ、
http://www.vewin.nl/english/Pages/default.aspx （2013年8月13日）
2) Vewin：Dutch Drinking Water Statistics 2008,
http://www.vewin.nl/english/Publications/Pages/default.aspx （2013年8月13日）
3) de Moel, P. J., Verberk, J. Q. J. C., and van Dijk, J. C.: Amsterdam water. In: Drinking Water: Principles and Practice（Ed. Tjan Kwang Wei）, ISBN 981-256-836-0, pp.41-88, World Scientific Publishing Co. Pte. Ltd., 2006.
4) Overheid.nl：Wet van 9 september 2004 tot wijziging van de Waterleidingwet（eigendom waterleidingbedrijven）（Wijzigingswet Waterleidingwet）,
http://wetten.overheid.nl/BWBR0017184/ （2013年8月13日）
5) St-AB.nl：Wet van 6 april 1957, houdende regelen met betrekking tot het toezicht op waterleidingbedrijven en totde organisatie van de openbare drinkwatervoorziening（Waterleidingwet）,
http://www.st-ab.nl/wetten/0348_Waterleidingwet.htm （2013年8月27日）
6) Overheid.nl：Wet van 18 juli 2009, houdende nieuwe bepalingen met betrekking tot de productie en distributie van drinkwater en de organisatie van de openbare drinkwatervoorziening（Drinkwaterwet）,
http://wetten.overheid.nl/BWBR0026338/ （2013年8月27日）
7) Vewin：Dutch water companies,
http://www.vewin.nl/english/Dutch%20water%20companies/Pages/default.aspx （2013年8月13日）
8) Vewin：Drinking water fact sheet 2010,
http://www.vewin.nl/english/Publications/Pages/default.aspx （2013年8月13日）
9) Government of the Netherlands：Water management,
http://www.government.nl/issues/water-management/water-quality/towards-better-water-quality （2013年8月13日）
10) Overheid.nl：Wet van 29 januari 2009, houdende regels met betrekking tot het beheer en gebruik van watersystemen（Waterwet）,
http://wetten.overheid.nl/BWBR0025458/ （2013年8月27日）
11) Helpdesk Water：The Water Act in brief,
http://www.helpdeskwater.nl/algemene-onderdelen/serviceblok/english/legislation/@21831/the-dutch-water-act/ （2013年8月13日）
12) Ministry of Transport, Public Works and Water Management：Water Act,
http://www.helpdeskwater.nl/algemene-onderdelen/serviceblok/english/legislation/@29167/dutch-water-

act/（2013 年 8 月 13 日）
13) Overheid.nl：Waterschapswet,
 http://wetten.overheid.nl/BWBR0005108/ （2013 年 8 月 27 日）
14) Maxius：Besluit van 7 juni 1960, houdende technische, hygiënische, geneeskundige en administratieve uitvoeringsmaatregelen van de Waterleidingwet（Waterleidingbesluit）,
 http://maxius.nl/waterleidingbesluit （2013 年 12 月 12 日）
15) Overheid.nl：Besluit van 9 januari 2001 tot wijziging van het Waterleidingbesluit in verband met de richtlijn betreffende de kwaliteit van voor menselijke consumptie bestemd water,
 https://zoek.officielebekendmakingen.nl/stb-2001-31.html （2013 年 8 月 13 日）
16) Overheid.nl：Besluit van 23 mei 2011, houdende bepalingen inzake de productie en distributie van drinkwater en de organisatie van de openbare drinkwatervoorziening（Drinkwaterbesluit）,
 http://wetten.overheid.nl/BWBR0030111/ （2013 年 12 月 12 日）
17) de Moel, P. J., Verberk, J. Q. J. C., and van Dijk, J. C.：Water quality. In: Drinking Water: Principles and Practice（Ed. Tjan Kwang Wei）, ISBN 981-256-836-0, pp.211-249, World Scientific Publishing Co. Pte. Ltd., 2006.
18) Overheid.nl：Beschikking van de Minister van Justitie van 27 september 2010 tot plaatsing in het Staatsblad van de tekst van het Besluit kwaliteit drinkwater BES, zoals gewijzigd bij het Aanpassingsbesluit openbare lichamen Bonaire, Sint Eustatius en Saba,
 https://zoek.officielebekendmakingen.nl/stb-2010-676.html （2013 年 12 月 12 日）
19) National Institute for Public Health and the Environment, Ministry of Health, Welfare and Sport：The quality of drinking water in the Netherlands in 2011,
 http://www.rivm.nl/en/Documents_and_publications/Scientific/Reports/2013/januari/The_quality_of_drinking_water_in_the_Netherlands_in_2011 （2013 年 8 月 27 日）
20) Smeets, P. W. M. H., Medema, G. J., and van Dijk, J. C.：The Dutch secret: how to provide safe drinking water without chlorine in the Netherlands. Drink. Water Eng. Sci., 2: 1-14, 2009,
 http://repository.tudelft.nl/view/ir/uuid%3A620befdf-83a2-4a00-907a-3af64cd3fe68/ （2013 年 8 月 13 日）
21) Hijnen, W. A. M., and Medema, G. J.：Preface. In: Elimination of micro-organisms by drinking water treatment processes: A review（Project manager: Senden, W. J. M. K.）Third edition, pp.4-5, Kiwa Water Research, 2007,
 http://www.researchgate.net/publication/27717251_Elimination_of_micro-organisms_by_water_treatment_processes__a_review （2013 年 8 月 13 日）
22) Petterson, S., Signor, R., Ashbolt, N., and Roser, D.：QMRA methodology, pp.9-21, MICRORISK, 2006,
 http://www.microrisk.com/uploads/microrisk_qmra_methodology.pdf （2013 年 8 月 13 日）
23) 伊藤禎彦：オランダにおける塩素を使用しない水道システムの管理. 水道協会雑誌, 79(10): 12-22, 2010.
24) 環境省：水質保全分野における経済的手法の活用に関する検討会報告書, 2004,
 http://www.env.go.jp/water/report/h16-02/ （2013 年 8 月 13 日）
25) Unie van Waterschappen: Vereniging,
 http://www.uvw.nl/vereniging.html （2014 年 4 月 17 日）
26) Unie van Waterschappen：Contactgegevens waterschappen,

http://www.uvw.nl/waterschappen.html （2014 年 4 月 17 日）
27) Bressers, H. Th. A., and Lulofs, K. R. D.：Chapter 2: Management of surface water in the Netherlands, In: Charges and other policy strategies in Dutch water quality management: pp.9-23, University of Twente, 2002, http://www.utwente.nl/mb/cstm/reports/ （2013 年 8 月 13 日）
28) Warmer, H., and van Dokkum, R.：Chapter 11: Charging system, In: Water pollution control in the Netherlands Policy and practice, pp.55-57, 2001, http://www.helpdeskwater.nl/algemene-onderdelen/serviceblok/english/water-quality/@1041/waterpollution/ （2013 年 8 月 13 日）

第7章
韓国における水道の水質管理と水源保全

　韓国では水道法を基本法として水道管理が行われているが、水道やその他の飲料水を含む水環境保全行政が環境部に一元化されており、水源保護に関する法整備や政策が行われている。特に1998年から制定された四大河川水管理総合対策は、汚濁総量管理制度や土地利用規制、水辺区域設定、水利用負担金制度に加え、規制対象流域の住民に対する経済的支援などの上流水源水質管理政策を円滑に実行するための仕組みを含み、流域単位で総合的水源管理施策が積極的に進められている。水道水質基準の他にウイルスや耐塩素性病原微生物の浄水処理基準が定められている点や、浄水場運営管理を評価する制度、水道水質情報を一般公開する制度など、水質管理に関する特徴的な取り組みが行われている。

韓国の基礎データ

　国名：大韓民国
　面積：10.0万 km^2
　人口：4,858.8万人（2012年）
　人口密度：486.4人/km^2（2012年）
　年降水量：ソウル 1,429.0 mm
　乳児死亡率：4.0‰（2010年）
　1人当たり国民総所得：19,890ドル
　通貨：韓国ウォン（KRW）（2014年4月現在、1KRW＝約0.098円）
出典（ただし、通貨を除く）：データブック　オブ・ザ・ワールド世界各国要覧と最新統計2013年版、二宮書店、2013

韓国の水道の基本情報

　基本法令：水道法（수도법）[1]）

水道事業体数：広域水道 1、地方水道 162、村落水道 7,915[2] (2012 年)
普及率：98.1%(村落水道、小規模給水施設を除く場合 95.1%)[2]
1 人 1 日当たり平均給水量：332 L[2] (2011 年)
水質基準：微生物 4 項目、健康影響がある無機物質 11 項目、健康影響がある有機物質 27 項目(揮発性物質 12 項目、農薬 5 項目、消毒副生成物 10 項目)、外観上問題のある物質 16 項目の計 58 項目について水質基準が設定されている[3]。また、ウイルス、ジアルジアシスト、クリプトスポリジウムオーシストについて浄水処理基準が設定されている[3]。
消毒に関する規制：水道事業者がとらなければならない衛生上の措置として、給水栓における残留塩素の保持が定められている[4]。

7.1 水道の概要

7.1.1 水道の成り立ちと水道の種類

　韓国の近代水道の始まりは、1908 年に竣工したソウルのトックド浄水場 (12,500 m³/日)とされ、当時は英国人による朝鮮(大韓)水道会社によって運営されていた。1910 年の日韓併合後は主要都市で水道が布設され、1923 年時点で計画を含む 30 の水道を朝鮮総督府が運営し、およそ 70 万人(当時の人口の 5.8%)に対して給水された[5]。大韓民国建国後は、内務部(現在の行政安全部)、建設交通部(現在は国土交通部、日本の国土交通省に相当)を経て、現在は環境部(日本の環境省に相当)によって全国の水道が管轄されている。

　韓国では水道(수도)は水道法(수도법)[1]で、「管路及びその他の工作物により、原水や浄水を供給する施設の総体」と定義され、大きく一般水道、工業用水道および専用水道に区分される。表-7.1 に水道法で示されている水および水道の定義について示した。一般水道は、事業の範囲や認可主体等によって、広域水道、地方水道、村落(마을)水道に分けられる。広域水道は、国、地方自治体、韓国水資源公社(한국수자원공사、K-water)または国土交通部長官が認めるものが複数の地方自治体に原水や浄水を供給する水道で、設置範囲は大統領令で定められる。地方水道は、地方自治体が管轄地域の住民や近隣の自治体またはその住民に原水や浄水を提供する水道とされる。村落水道とは、地方自治体が 100 人以上、2,500 人以下の給水人口に対して浄水を供給し、1 日当たり給水量が 20 m³ 以上、500 m³ 未満である水道、

7.1 水道の概要

またはこれに類した規模の水道として特別市長・広域市長・特別自治市長・特別自治道知事・市長・郡長(広域市の郡長は除く)が指定する水道をいう。一般水道の他に、住民が共同で設置して管理する給水人口100人未満または1日当たり20 m³未満の給水施設のうち、市長、郡守、区庁長が指定する給水施設が小規模給水施設と水道法で定義している。

表-7.1　水道法に示されている水の分類と水道の定義[5)]

水の種類	定義
原水	飲用・工業用などに提供される自然状態の水。ただし、農漁村整備法の規定よる農漁村用水を除く。
上水源	飲用・工業用などに提供するために取水施設を設置した地域の河川・湖沼・地下水など。
広域水源	複数の地方自治体に供給される上水源。
浄水	原水を飲用・工業用などの用途に適する水として処理した水。

水道の種類		定義
水道		導管およびその他の工作物により、水を人の飲用に適する水として供給する施設の総体。一般水道、工業用水道および専用水道に区分される。臨時に設置された施設と農漁村整備法の規定による農業生産基盤施設を除く。
一般水道		広域水道、地方水道および村落水道を示す。
	広域水道	国、地方自治体、韓国水資源機構、または国土海洋部長官が認めるものが、2以上の地方自治体に原水または浄水を供給する一般水道。国や地方自治体が設置できる広域水道の範囲は大統領令で定められる。
	地方水道	地方自治体が管轄地域住民および隣近地方自治体の住民に原水または浄水を供給する一般水道で、広域水道と村落水道以外の水道。
	村落水道 (マウル水道)	給水人口が100人以上2,500人以下の住民に浄水を供給する水道として、1日の給水量が20 m³以上500 m³未満の水道、またはこれと同規模の水道として、市長・郡守・区庁長が指定する水道をいう。
工業用水道		工業用水道事業者が原水または浄水を工業用に適する水として供給する水道。
専用水道		専用上水道と専用工業用水道。
	専用水道	100人以上を収容する寮、社宅、療養所その他の施設で使われる自家用の水道と、100人以上500人以下の給水人口(学校・教会等の流動人口を含める)に対して浄水を供給する水道。ただし、その水道施設の規模が大統領令の定める基準以下のものを除く。
	専用工業用水道	水道水以外の水道として原水または浄水を工業用に適する水として処理して使用する水道をいう。ただし、他の水道で供給されている水源で、その水道施設の規模が大統領令で定める基準以下のものを除く。
小規模給水施設		住民が共同で設置して管理する給水人口100人未満または1日給水量20 m³未満の給水施設で、市長、郡守、区庁長が指定する給水施設。

7.1.2 水道の現状

2012年度末の水道の状況を**表-7.2**に示す。水道に係る統計情報は、毎年環境部により発刊される水道統計(년상수도통계)[2])に示されており、この水道統計は、環境部ホームページ(http://www.me.go.kr)上で一般に向けて公開されている。

a. 水道の普及状況[2]　2012年12月末現在、162の地方水道事業(特・広域市7、特別自治市1、特別自治道1、市73、郡80)と1つの広域水道事業者が、全人口の98.1％にあたる5,090.5万人に水道水を供給している。また、村落水道は7,915、小規模給水施設は10,468、専用水道は669ある。専用工業用水道を除く1人1日当たりの給水量は332 L である。2004年以降、節水器の普及と中水道の再利用などとともに、有収率向上のための事業推進による漏水量の減少で、給水量が減少傾向にあるとされる[6]。

水道普及率は2012年12月末で98.1％、村落水道や小規模給水施設を除く場合は95.1％である。地区別の水道普及率は、ソウル特別市、釜山広域市を含む7つの特

表-7.2　韓国の水道の状況[2012年12月末現在、文献2)より抜粋]

給水人口	50,905	千人
総人口	51,881	千人
普及率	98.1	％
(村落水道、小規模給水施設を除く場合)	95.1	％
1人1日当たり平均給水量	332	L
浄水場施設能力(工業用水分含む)	29,959	千m^3/日
総給水量	602	百万m^3/年
有収率	84	％
漏水率	10.4	％
管路総延長　導水管	3,331	km
送水管	10,782	km
配水管	95,692	km
給水管	69,355	km
総括原価	814.7	ウォン/m^3
平均水道料金	649.1	ウォン/m^3
原価回収率(販売/原価)	79.7	％
従業員数	13,970	人
浄水場数	518	箇所
取水場数	590	箇所

別市・広域市では 99.9%、市地域で 99.1%、町地域で 95.5%、村単位の農漁村地域で 87.8% となっている。給水人口 5,090.5 万人の内訳は、地方水道 3,887.7 万人 (76.4%)、広域水道が 1,047.7 万人 (20.6%) である。これらの水道がない地域では、村落水道や小規模給水施設などが利用され、村落水道は 103.9 万人 (2.0%)、小規模給水施設は 51.2 万人 (1.0%) となっている。

b. 水源、浄水方式および水道管の状況[2)]　図-7.1 に水源別取水量を示す。2012 年 12 月末現在、取水施設能力は全体で 3,707.7 万 m^3/日、年間取水量は 71 億 7,600 万 m^3 で、年間取水量のうち河川表流水 (45.6%) とダム (46.1%) で 9 割以上である。河川伏流水は 6.2%、地下水 1.4%、その他貯水池が 0.8% である。工業用水用を除く浄水施設能力は全体で 2,764.8 万 m^3/日で、うち地方水道は 73.1%、広域水道は 26.9% である。規模別で見ると、地方水道、広域水道の全 518 の浄水場のうち、施設能力が 2,000 m^3/日以下が 172 箇所 (33.2%)、2,000〜5,000 m^3/日が 101 箇所 (19.5%)、2 万〜5 万 m^3/日が 53 箇所 (10.2%) となる。

図-7.2 に処理方式別の施設能力を示す。浄水処理方式別では、急速ろ過方式が 2,128.6 万 m^3/日 (77.0%) と最も多く、次いで高度浄水処理方式を備えるものが 536.6 万 m^3/日 (19.4%)、緩速ろ過方式が 56.9 万 m^3/日 (2.1%)、消毒のみが 33.1 万 m^3/日 (1.2%)、膜ろ過方式が 9.6 万 m^3/日 (0.3%) となっている。

水道管の総延長は 17 万 9,160 km で、導水、送水、配水、給水でそれ

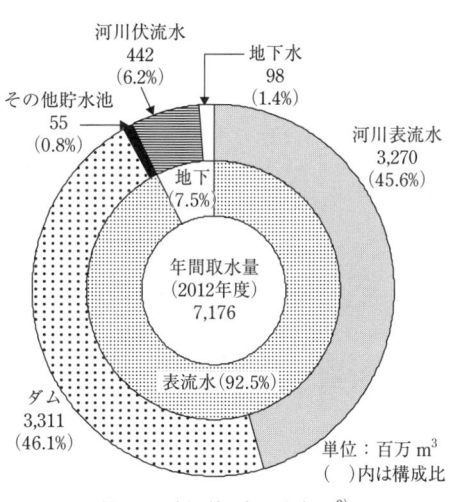

図-7.1　水源種別年間取水量[2)]

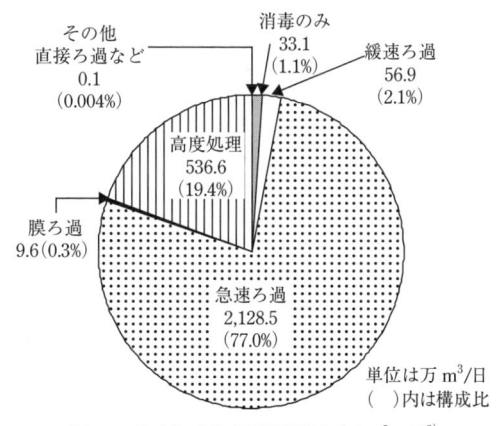

図-7.2　浄水処理方式別施設能力 (万 m^3/日)[2)]

ぞれ総延長の 1.9、6.0、53.4、38.7％である。管種別では、ダクタイル鋳鉄管 25.3％、PE 管 17.0％、PVC 管 15.8％、ステンレス管 12.7％、鋳鉄管 7.3％が使用されている。布設後 21 年以上経過した管は総延長の 23.4％で、11 ～ 20 年 30.2％、6 ～ 10 年 17.9％、5 年以内は 28.5％である。2012 年において水道管の新設率、更新率、改善率はそれぞれ 4.7、0.9、0.6％であった。

c. 水使用量および水道料金の状況[2]　　2012 年に生産・供給された水道水総量は 60 億 2,900 万 m^3 で、漏水量などを除外した実有効水量は 51 億 7,300 万 m^3、水道料金が賦課される量、すなわち有収水量は 49 億 2,000 万 m^3 で、有収率は 83.2％であった。水道水の使用用途は、2012 年有収水量ベースで、家庭用が 63.8％と最も多く、次いで営業用 22.1％、業務用 5.5％、工業用 2.3％、銭湯用 1.7％、その他 0.5％の順で、1 人当たりの水使用量は 278 L／日である。

2012 年の全国の平均水道料金は 649.1 ウォン／m^3 で、これは平均生産コスト 814.7 ウォン／m^3 の 79.7％になる。各自治体において料金が設定されており、例えばソウル特別市では 564.6 ウォン／m^3 である。最も水道料金が高い自治体で 1,383.5 ウォン／m^3、最低は 336.5 ウォン／m^3 である。

7.2 水道水質管理の制度と動向

7.2.1 水道に関する法制度と管轄

a. 水道法および関連法令　　表-7.3 に水道水質管理に関係する法令[1, 4, 7～28]をまとめた。

韓国では、水道の設置・管理に関する事項を規定するための法律は水道法で、1961 年 12 月 31 日法律第 939 号として制定されている。水道は保健衛生部局ではなく環境部局の管轄となっており、水道法は環境部の所管である。水道に関する総合的な計画を樹立し、水道を適正で合理的に設置・管理することで公衆衛生の向上と生活環境の改善に尽くすことを目的としている。水道法では、一般水道事業、工業用水道事業、専用水道事業の他、韓国上下水道協会について規定があり、水道事業推進のための土地等の収用・使用の規定、事業者への環境部長官の指揮監督の規定、違反時の罰則の規定が含まれている。また、村落水道の衛生管理のための国及び地方自治体の役割や、地元住民が設置・使用している小規模給水施設の水質検査を自治体の長が実施することや、管理実態を環境部に毎年報告することなど、小規

模給水施設の管理についても示されている。その他、水源保護区域の指定と水源保護区域外地域における工場設立の制限、水源保護区域の管理と計画、水源保護区域内の住民支援事業や財源、費用負担など、水源保護に関する規定が明示され、水道用資機材・製品の認証、建築主への節水設備の設置など、水質管理に関連する事項が含まれている。

水道法で規定された項目の詳細や細則などは大統領令である水道法施行令(수도법시행령)[7]に定められ、水源保護区域での禁止行為の規定、水道水質基準を含む衛生安全基準、情報公開すべき水質基準違反の内容などが示されている。また、環境部令の水道法施行規則[4]には、水道法および水道法施行令の実施に必要な事項を規定する内容が示されており、ウイルス、クリプトスポリジウムオーシスト、ジアルジアシストの除去率を含む浄水処理基準や、給水栓における残留塩素濃度などが示されている。環境部令の水源管理規則(상수원관리규칙)[8]には、水道法で示されている水源保護区域の指定や管理、原水の水質検査について詳細が定められている。

近年、適正な水質管理のための様々な制度の導入に伴って水道法は改正されている。2006年には、水道水質検査結果の公表、水道評価委員会の設置の義務付けと権限の強化、水道事業者による給水装置の点検などが導入され、水道事業への民間資本の導入、水道施設運転の外部委託、水道施設の買収が可能となった[29]。2010年には、水源保護区域外の上流地域等での工場設立の制限、資機材の衛生安全基準適合認証制度の推進に係る制度などが導入されている[3]。

b. **水道法以外の法制度**　　水道水質管理に関する法律として、環境部所管の飲料水管理法(먹는물관리법)[10]がある。これは水道水を含む飲用に供する水の水質管理を目的としたもので1995年に制定された。法で定められた事項や詳細は飲料水管理法施行令、飲料水管理法施行規則、飲料水の水質基準及び検査等に関する規則[11]で規定される。水道水の管理は基本的に水道法によるが、水道水の水質基準および水質検査回数、関連従事者の健康診断などに関する事項は、この飲料水水質基準及び検査等に関する規則による。

図-7.3に水道水を含む飲料水および水道の種類と関連法をまとめたものを示す。飲料水管理のための主要な法律は、環境部管轄の水道法および飲料水管理法、海洋水産部管轄の海洋深層水の開発及び管理に関する法律(해양심층수의개발및관리에관한법률)がある。飲料水とは日常的に飲用する自然水、自然水を飲用として適切に処理して得られた水道水、飲用海洋深層水、飲用湧水、飲用塩地下水などで、前述のとおり、これらの飲用に供する水の水質と衛生管理は基本的に飲料水管理法に

表-7.3 韓国の水道水質管理

法令の名称	
正式名称	和　訳
수도법	水道法
수도법 시행령	水道法施行令
수도법 시행규칙	水道法施行規則
상수원관리규칙	水源管理規則
수도용 자재와 제품의 위생안전기준 인증 등에 관한 규칙	水道用資機材と製品の衛生安全基準認証等に関する規則
먹는물관리법	飲料水管理法
먹는물 수질기준 및 검사 등에 관한 규칙	飲料水の水質基準及び検査等に関する規則
한강수계 상수원수질개선 및 주민지원 등에 관한 법률	漢江水系の水源水質改善及び住民支援等に関する法律
한강수계 상수원수질개선 및 주민지원 등에 관한 법률 시행령	漢江水系の水源水質改善及び住民支援等に関する法律施行令
한강수계관리위원회규정	漢江水系管理委員会規則
한강수계 상수원수질개선 및 주민지원 등에 관한 법률 시행규칙	漢江水系の水源水質改善及び住民支援等に関する法律施行規則
낙동강수계 물관리 및 주민지원 등에 관한 법률	洛東江水系の水管理と住民支援等に関する法律

に関係する主な法令

概　　要	文献
水道に関する基本法。水道の定義、水道整備基本計画、全国水道総合計画、水道水源の保護のための水源保護区域制度と住民支援事業計画、水道用資機材・製品の認証、水道の許認可、水道施設の運営管理業務委託、浄水施設運営管理士制度、水道水質基準、浄水処理基準、工業用水道事業、専用水道、韓国上下水道協会、土地の収用等が示されている。	1)
水道法で委任された事項とその施行に必要な事項の規定。水道整備基本計画の詳細、水源保護区域の指定および禁止行為、住民支援事業計画の策定手続き、衛生安全基準、施設基準、水道施設の管理者、水質基準違反時の住民への情報開示基準、権限の委任委託、流域環境庁の管轄区域等が示されている。	7)
水道法および水道法施行令で委任された事項とその施行に必要な事項の規定。水道施設基準の詳細、貯水槽の設置基準、住民への情報公開の内容と手続き、ウイルス、ジアルジアシスト等の除去率等浄水処理基準、残留塩素の保持等水道事業者のとらなければならない衛生上の措置、給水管の状態の確認と対応、給水停止時の手続き等が示されている。	4)
水源保護区域の指定・管理や原水水質検査等につき、水道法および水道法施行令で委任された事項とその施行に必要な事項の規定。水源保護区域の指定、行為の許可手続きと申請方法、水源保護区域の管理方法、原水水質検査基準等が示されている。	8)
水道法等に基づき、認証を受けなければならない水道用資機材と製品の範囲、認証方法、検査機関の指定等が規定されている。	9)
湧水や地下水などを含む飲料水の水質と衛生を合理的に管理して、国民の健康を増進することを目的とした法律。水道は基本的に水道法が適用されるが、水質基準についてはこの法が適用される。	10)
飲料水管理法と水道法に基づく水質基準と検査回数、従事者の健康診断等を規定したもの。水道水を含む飲料水の水質基準や、水質検査実施回数、検査結果の報告方法が示されている。	11)
漢江水系における水管理対策の根拠法。水辺区域制度と土地買収、汚濁総量管理制度、住民支援事業の実施、水利用負担金制度、水系管理基金の設置と管理運用、水系管理委員会等、流域管理のための基本的な制度を規定している。	12)
漢江水系の水源水質改善及び住民支援等に関する法律で委任された事項と、その遂行に必要な事項が規定されている。水辺区域管理基本計画の策定手順と策定時期、土地買収手続き、目標水質の設定、住民支援事業の内容、水利用負担金の徴収方法、基金の用途と運用等が示されている。	13)
漢江水系管理委員会の組織及び運営等に関する事項を規定している。	14)
漢江水系の水源水質改善及び住民支援等に関する法律、および同法施行令で委任された事項とその遂行に必要な事項が規定されている。汚濁負荷量の割り当て等が示されている。	15)
洛東江水系における水管理対策の根拠法。水辺区域制度と土地買収、汚濁総量管理制度、住民支援事業の実施、水利用負担金制度、水系管理基金の設置と管理運用、水系管理委員会等、流域管理のための基本的な制度を規定している。	16)

낙동강수계 물관리 및 주민지원 등에 관한 법률 시행령	洛東江水系の水管理と住民支援等に関する法律施行令
낙동강수계관리위원회규정	洛東江水系管理委員会規則
낙동강수계 물관리 및 주민지원 등에 관한 법률 시행규칙	洛東江水系の水管理と住民支援等に関する法律施行規則
금강수계 물관리 및 주민지원 등에 관한 법률	錦江水系の水管理と住民支援等に関する法律
금강수계 물관리 및 주민지원 등에 관한 법률 시행령	錦江水系の水管理と住民支援等に関する法律施行令
금강수계 물관리 및 주민지원 등에 관한 법률 시행규칙	錦江水系の水管理と住民支援等に関する法律施行規則
금강수계관리위원회규정	錦江水系管理委員会規則
영산강・섬진강수계 물관리 및 주민지원 등에 관한 법률	栄山江・蟾津江水系の水管理と住民支援等に関する法律
영산강・섬진강수계 물관리 및 주민지원 등에 관한 법률 시행령	栄山江・蟾津江水系の水管理と住民支援等に関する法律施行令
영산강・섬진강수계 물관리 및 주민지원 등에 관한 법률 시행규칙	栄山江・蟾津江水系の水管理と住民支援等に関する法律施行規則
영산강・섬진강수계관리위원회규정	栄山江・蟾津江水系管理委員会規則
수질 및 수생태계 보전에 관한 법률	水質および水生態系の保全に関する法律

洛東江水系の水源水質改善及び住民支援等に関する法律で委任された事項と、その遂行に必要な事項が規定されている。水辺区域管理基本計画の策定手順と策定時期、土地買収手続き、目標水質の設定、住民支援事業の内容、水利用負担金の徴収方法、基金の用途と運用等が示されている。	17)
洛東江水系管理委員会の組織及び運営等に関する事項を規定している。	18)
洛東江水系の水源水質改善及び住民支援等に関する法律、および同法施行令で委任された事項とその遂行に必要な事項が規定されている。汚濁負荷量の割り当て等が示されている。	19)
錦江水系における水管理対策の根拠法。水辺区域制度と土地買収、汚濁総量管理制度、住民支援事業の実施、水利用負担金制度、水系管理基金の設置と管理運用、水系管理委員会等、流域管理のための基本的な制度を規定している。	20)
錦江水系の水源水質改善及び住民支援等に関する法律で委任された事項と、その遂行に必要な事項が規定されている。水辺区域管理基本計画の策定手順と策定時期、土地買収手続き、目標水質の設定、住民支援事業の内容、水利用負担金の徴収方法、基金の用途と運用等が示されている。	21)
錦江水系管理委員会の組織及び運営等に関する事項を規定している。	22)
錦江水系の水源水質改善及び住民支援等に関する法律、および同法施行令で委任された事項とその遂行に必要な事項が規定されている。汚濁負荷量の割り当て等が示されている。	23)
栄山江・蟾津江水系における水管理対策の根拠法。水辺区域制度と土地買収、汚濁総量管理制度、住民支援事業の実施、水利用負担金制度、水系管理基金の設置と管理運用、水系管理委員会等、流域管理のための基本的な制度を規定している。	24)
栄山江・蟾津江水系の水源水質改善及び住民支援等に関する法律で委任された事項と、その遂行に必要な事項が規定されている。水辺区域管理基本計画の策定手順と策定時期、土地買収手続き、目標水質の設定、住民支援事業の内容、水利用負担金の徴収方法、基金の用途と運用等が示されている。	25)
栄山江・蟾津江水系管理委員会の組織及び運営等に関する事項を規定している。	26)
栄山江・蟾津江水系の水源水質改善及び住民支援等に関する法律、および同法施行令で委任された事項とその遂行に必要な事項が規定されている。汚濁負荷量の割り当て等が示されている。	27)
四大河川水系法対象外の水域における汚濁総量管理制度、排水施設の許可制、廃水排出許容基準および排出賦課金制度などの産業廃棄物の排出規制制度、ノンポイント汚濁源の管理等が示されている。	28)

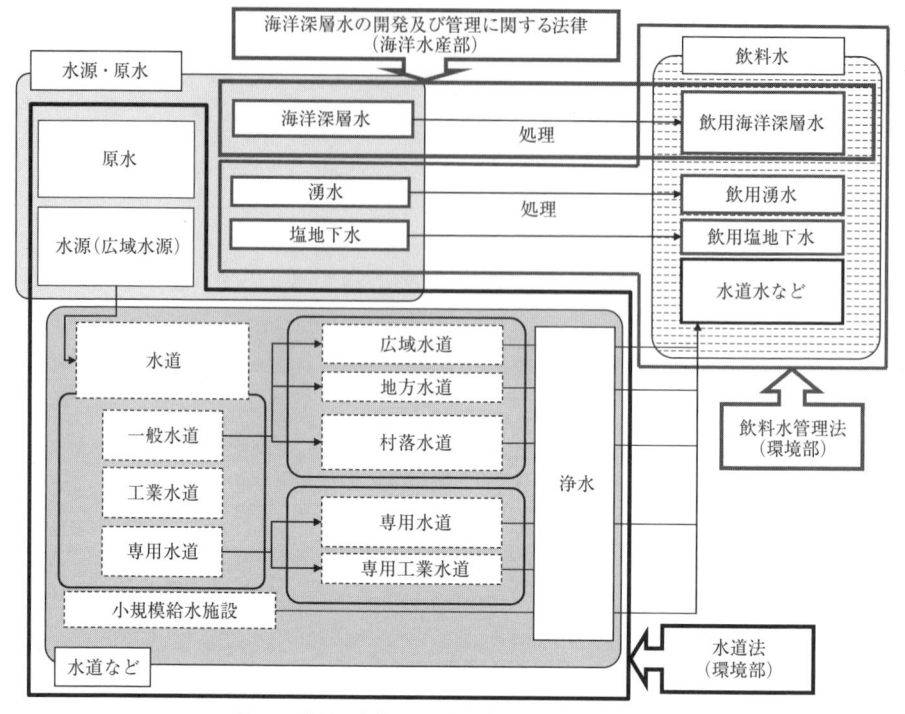

図-7.3 韓国の水道および飲料水などの種類と関連法

おいて規定されている。飲料水水質基準は人体への影響を考慮し設定され、飲料水の水質基準を超過した場合でも短期間で健康上の影響を与えるものではない[3]。飲料水管理法は、水道水はもとよりそれ以外の水についても、それらを飲料水として利用するために合理的な水質管理および衛生管理を図ることにより、飲料水による国民健康上の危害を防止して環境衛生の向上に貢献する目的で1995年に制定され、すべての国民が良質の飲料水の供給を受けることができるよう国および地方自治体が合理的施策を準備するとともに、飲料水関連事業者に対し適正な指導および管理をすることなどが定められた。

また、韓国では、水源の管理を流域単位で実施してきており、国内を大きく漢江(한강)水系、洛東江(낙동강)水系、錦江(금강)水系、栄山江(영산강)・蟾津江(섬진강)水系の4つの流域に分割し、上流水源域の水質改善を目的とした水源水質改善および住民支援などに関する法律や規則がそれぞれの流域に個別に定められている[12~27]。詳細は後述するが、これらの法では主に水質汚濁総量管理制度、水辺区

域指定制度、水利用負担金の徴収と運用の制度が規定されており、水道水源保全を一つの主要な目的と位置付けて流域単位での水質改善対策を推進している。

c. 水道の管理　　韓国の水道事業は、原則として地方自治体および国（韓国水資源公社に委託）によって経営されている。水道の認可主体は規模によって異なり、広域水道（浄水施設を除く）は国土交通部長官、地方水道は環境部長官（施設能力が日量 1 万 m^3 以下の場合は管轄自治体の長）、村落水道は地方自治体の長がそれぞれ認可を行う[1]。広域水道の浄水施設は、環境部長官の認可を得なければならないが、国土交通部長官が環境部長官と協議し認可すれば、浄水施設の設置・運営に関する環境部長官の認可を得たものとみなされる。また、一般水道および工業用水道を適正かつ合理的に布設・管理するため、国土交通部長官および市長・郡守は、10 年ごとに水道整備に関する総合的な基本計画（水道整備基本計画）を作成・実施し、環境部長官は、水道整備基本計画をもとに全国水道総合計画を 10 年ごとに作成することが水道法で定められている。

7.2.2 水道水質基準および浄水処理基準

a. 水道水質基準と最近の経緯　　水道水が有すべき水質要件は水道法に規定され、水道を通じて飲用を目的に供給される水は、病原微生物に汚染されたか汚染される恐れが示唆される物質、健康に有害な影響を与える無機物質または有機物質、外観などに影響を及ぼす物質、その他健康に有害な影響を与える可能性のある物質のいずれかに該当する物質を含んではならないとされている。この規定による水質基準に関して必要な事項は、環境部令の飲料水の水質基準及び検査等に関する規則に定められ、飲料水の 1 つとして水道水の水質基準が具体的に示されている[11]。

経済産業の発展に伴い、水源水中に存在しうる微量有害物質の種類は増加し、あるいはそれらの濃度が上昇するおそれがあるため、水道水質基準項目は増加傾向にある。水道水質基準は 2002 年に大きく改訂され、微生物に関する項目、消毒副生成物に関する項目などがいくつか新設され、それまでの 47 項目に 8 項目が追加されて全 55 項目となった。その後、2009 年 1 月に消毒副生成物のブロモジクロロメタン（0.03 mg/L 以下）、ジブロモクロロメタン（0.1 mg/L 以下）が、2011 年 1 月に 1,4-ジオキサンが基準に加わった[30]。2013 年 12 月現在、水質基準項目は全 58 項目である（**表-7.4**）。また、2014 年からホルムアルデヒドの基準が新設されることとなっている[30]。

表-7.4 韓国における水道水質基準および浄水処理基準 [11]

分類	項目	基準	備考
微生物	大腸菌群	不検出/100 mL	
	大腸菌	不検出/100 mL	2002年新設。湧水、飲料水、飲用海洋深層水には適用しない。
	糞便性大腸菌群	不検出/100 mL	2002年新設。湧水、飲料水、飲用海洋深層水には適用しない。
	一般細菌	100 cfu/ml 以下	
有害影響無機物質	アンモニア態窒素	0.5 mg/L	
	ヒ素	0.01 mg/L	
	ホウ素	0.1 mg/L	
	カドミニウム	0.005 mg/L	
	クロム	0.05 mg/L	
	シアン	0.01 mg/L	
	フッ素	1.5 mg/L	湧水、飲料水は2.0。
	水銀	0.001 mg/L	
	鉛	0.01 mg/L	
	セレン	0.01 mg/L	
	硝酸態窒素	10 mg/L	
農薬	カルバリル	0.07 mg/L	
	1,2-ジブロモ-3-クロロプロパン	0.003 mg/L	2002年新設。
	ダイアジノン	0.02 mg/L	
	フェニトロチオン	0.04 mg/L	
	パラチオン	0.06 mg/L	
消毒副生成物	ブロモジクロロメタン	0.03 mg/L	2009年新設。
	抱水クロラール	0.03 mg/L	2002年新設。
	遊離塩素	4.0 mg/L	2002年新設。
	クロロホルム	0.08 mg/L	
	ジクロロアセトニトリル	0.09 mg/L	2002年新設。
	トリクロロアセトニトリル	0.004 mg/L	2002年新設。
	ジブロモアセトニトリル	0.1 mg/L	2002年新設。
	ジブロモクロロメタン	0.1 mg/L	2009年新設。
	ハロ酢酸	0.1 mg/L	2002年新設。
	総トリハロメタン	0.1 mg/L	2002年新設。
有害影響有機物質	ベンゼン	0.01 mg/L	
	四塩化炭素	0.002 mg/L	
	1,1-ジクロロエチレン	0.03 mg/L	

有害影響 有機物質	1,4-ジオキサン	0.05 mg/L	2011年新設。
	エチルベンゼン	0.3 mg/L	
	フェノール	0.005 mg/L	
	ジクロロメタン	0.02 mg/L	
	1,1,1-トリクロロエタン	0.1 mg/L	
	トリクロロエチレン(TEC)	0.03 mg/L	
	テトラクロロエチレン	0.01 mg/L	
	トルエン	0.7 mg/L	
	キシレン	0.5 mg/L	
外観等 影響物質	アルミニウム	0.2 mg/L	
	塩素イオン	250 mg/L	
	色度	5度	
	銅	1 mg/L	
	鉄	0.3 mg/L	
	臭気	なし	
	味	なし	
	マンガン	0.3 mg/L	
	pH	5.8〜8.5	
	過マンガン酸カリウム消費量	10 mg/L	
	蒸発残留物	500 mg/L	
	硫酸イオン	200 mg/L	
	硬度	300 mg/L	
	濁度	0.5 NTU	
	ABS	0.5mg/L	
	亜鉛	3 mg/L	
浄水 処理基準	ウイルス	99.99%除去	2002年新設。
	ジアルジアシスト	99.9%除去	2004年新設。
	クリプトスポリジウムオーシスト	99%除去	2012年新設。

b. 浄水処理基準の設定 水道水には、濃度基準以外に処理技術基準が設定されており、病原微生物汚染に対する安全性確保に積極的な対応が取られている。2002年にウイルスにつき99.99%以上の浄水場での除去または不活化が、また2004年にジアルジアシストにつき99.9%以上の除去または不活化が、水道法施行規則において浄水処理基準として定められた。さらに2012年5月に水道法施行規則が改正され、広域水道および地方水道では取水地点から浄水場出口までにおいて、前述のウイルスおよびジアルジアシストに対する処理基準に加えてクリプトスポリジウムオーシ

ストを99%除去または不活化することが現在求められている[4]。

c. **水質監視項目の設定**　全国的に飲料水からの検出レベルが非常に低く、現時点では飲料水の水質基準で管理する必要はないが、飲料水の安全性を確保するため体系的かつ組織的に検出状態などを監視する水質監視項目が設定されている。水道水中の微量有害物質の汚染実態調査結果や、国内外で問題が提起されている物質などを検討し、基準に設定する必要があると認められる物質の中から監視項目が選定される[3]。監視項目に選定されると、都市水道の浄水場を中心に、定期的(四半期に1回以上)に一定期間の水質検査が実施され、その検査結果をもとに検出頻度やリスク、外国の管理実態などを総合的に考慮して、飲料水水質基準に設定するかどうかを決定することとなる。具体的には、国立環境科学院長が国内外の状況を検討し、継続的に監視する必要があると認められる物質について環境部長官に監視項目の指定を要請する手続きとなっている。1989年から2010年までの年次別計画に基づいて、全国の主要水道水について、世界保健機関(WHO)の飲料水水質ガイドラインやアメリカ合衆国環境保護庁(USEPA)の水質基準または調査段階にある微量有害物質のうち526種を選定して微量有害物質汚染実態調査が実施され、毎年全国40浄水場(水源地点12箇所を含む)での水道水中微量有害物質汚染実態調査とともに四大河川水系の原水を対象とした140以上の項目について継続的調査が実施され、それらの結果を元に監視項目として指定または水道水質基準が強化された[3]。近年、韓国では臭気問題が深刻化しており、2009年に臭気物質であるジオスミンおよび2-MIBが監視項目に加わった。また、2010年11月には、病原微生物(ノロウィルス)と臭素酸など3種の消毒副生成物が新たに水質監視項目として指定された[30]。2013年には藻類毒素であるミクロキスチン-LRが監視項目に加わった。**表-7.5** に水道水の水質監視項目および検査頻度等を整理したものを示す。2013年現在、水道水の水質監視項目として27項目が設定されている[31]。

d. **残留塩素に関する規定**　水道法施行規則において、一般水道事業者が行わなければならない衛生上の措置として、施設を汚染から防止する措置とともに、給水栓における残留塩素の保持の規定が定められている。水道法施行規則において、「給水栓における飲料水の遊離残留塩素濃度が常に0.1 mg/L(結合残留塩素の場合は0.4 mg/L)以上になるようにする。ただし、病原微生物によって汚染されたか汚染される恐れがある場合は、遊離残留塩素が0.4 mg/L(結合残留塩素の場合は1.8 mg/L)以上になるようにする」と規定されている[4]。また、飲料水の水質基準及び検査等に関する規則において、残留塩素の濃度は4 mg/Lを超えないようにすると規定

表-7.5　韓国における水道水質監視項目 [31]

分類	項目	基準	検査頻度		
			1回/月	1回/3月	1回/年
微生物	ノロウイルス	N.D.			○
有害影響無機物質	アンチモン	0.02 mg/L			○
	過塩素酸	0.015 mg/L		○	
農薬	ペンタクロロフェノール	0.009 mg/L			○
	2,4-ジクロロフェノキシ酢酸	0.03 mg/L			○
	アラクロール	0.02 mg/L			○
消毒副生成物	臭素酸	0.01 mg/L		○	
	塩素酸	0.7 mg/L		○	
	二臭化エチレン(EDB)	0.4 mg/L			○
	ブロモクロロアセトニトリル	(未設定)		○	
	モノブロモ酢酸	0.06 mg/L		○	
	クロロ酢酸	0.06 mg/L		○	
	ホルムアルデヒド	0.5 mg/L	○		
有害影響有機物質	塩化ビニル	0.002 mg/L			○
	スチレン	0.02 mg/L			○
	塩化エチル	(未設定)		○	
	ブロモホルム	0.1 mg/L		○	
	クロロフェノール	0.2 mg/L			○
	2,4-ジクロロフェノール	0.15 mg/L			○
	2,4,6-トリクロロフェノール	0.015 mg/L			○
	DEHP	0.08 mg/L			○
	DEHA	0.4 mg/L			○
	ベンゾ[a]ピレン	0.0007 mg/L			○
	ミクロキスチン-LR	0.001 mg/L	1回/週〜3回/週		
外観等影響物質	ジェオスミン	0.00002 mg/L	○		
	2-メチルイソボルネオール	0.00002 mg/L	○		
	腐食性(ランゲリア指数)	(未設定)		○	

(2013年時点)

されている[11]。

7.2.3 水質検査および情報公開

a. 水質検査と検査結果の公表 水道法によれば、一般水道事業者は、原水および浄水が水質基準に適合しているか把握するために水質検査を実施しなければならない。また、一般事業者は原水および浄水において病原微生物の分布実態調査を実施し、環境部に報告しなければならない。基本的に施設能力が 5,000 m^3/日以上の浄水場において、ウイルス、クリプトスポリジウムオーシストおよびジアルジアシストの汚染状況を把握することとなっている。

正確な水道水質情報の公開は、水道水への不信の解消と国民の知る権利の確保の点で重要であり、2007 年の水道法改正により、水道事業者は、毎年水道水質報告書を発行して管轄給水区域の中で水道水を受水する者に提示し情報提供することが義務付けられている[3]。

2013 年末現在、全国の浄水場における水質検査結果等に関する情報は、全国水道情報システム (국가상수도정보시스템)[31] として、環境部がインターネット上で公開しており、水道水質基準検査の結果だけでなく、水源や汚染の情報、浄水場や水質関連部署の電話番号など、水道に関わる情報を住民が得やすいように情報整備が進んでいる。具体的には、各浄水場の原水および浄水の四半期ごとの水質検査結果や、過去の検査結果、官民合同水質調査結果 (2011 年度まで)、水道の基本統計、浄水場の情報、関連法令などが閲覧可能となっている。

b. 水質基準超過時の対応 浄水の水質基準超過が確認された場合の情報公示が水道法に定められており、一般水道事業者は、水道水が水質基準超過した場合や、水道法施行令で定める水道水による健康危機事象が判明した場合、その内容等を給水区域内住民に知らせ、水質改善に必要な措置を講じなければならない[1]。水質基準超過の場合は判明した時点から 3 日以内に、水道法施行令で定める毒劇物流入が明確と判断される場合、浄水場流出部で糞便性大腸菌群が検出された場合、1 NTU 以上の濁度が 24 時間以上継続した場合、浄水場流出部において残留塩素濃度 0.1 mg/L (結合塩素の場合は 0.4 mg/L) 未満の状態が 1 時間以上継続した等の場合においては判明した時点から 24 時間以内に、対象区域内の住民に通知しなければならない。

7.2.4 水道施設および資機材などの基準

施設および資機材の基準は水道法に明記されている。水道法において、一般水道事業者は、水道施設を設置する時は地震に対する安全性を考慮しなければならず、また、原水の質と量、地理的条件、水道の種類および施設規模に応じて水道法施行令が定める基準に適応する水道施設を備えなければならないとされている。具体的な施設基準(要件)が、取水施設、貯水施設、導水施設および送水施設、浄水施設、配水施設、機械・電気計測制御機器のそれぞれについて水道法施行規則に定められている。

水道の資機材や製品に関して、水道法で示されているように、一般水道または専用水道を設置しようとするものは、水道法施行令で定められる基準に適合する水道用資機材や製品を使用しなければならず、水に接触する資機材や製品は、認証をうけたものを使用しなければならない[1]。水道管などから鉛や銅など健康影響の恐れがある物質の溶出を防止する必要性が話題となったことを背景に、2006年に水道法施行令が改正され、清澄な水道水を供給するための水道用資機材および製品に対する衛生安全基準が設けられた。これにより、一般水道事業者などは、水に接触する水道用資機材および製品につき、環境部令が決める衛生安全基準に適したものを使用するよう義務化された。2009年からの施行となったこの衛生安全基準は、銅や銅合金製の水道用資機材と部品に対して濁度、ヒ素、カドミウム、銅、鉛、水銀など13項目を適用項目とするなど、24種の資機材および製品に対しそれぞれ測定すべき項目および基準値が定められている(2013年末現在は、水道法施行令に示されている)。その後、衛生安全基準の実効性を確保するため2011年5月から衛生安全基準認証制度が導入された[30]。これは、水に接触する水道用資機材や部品を製造・輸入しようとするものは、あらかじめ環境部長官に対して衛生安全基準に適合するかどうかを証明する必要があり、この認証を受けない製品は製造・輸入・供給・販売してはならないとされる[3,9]。

浄水処理などで用いられる薬品の基準については、環境部告示の水道用薬品の基準及び規格並びに表示基準(수처리제의기준과규격및표시기준)[32]があり、2008年5月に環境部より示されている。これは水道法ではなく飲料水管理法の基準および規格に関連した資料であり、凝集剤、消毒剤、活性炭の他、腐食防止剤など27項目を対象として項目ごとに基準および規格などが示されている。

なお、施設基準などの普及や認証、資機材の認証などは、一般水道事業体や学術

研究機関、水道関連資機材メーカー、個人会員で構成される韓国上下水道協会(2002年設立)によっても行われている。

7.2.5 浄水施設運営管理士の配置

浄水処理技術の進歩に応じ、浄水場に関わる人材の能力向上と専門性の確保が課題となっている。2005年の水道法改正時に、浄水場運営の専門性を高めるために浄水施設運営管理士(정수시설운영관리사)の国家資格を新設して、浄水場の規模に応じて一定人数以上の浄水施設の運営管理士を配置することとなった。水道法では浄水施設運営管理士に見合った受験資格・試験科目および試験方法などが決められている。浄水施設運営管理士は1等級から3等級に区分され、例えば、日量50万m^3以上の大規模浄水施設では1級2名以上・2級3名以上・3級5名以上と、浄水施設の規模によって配置基準が定められている[3]。浄水施設運営者の専門性が強化されることによって、水道の浄水処理の質的水準が向上することが期待されている。

7.2.6 水道事業運営管理の実態評価制度

水道事業者の経営とサービスの向上を目的に、水道水の水質保全・改善と水道施設の効率的な運用・管理のための水道事業運営および管理のための基準や方法を示す行政規則として、水道事業運営及び管理の実態評価の規定(수도사업운영및관리실태평가규정)[33]が定められ、全国の一般水道事業の浄水場全てを対象とした水道事業の実態評価が実施されている。この規定は2001年に施行され、2011年までは浄水場ごとに評価が実施されたが、現在は事業体単位の評価が実施されている。評価対象となる事業体がある管轄流域の地方環境官署の長による1次審査が行われ、さらに改善努力やポリシーコンプライアンスなどを加味した総合評価で最終評価が環境部長官によって実施される。一次審査は書類審査と現地評価があり、地方環境官署の長が構成する自治体職員や専門家、消費者からなる評価団により行われることとなっている。評価はこれまで3年に1度や2年に1度など変更されてきたが、2013年時点では、定期評価としてすべての事業体が毎年評価を受けることとなっている。ただし、優れた評価を受けた事業者は翌年の評価が免除され、一方で達成目標に到達できなかった場合や特段の問題が生じた場合などは随時評価が実施される。評価対象の水道事業体は、特・広域市、30万人以上の市、30万人未満の市、5

万人以上の郡、5万人未満の郡、水資源公社(7地域)と、給水人口と自治体レベルなどによって6つのグループに分けられ、その中で優秀な事業体が選出され、表彰される[33]。評価は、施設管理(5項目)、水質管理(2項目)、国民へのサービス(3項目)、経営と運営(4項目)、その他(1項目)の5分野15項目について合計100点満点で評価され、評価結果は環境部ホームページで公開される。2013年12月に公表された2013年度評価結果によると、2012年度に最優秀事業体として選ばれたソウル市など6箇所を除く157の事業体および水資源公社6地域本部を対象として評価が実施され、特・広域市グループからは釜山市、30万人以上の市グループからは安養市など、最優秀および優秀事業体として9つの事業体と水資源公社首都圏地域本部が選ばれ、報奨金として、1億7,000万ウォンが授与された[34]。

7.2.7 危機管理

2012年に、放射性物質汚染に対して安全が確保された水道水を供給するための、放射性物質の効率的な監視と浄水処理対応および危機管理業務について、「隣国の放射能漏れ事故」危機対応実務マニュアル(飲料水分野)(「인접국가방사능누출사고」위기대응실무매뉴얼(식용수분야))[35]が環境部によって定められた。危機状況を緊急度別に3段階に分けて、判断基準やそれぞれの段階で浄水場においてとるべき対応などについて示されている。

7.2.8 給配水施設の管理

国民の水道水に対する不信の解消を目的に、2005年に「水道水の水質改善総合対策」が政府により策定された。原水から給水栓までの各段階において水道水質に影響を与える原因を明かにして水質悪化を事前に防ぐための対策を講じるもので、特に浄水場と各家庭の給水栓との間の水質管理を強化するための対策が講じられた。

水道水中のさびなどは屋内の給水管に起因する場合が多く、給水装置の検査が不十分な状態を解消するため、水道事業者が給水装置の所有者または管理者の同意を得てその点検や水質検査を実施することができ、また水道水の供給を受ける者も水道事業者に屋内給水管の検査や水道水の水質検査を要求することができる規定が、水道法に設けられた。また、屋内給水管を洗浄・更生・交換する場合には、その費用の一部を地方自治体の条例で補助または融資することができるようなっている。

さらに規模の大きい公共施設や建築物につき、竣工5年後から2年ごとに給水管の検査を実施し、屋内給水管において水質基準違反が確認された場合は、洗浄・更生・交換などの改善措置をとることを義務化し、管理の不備に起因する被害を防ぐ対策がとられている[3]。

7.3 水源保全のための施策と取り組み

7.3.1 四大河川水管理総合対策

都市部では主に河川水が水道水源として利用されるため、1960年代以降の近代化に伴う河川水質の悪化は大きな社会問題となった。また、大都市の水源域における大規模な水質汚染事故の経験から、河川水環境の保全に関する政策の中には水道水源の水質改善が明確な目的として示され、これまで水源保全につながる様々な取り組みが実施されている。近年、国内を大きく漢江水系、洛東江水系、錦江水系、栄山江および蟾津江水系の4河川流域に分割し、意思決定機関となる水系管理委員会や、政策実施の裏付けとなる法律、実務機関となる環境庁をそれぞれ流域ごとに設けて、水質汚濁総量管理、水辺区域指定、土地買収、水利用負担金と基金化による上流域支援などを含んだ総合的な流域管理策が行われている[3]。以下、総合対策の制定に至る経緯、総合対策の意義、総合対策に含まれる主要な対策、対策実施の効果と今後の展開について述べる。

a. 四大河川水管理総合対策に至るまでの韓国における水環境管理政策の経緯[3,36,37]

韓国の水環境管理政策は、都市化・工業化で発生する公害問題による健康被害の拡大防止を行う"公害防止法の時代"(1960〜70年代)、激化する公害問題に対し積極的に環境保全を行う"環境保全法の時代"(1980年代)、大きな水質汚染事故を契機として個別改善策を実施する"水質環境保全の時代"(1990年代)を経て、1999年以降は4つの流域管理法に基づく様々な対策を含む流域管理を主体とした政策になり、現在に至っている。

全国規模の水質保全対策として、1989年の清澄水供給総合対策(맑은물공급종합대책)がある。これは、水道水質汚染が社会問題化し1989年の浄水場での重金属汚染事件を背景として成立したもので、下水処理場の建設推進や、首都圏2,400万人の水道水源である漢江系八堂湖などに対して、特定有害物質の排出施設設置の制限対象となる水源水質保全特別対策地域(상수원수질보전특별대책지역)の指定が行わ

れた。その後、1991年3月の洛東江でのフェノール汚染事故や洛東江、栄山江水質の悪化により全面改定された。1994年1月の洛東江での有機溶剤流出事故を契機に、1990年1月に発足した環境処(日本の環境庁に相当)が1994年5月に環境部(日本の環境省に相当)となり、また建設部の上下水道局と保健社会部が所管していた飲料水管理業務が環境部に移管され、6つの地方環境庁が四大河川環境管理庁および3つの地方環境管理庁に改編された。また水質改善管理対策(수질관리개선대책)が制定され、1996年から10年間で27兆ウォンを投じるなどの水源水質対策が実施された。

しかし、これらの総合対策推進にもかかわらず、1990年代後半においても水質汚染問題が起こり、また水源の河川水質も改善が見られなかった。そこで、政府によって1998年から2002年までの5年間で、地域住民、市民団体、専門家や自治体などとの合計420回以上の様々な討論会や公聴会などが実施され、韓国の主要な4つの河川流域を対象に、水道水源水質保全を主目的とした流域単位の総合管理対策として四大河川水管理総合対策(4대강물관리종합대책)が策定された。1998年11月に漢江水系水源水質管理特別総合対策(한강수계상수원수질관리특별종합대책)、1999年12月に洛東江水系水管理総合対策(낙동강수계물관리종합대책)、2000年10月には錦江および栄山江水系への対策が策定された。この対策を法的に裏付けるため、1999年8月に漢江水系の水源水質改善及び住民支援等に関する法律(한강수계상수원수질개선및주민지원등에관한법률)が、また2002年7月に残り3つの河川に対する特別法がそれぞれ施行された。

b. **四大河川水管理総合対策の内容**　この四大河川水管理総合対策は、4水系の法律(**表-7.3**)のいずれも第1条に示されているように、水源(上水源)を適切に管理し、水源上流地域の水質改善及び住民支援事業を効率的に推進して、水源の水質改善することを目的としている。単に法令に定められた行政計画を策定したものでなく、行政区域ごとの従来の水質管理対策を見直して流域管理を基本とした体制へと転換した点、上流域と下流域の住民間で対話をすすめ合意を得ながら策定した点、流域の住民の参加と協力を水環境管理対策の実施に組み込んだ点、様々な先進的な制度を導入している点が特徴として挙げられる[3]。この総合対策に含まれる主な制度は、汚濁総量管理制度、水辺区域指定制度、水利用負担金制度、水源地域支援と土地買収制度、民間による水質監視活動支援制度などである。この四大河川総合対策の具体的な目標は、2005年までに主要な水源の水質をⅠ～Ⅱ級以上に改善し、全国民が安心して飲むことができる水源を安定的に確保することにあり、2005年までに

表-7.6 流域環境庁の管轄区域

名称	管轄
漢江流域環境庁	ソウル特別市、仁川広域市、京畿道、江原道
洛東江流域環境庁	釜山広域市、大邱広域市、蔚山広域市、慶尚北道、慶尚南道(河東郡と南海郡は除く)
錦江流域環境庁	大田広域市、世宗特別自治市、忠清北道、忠清南道
栄山江流域環境庁	光州広域市、全羅北道、全羅南道、慶尚南道河東郡ā南海、済州特別自治道

合計11兆1,118億ウォンを投資して下水道普及率を水系別に72.6 〜 84.4％まで高めることが具体的な目標として定められた[3]。それぞれの流域の管轄地域を**表-7.6**に示した。

c. 水系管理委員会　　複数の自治体に跨る流域を効率的に管理するため、意思決定機関として水系ごとに水系管理委員会が設置されている。水系管理委員会は、環境部次官を委員長とし、水系別に関係市・道の副市長・副知事、韓国水資源公社社長など水に関連する機関の長を委員として構成される。水系管理委員会は、水質改善のための汚染物質削減計画、水利用負担金の賦課・徴収、基金の運用・管理、土地買収、住民支援事業計画と民間の水質監視活動の支援に関する事項などを議論・調整する役割がある。これらの主要な流域管理政策に対し、副市長・副知事が管轄地域住民、市民団体などの意見を取り入れることで流域住民の意思が反映される仕組みとなっている[3]。

d. 水質汚濁総量管理　　四大河川水管理総合対策において水質汚濁総量管理制度(수질오염총량관리제는)が主要な手段として用いられている。これはヨーロッパで採用されている統合的水資源管理(Integrated Water Resource Management：IWRM)手法に基づいたもので、それぞれの流域に目標水質基準を定め、許容される負荷量を算出し、流域単位で排出される負荷を最大許容負荷量の範囲内で規制・コントロールするものである[38]。これは1998年に策定された八堂湖等漢江水系水道水源水質管理特別総合対策で初めて導入され、その後、洛東江などの三大河川流域の総合対策に反映された[3]。対象となった汚濁物質は、第1段階(2004 〜 2010年)においてはBODを、調査研究を経て第2段階(2011 〜 2015年)以降は、T-NおよびT-Pに拡大されることとなっている[36]。導入当初、漢江水系では地方自治体による水質汚濁総量管理制度の導入は任意となっていたが、2010年に根拠法が改正され義務化された。洛東江、錦江、栄山江・蟾津江の3大河川水系においては、各自治体の目標水質を達成していない場合、強制的にこの制度を実施することが規定されている。2012年10月現在、73の自治体で水質汚濁総量管理制度が実施されている。こ

の制度を施行している自治体では、承認された開発計画や削減計画などを含めた総量管理計画の推進実績について毎年評価を行うことで、計画の事後管理を強化し、計画の実効性が担保されている。

第1段階の水質汚濁総量管理制度の実施の前後で年平均水質を比較したところ、実施が義務化されている3河川水系の92単位流域のうち48単位流域(すなわち52%)で改善または維持となっており、一方、残りの44流域では水質が悪化したという結果であった[36]。なお、汚濁総量管理制度の内容については文ら[36]が詳しく述べている。

e. 水辺区域制度　河川に隣接する地域で発生した汚染物質は自浄作用を受けず直接流入するため、水質を悪化させるおそれが大きい。そのため、河川の一定区間を水辺区域(수변구역)として設定し管理されている。具体的には、水源となるダム湖とその上流の河川を対象として、その水際から300 m〜1 kmの地域が水辺区域として設定される。設定は、政府、地方自治体、住民代表、専門家で構成された調査チームによる実態調査と、実態調査結果を踏まえた設定対象地区の自治体長との議論を経たうえで行われる[38]。

水辺区域では、廃水排出施設および畜産施設、レストラン、宿泊施設、工場など、高濃度の水質汚濁源となる施設の新規立地を制限して、特定汚染源と非特定汚染源からの汚濁負荷の影響を軽減できるようにしている。また、水辺区域内の土地は土地所有者との協議を通じて段階的に買収していくことになり、買収した土地には緑地や人工湿地が設置される。

漢江水系の場合、1999年9月、八堂湖、南漢江、北漢江等の両岸255 km^2 が水辺区域として最初に指定された。その後調整され、2011年12月現在190.2 km^2 となっている。同じく洛東江水系では338.4 km^2、錦江水系では372.8 km^2、栄山江水系では298.6 km^2 が水辺区域として指定されている[3]。

f. 土地買収制度　土地買収制度(토지매수제도)は、水辺区域などの水源水質の影響が大きい地域や水辺の生態系の復元に必要な地域において、所有者と協議して土地や建物を買収する制度で、購入には後述する基金が用いられる。水源保護指定地域内で活動が制限される土地や建物を買収し国有化・共有化することで水質汚濁の進行を抑制して、水辺に緩衝緑地を設けて水源水質を改善するとともに、水辺生態系を保全することを目的としている[3]。

購入した土地は、流域ごとに設けられた水系管理委員会の同意なしに売買や緑化以外の土地利用の改変を行うことが禁じられる[38]。なお、漢江水系においては、

2011年末までに1兆1,962億ウォンを投資し合計45.7 km^{2}の土地が買収された[3]。

g. 水利用負担金制度と流域基金による水質改善事業支援および住民支援　水道水源での水質改善、水源保護のために実施される事業への必要な財源調達を目的に、水利用負担金(물이용부담금)制度が導入された。この水利用負担金制度は、水資源の節約と効率的な配分のため、利用者負担の原則に基づき水利用者に対して課される負担金で、流域ごとに水道料金に上乗せするなどして水の使用量に応じて徴収される水使用料である。1998年に漢江水系で、また2002年にその他の3水系で導入された。

この水利用負担金制度において、1 m^{3}当たりの金額は各水系管理委員会で2年ごとに調整し決定される。制度開始当初の1999年において、漢江水系では水1 m^{3}当たり80ウォン[38]と設定され、2011年時点で170ウォンである[3]。また2011年時点の栄山江・蟾津水系では170ウォン、同じく洛東江水系および錦江水系では160ウォンである[3]。2011年の水利用負担金の総額は、漢江水系4,309億ウォン、洛東江水系2,120億ウォン、錦江水系946億ウォン、栄山江・蟾津水系732億ウォンで、総額は8,108億ウォンである[3]。

この水利用負担金は、各水系管理委員会で設置された水系管理基金(수계관리기금)で管理され、下水処理施設の設置運営など水質改善に必要な地方自治体の事業支援や、水辺区域の土地買収、水源保全のため社会活動が制限される地域内住民に対する支援事業に利用される。1999年から2011年までの間に4水系管理基金において総額6兆6,936億ウォンが使用され、その内訳は、下水処理施設など環境対策基盤施設の設置・運営46.6％(3兆1,224億ウォン)、土地買収・水辺区域管理21.4％(1兆4,349億ウォン)、住民支援事業20.4％(1兆3,633億ウォン)、汚濁総量管理1.3％(861億ウォン)、その他の水質改善事業8.4％(5,591億ウォン)、基金管理1.6％(1,042億ウォン)、余剰資金運用0.4％(237億ウォン)である[3]。この基金の2割が用いられている住民支援事業は、規制対象地域の住民の日常生活の改善と所得水準向上を目的とし、規制によって被る不利益を最小化するとともに水源水質の保護に積極的な協力と参加を誘導するために導入されている[3]。この住民支援事業費は、特別支援費と一般支援費に区別され、一般支援費には一般支援事業と直接支援事業に分けられる。一般支援事業には、農業や畜産業への支援などを含む所得増大事業、教育資材供給などを含む育英事業、集落会館や図書館設置などを含む福祉増進事業、生活汚水処理施設設置などを含む汚染浄化事業があり、直接支援事業には、住宅リフォームへの補助、奨学金支援、農業機械購入などが含まれ、使途は非

常に多岐にわたる[39]。住民支援事業費は、各水系管理委員会で土地面積、行為の制限の程度、住民数などに応じて配分される[3]が、水利用負担金による収入の配分において、各自治体の代表委員同士で激しい争いが起こっているという報告[40]も見られる。

水源保全への民間の自発的な参加や協調による流域管理の推進のため、地域で活動している民間団体による水質監視活動も水系管理基金によって支援されている。また、水源水質保全に関する広報や教育、各種キャンペーンなど国民の環境意識を高める事業や、流域住民の参加を促すための教育プログラムの開発・実施、汚染物質の排出の監視および監視活動、その他の水源水質改善に役立つと認められる事業なども基金から支援されている。

なお、水利用負担金制度については李[40]が詳細を示している。

h. 四大河川水管理対策の展開　　漢江水系では1998年から、他の3水系においては2002年から開始した四大河川水管理総合対策は水道水源の水質改善を目的として行われてきたが、水源保全の視点だけでなく、水環境の生態学的な健全性を求める声を反映して、2015年までに「魚が泳ぎ子供たちが水浴できる水環境づくり」を目指して水環境管理基本計画(물환경관리계획)が2006年9月に策定された[3]。この計画の目標として、2015年までに全国の河川の85%以上を一定レベル以上の水質に改善すること、環境が破壊された河川の25%を自然河川として復元すること、水源水辺地域の30%を水辺生態系ベルト(riverine eco-belt)として造成することが設定され、これらを達成するため、水中生態系の健全性回復、水辺生態系ベルトの造成、特定水質有害物質項目の拡大と生態毒性管理制度の実施、生物学的指標の導入、統合的河口管理モデルの開発、ノンポイント汚染対策と家畜糞尿発生量の低減、下水道普及率の増加、水質汚濁総量規制の拡大の8つの主要な政策課題が決められている。四大河川水管理総合対策で進められた水質汚濁総量管理は、振威川(진위천)など四大河川水系に含まれていないが、水質汚染が深刻な地域を指定するなどの指定地域の拡大、総量管理対象の項目としてT-Pの追加、洛東江水系を対象とした水質汚染物質の排出権取引制度のモデル事業の実施などが計画・推進されている[3]。

7.3.2 水道水源保護のための土地利用規制

韓国では、水源保護のための土地利用規制が1900年代当初から導入され[41]、前述した四大河川水管理総合対策などに見られるように土地利用規制が水源保護の一

つの重要な手段として活用されている。水道法では自治体長の責務として、管轄区域の住民が良質な水の供給を受けることができるよう水源の管理などに努めなければならないとされている。水道水源の水質保全につながる土地利用規制を直接的あるいは間接的に規定する法令は日本と同様に多く、国土関連法令によるものと環境関連法令によるものに大別される（詳細は吉田[39, 41]に詳しい）。水道水源保護を直接の目的として土地利用などを規制しているものには、水道法、四大河川水系法の他、水質および水生態系の保全に関する法律がある。

水道法では水源保護の管理について明確に示されており、環境部長官が水源の確保と水質保全のために必要と認める地域を水源保護区域として指定または変更することができる。この水源保護区域内では、水源の水質汚染の原因となる特定の物質の使用などが禁止されるとともに、水源水質汚染となる畜産や洗車、キャンプなど、水道法施行令で規定される行為が禁止される。また、建築物、その他の工作物の新築や増築など、立木等栽培や伐採、土地の掘削・盛土などについては関係行政機関の長の許可が必要となる。水源保護区域の管理状態は環境部長官により評価され、関係行政機関の長にその区域の適正管理に必要な措置を要請することができる。

現在、水源保護区域の指定は四大河川水系法に基づき行われ、その管理は水道法に基づき行われている。2011年時点において水源保護区域として指定されているのは321箇所、1,447 km^2 で、対象区域内の居住人口は37,144人である[3]。

水源保護区域内に居住する住民は区域内での行為が制限されており、その一方で見返りとして、住民の福祉・所得を増大して水源水質保護への参加を促すために、国によって住民支援事業が実施されている。この住民支援事業は、四大河川水系法で対象となる水源保護区域では、四大河川水系法に基づき受益者が負担する水利用負担金で設立した水系管理基金を財源とし、その他の水源保護区域では、水道法に基づいて水道事業者による出資金約70%と国庫補助約30%を財源として推進されている[3]。なお、2011年の水道法による住民支援事業費は、水道事業者等の拠出金が60.7億ウォン、国庫補助が26億ウォンであった[3]。

水質及び水生態系の保全に関する法律(수질및수생태계보전에관한법률)においては、四大水系の水管理法で規定されない地域の総量規制制度が規定されるほか、水道法で規定される水源保護区域内で汚染が生じる恐れのある車両の通行を制限することや、水源水質改善への特別措置など、飲料水の水源として保全することを目的とした規定が定められている[28]。また、この法律には、公共用水域への有害物質、廃棄物、農薬、し尿などの排出の禁止や、点汚染源(ポイントソース)の管理として

産業廃水の排出規制、面汚染源（ノンポイントソース）の管理として管理区域の指定や汚濁負荷低減施設の設置など、飲料水の水源保全に関連する内容も規定されている。

参考文献

1) 国家法令情報センター：수도법(水道法)、
http://www.law.go.kr/lsEfInfoP.do?lsiSeq=137058#0000 （2013 年 12 月 21 日）
2) 환경부(環境部)：2012 년상수도통계(2012 年水道統計)、2013、
http://www.me.go.kr/home/file/readDownloadFile.do?fileId=95819&fileSeq=1 （2013 年 12 月 21 日）
3) 환경부(環境部)：2012 환경백서(2012 環境白書)、2012、
http://webbook.me.go.kr/DLi-File/091/016/5527940.pdf （2013 年 12 月 21 日）
4) 国家法令情報センター：수도법시행규칙(水道法施行規則)、
http://www.law.go.kr/lsEfInfoP.do?lsiSeq=138070#0000 （2013 年 12 月 21 日）
5) 酒井謙治郎：朝鮮の水道と水質、73p、1939。
6) 환경부(環境部)：2010 년상수도통계(2010 年水道統計)、2011、
http://webbook.me.go.kr/DLi-File/pdf/2011/11/5506613.pdf （2013 年 12 月 21 日）
7) 国家法令情報センター：수도법시행령(水道法施行令)、
http://www.law.go.kr/lsEfInfoP.do?lsiSeq=148605#0000 （2013 年 12 月 21 日）
8) 国家法令情報センター：상수원관리규칙(水源管理規則)、
http://www.law.go.kr/LSW/lsInfoP.do?lsiSeq=142502#0000 （2013 年 12 月 21 日）
9) 国家法令情報センター：수도용자재와제품의위생안전기준인증등에관한규칙(水道用資機材と製品の衛生安全基準認証等に関する規則)、
http://www.law.go.kr/lsInfoP.do?lsiSeq=113465#0000 （2013 年 12 月 21 日）
10) 国家法令情報センター：먹는물관리법(飲料水管理法)、
http://www.law.go.kr/lsEfInfoP.do?lsiSeq=133339#0000 （2013 年 12 月 21 日）
11) 国家法令情報センター：먹는물수질기준및검사등에관한(飲料水の水質基準及び検査等に関する規則)、
http://www.law.go.kr/lsInfoP.do?lsiSeq=120260 （2013 年 12 月 21 日）
12) 国家法令情報センター：한강수계상수원수질개선및주민지원등에관한법률(漢江水系の水源水質改善及び住民支援等に関する法律)、
http://www.law.go.kr/lsEfInfoP.do?lsiSeq=142046#0000 （2013 年 12 月 21 日）
13) 国家法令情報センター：한강수계상수원수질개선및주민지원등에관한법률시행령(漢江水系の水源水質改善及び住民支援等に関する法律施行令)、
http://www.law.go.kr/lsEfInfoP.do?lsiSeq=127107#0000 （2013 年 12 月 21 日）
14) 国家法令情報センター：한강수계관리위원회규정(漢江水系管理委員会規則)、
http://www.law.go.kr/lsEfInfoP.do?lsiSeq=114505#0000 （2013 年 12 月 21 日）
15) 国家法令情報センター：한강수계상수원수질개선및주민지원등에관한법률시행규칙(漢江水系の水源水質改善及び住民支援等に関する法律施行規則)、

http://www.law.go.kr/lsEfInfoP.do?lsiSeq=126668#0000　（2013 年 12 月 21 日）
16）国家法令情報センター：낙동강수계물관리및주민지원등에관한법률(洛東江水系の水管理と住民支援等に関する法律)、
http://www.law.go.kr/lsEfInfoP.do?lsiSeq=142035#0000　（2013 年 12 月 21 日）
17）国家法令情報センター：낙동강수계물관리및주민지원등에관한법률시행령(洛東江水系の水管理と住民支援等に関する法律施行令)、
http://www.law.go.kr/lsEfInfoP.do?lsiSeq=127078#0000　（2013 年 12 月 21 日）
18）国家法令情報センター：낙동강수계관리위원회규정(洛東江水系管理委員会規則)、
http://www.law.go.kr/lsEfInfoP.do?lsiSeq=102911#0000　（2013 年 12 月 21 日）
19）国家法令情報センター：낙동강수계물관리및주민지원등에관한법률시행규칙(洛東江水系の水管理と住民支援等に関する法律施行規則)、
http://www.law.go.kr/lsEfInfoP.do?lsiSeq=126650#0000　（2013 年 12 月 21 日）
20）国家法令情報センター：금강수계물관리및주민지원등에관한법률(錦江水系の水管理と住民支援等に関する法律)、
http://www.law.go.kr/lsEfInfoP.do?lsiSeq=142043#0000　（2013 年 12 月 21 日）
21）国家法令情報センター：금강수계물관리및주민지원등에관한법률시행령(錦江水系の水管理と住民支援等に関する法律施行令)
http://www.law.go.kr/lsEfInfoP.do?lsiSeq=127077#0000　（2013 年 12 月 21 日）
22）国家法令情報センター：금강수계관리위원회규정(錦江水系管理委員会規則)、
http://www.law.go.kr/lsEfInfoP.do?lsiSeq=127248#0000　（2013 年 12 月 21 日）
23）国家法令情報センター：금강수계물관리및주민지원등에관한법률시행규칙(錦江水系の水管理と住民支援等に関する法律施行規則)、
http://www.law.go.kr/lsEfInfoP.do?lsiSeq=126649#0000　（2013 年 12 月 21 日）
24）国家法令情報センター：영산강・섬진강수계물관리및주민지원등에관한법률(栄山江・蟾津江水系の水管理と住民支援等に関する法律)、
http://www.law.go.kr/lsEfInfoP.do?lsiSeq=142045#0000　（2013 年 12 月 21 日）
25）国家法令情報センター：영산강・섬진강수계물관리및주민지원등에관한법률시행령(栄山江・蟾津江水系の水管理と住民支援等に関する法律施行令)、
http://www.law.go.kr/lsEfInfoP.do?lsiSeq=127095#0000　（2013 年 12 月 21 日）
26）国家法令情報センター：영산강・섬진강수계관리위원회규정(栄山江・蟾津江水系管理委員会規則)、
http://www.law.go.kr/lsEfInfoP.do?lsiSeq=127270#0000　（2013 年 12 月 21 日）
27）国家法令情報センター：영산강・섬진강수계물관리및주민지원등에관한법률시행규칙(栄山江・蟾津江水系の水管理と住民支援等に関する法律施行規則)、
http://www.law.go.kr/lsEfInfoP.do?lsiSeq=126666#0000　（2013 年 12 月 21 日）
28）国家法令情報センター：수질및수생태계보전에관한법률(水質および水生態系の保全に関する法律)、
http://law.go.kr/lsEfInfoP.do?lsiSeq=142395#0000　（2013 年 12 月 21 日）
29）魏美慶、竹中勝信：改正された韓国の「水道法」、水道協会雑誌、2007；76(7)：44-62
30）Ministry of Environment：ECORIA, Environmental Review 2013, Korea,
http://www.me.go.kr/eng/file/readDownloadFile.do?fileId=95032&fileSeq=1　（2013 年 12 月 30 日）
31）환경부（環境部）：국가상수도정보시스템(全国水道情報システム)、

http://www.waternow.go.kr/ （2013 年 12 月 30 日）
32) 환경부(環境部)：수처리제의기준과규격및표시기준(水道用薬品の基準及び規格並びに表示基準)、2008、
http://www.me.go.kr/home/file/readDownloadFile.do?fileId=5328&fileSeq=1 （2013 年 12 月 21 日）
33) 国家法令情報センター：수도사업운영및관리실태평가규정(水道事業運営および管理の実態評価の規定)、
http://www.law.go.kr/admRulLsInfoP.do?admRulSeq=2000000098723 （2013 年 12 月 21 日）
34) 환경부(環境部)：'13 년도수도사업평가결과보고(13 年度水道事業評価結果報告)、
http://www.me.go.kr/home/file/readDownloadFile.do?fileId=95722&fileSeq=1 （2013 年 12 月 30 日）
35) 환경부(環境部)：「인접국가방사능누출사고」위기대응실무매뉴얼(식용수분야)(「隣国の放射能漏れ事故」危機対応実務マニュアル(飲料水の分野))、2012、
http://www2.me.go.kr/web/92/me/deptdata/deptDataUserView.do?inpymd=20120711101441 （2013 年 12 月 30 日）
36) 文賢珠、李秀澈、吉田央：韓国の水環境保全と水質汚染総量管理制度、滋賀大学環境総合研究センター研究年報、2011；8(1)：43-57
37) 낙동강유역환경청(洛東江流域環境庁)：낙동강유역환경청환경자료(洛東江流域環境庁環境資料)、
http://ndgsite.me.go.kr/user/envirdata/water.html （2013 年 12 月 21 日）
38) Korea Environment Institute, Ministry of Environment：Implementation of a Watershed Management System: Four Major River Basins, Korea Environmental Policy Bulletin, 2003; 2: 1-15
39) 吉田央：第 6 章韓国における流域管理政、李秀澈編、東アジアの環境賦課金制度－制度進化の条件と課題、昭和堂、2010:138-153
40) 李秀澈：韓国の水利用負担金制度と流域管理―日本の森林・水源環境税と比較の視点から―、滋賀大学環境総合研究センター研究年報、2009;6(1):1-14
41) 吉田央：韓国における水質保全のための土地利用規制、共生社会システム研究、2008；2(1)：219-232

第8章
カナダにおける水道の水質管理と水源保全
－オンタリオ州を中心として－

　カナダでは、水道に関する法令は州あるいは自治体ごとに定められ、水質基準はカナダ飲料水水質ガイドラインに準拠している。カナダ飲料水水質ガイドラインは、連邦政府の保健省と州および準州の代表者が共同で作成している。また、連邦の保健省と環境省は、水源、浄水、給水の各段階で汚染を防ぐ「水源から蛇口まで」と題した水道水質管理方針を策定している。カナダで最も先進的な水道水質管理を行っているオンタリオ州では、水道は、規模、運転期間、経営形態により8つに分類され、水質管理の規制内容が異なっている。最も厳格な規制は居住者用公営水道に適用されており、その運営には運営免許が必要である。水質検査で水質基準値を超過した場合には、水道システムを管理する監督機関への報告義務と詳細な是正処置が定められている。水道システムおよび水質検査機関への監査は州政府の環境省が行っている。州内には市町村境を越えた36の水源水質保護区域が設定され、区域ごとに水源保護施策が展開されている。

カナダの基礎データ

　国名：カナダ（10州と3準州からなる）

　面積：998.5万 km^2

　人口：3,467.4万人（2012年）

　人口密度：3.5人/km^2（2012年）

　年降水量：モントリオール 957.9 mm、ヴァンクーヴァー 1,197.6 mm

　乳児死亡率：5.0‰（2010年）

　1人当たり国民総所得：43,250ドル（2010年）

　通貨：カナダドル（CAD）（2014年4月現在、1CAD＝約94円）

出典（ただし、通貨を除く）：データブック オブ・ザ・ワールド世界各国要覧と最新統計2013年版、二宮書店、2013

> **カナダの水道の基本情報**
> 基本法令：カナダは連邦制のため、水道に関する法令は各州および自治体で制定されている。オンタリオ州では、安全飲料水法(Safe Drinking Water Act)が定められている。
> 水道事業体数：1,590[1] (2009年)
> 普及率：88.9%[1] (2009年)
> 1人1日当たり平均給水量：274 L[1] (2009年)
> 水質基準：カナダ飲料水水質ガイドラインに準拠する形で各州および各自治体が水質基準を制定。カナダ飲料水水質ガイドラインでは、微生物およびそれに関連する項目5項目、化学物質および外観項目81項目、放射性物質に関する項目6項目が定められている。
> 消毒などに関する規則：各州が独自に規制している。例えばオンタリオ州では、カナダ飲料水水質ガイドラインに合わせて規制されており、表流水を水源とする場合は、浄水処理で原虫およびウイルスのろ過あるいは消毒による一定の除去または不活化が求められている。また、原虫やウイルス対策として紫外線処理も認められている。

8.1 連邦政府と州政府、自治体の役割分担

8.1.1 水に関する法制度

カナダ連邦政府と州政府の権限は憲法によって規定されており、その関係は対等である。また、立憲君主制の下に連邦制と議会制民主主義、2つの公用語、2つの法体系である民法(ケベック州)とコモン・ロー(それ以外の州)を持つ国である。

水管理は連邦、州、地方自治体における多数の省庁、プログラムおよび機関が関わり複雑である。これは、カナダがイギリスの植民地時代の経緯を引きずっていることや、水から得られる価値あるもの(例えば、魚など)は、州あるいは連邦政府に割り当てていたものの、憲法上の水の権利の所在は歴史的に明確になっていなかったことに一因がある。憲法によると、水には所有権はないが、共有資源であり、コモン・ローによってその水に面している土地の所有者のものである。連邦における水に関する諸制度は、1987年の連邦水方針(Federal Water Policy)により明確になっ

た[2]。連邦水方針の政策は、水質の保護と改善、水源管理の2つである。連邦政府は環境保護と国際的な水管理の必要上、漁場、内水路、船舶に対して権限を持っている。このほか、政府施設の水やアメリカ合衆国との国境にある川や湖などについては連邦政府が管理している。また、水資源に関わる緊急、重大、国家的な問題が発生した場合においても連邦政府の管理となる。憲法により、天然資源の大部分を管理する責任は州にあると定められており、水源を保有する州が管理責任を負っている。このため、水道行政に関しては州、水道事業に関しては地方自治体がそれぞれ分担して責任を負っている[3]。

8.1.2 連邦における水源水質管理

カナダにおける重要な河川の多くは州を跨ぎ、さらには国境を越えて流れており、五大湖などの湖も州を跨ぎ、アメリカ合衆国と国境を接している(図-8.1)。

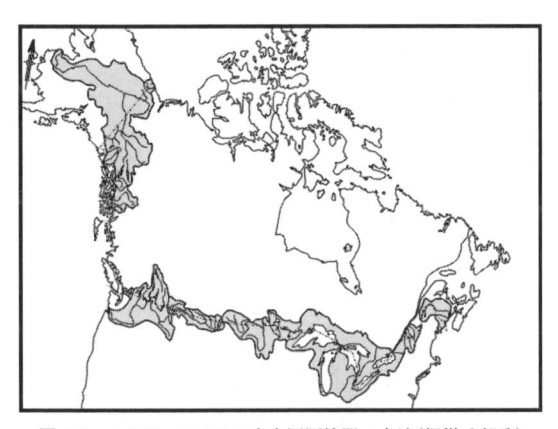

図-8.1 カナダ・アメリカ合衆国国境間の水域(網掛け部分)

このため、アメリカ合衆国にも関係する河川および湖の問題は、国際合同委員会(International Joint Commission)の河川や湖に関する専門委員会で討議されている[4]。国際合同委員会は、アメリカ合衆国とカナダとの間で1909年に結ばれた協定に基づいて設立された五大湖に関わる問題を解決するための委員会である。委員はカナダでは閣議によって、アメリカ合衆国では大統領によって指名されている。これまで、五大湖に流れ込むリンや毒性物質の規制などに効果を上げてきた。国際合同委員会には、五大湖に関する専門委員会のほかにも、セントローレンス川やRed river、Souris river など20の専門委員会があり、その水域ごとに水質に関する基準や水質保全施策が設定されている。また、カナダ連邦内においても水源が複数の州と関係する場合は、委員会を設立して水源水質保護を共同で行っている。例えば、カナダ中南部のプレーリーに位置するマニトバ州、アルバータ州、サスカチュワン州では、プレーリー地方水専門委員会（Prairie Provinces Water Board：PPWB）が水源管理および水質保護施策を実施している[5]。

8.2 カナダにおける水道の概要と水道行政

8.2.1 水道の概要

カナダで最初に水道が布設されたのは1857年のオンタリオ州ハミルトン（Hamilton）で、1854年のコレラの流行が契機とされる。20世紀初頭の1908年には、オンタリオ州のグェルフ（Guelph）ではパイプライン、貯水池、ポンプ所、および給水塔が建設された。当時の水道管は95％が土管で、約5％が鉄管であった。その後、冶金学と材料科学の進歩による整備コストの低下で水道の普及が進み、公衆衛生が大きく向上した[6]。第二次世界大戦後は、ベビーブームや移民などによる人口増加や市街地の拡大により1970年代初頭までインフラ整備が進められた。各州における水使用量や使用用途の統計は、2011年に2009年の統計結果が公表されている。したがって、以下の内容はすべて2009年時点のものである。カナダの水道事業体数は1,590、水道普及率は88.9％、市民1人1日当たりの水消費量は274 L である。給水人口の90.2％の水道水源は表流水で、50万人以上の自治体ではほぼ100％である。一方、人口の少ない自治体ほど井戸を水源としている[1]。

8.2.2 水道行政

カナダでの水道行政（水道に関する法律の制定、水質基準の設定、水道事業の監督など）は、基本的には州、準州に委ねられ、水道事業は地方自治体が行っている[3]。連邦政府における水道水質の安全管理は保健省の担当である。連邦政府の保健省の役割は、州、準州、連邦政府から選挙で選ばれた代表者、環境省などの関係省庁の代表者および専門家によって構成される連邦・州・準州水道水委員会（Federal-Provincial-Territorial Committee on Drinking Water：CDW）を設置し、カナダ飲料水

水質ガイドライン(Guidelines for Canadian Drinking Water Quality)を作成することである[7]。CDWは年に2回開催され、カナダ飲料水水質ガイドラインは必要に応じて改訂されている。また、保健省は水道に関する科学調査の指導的役割を担っており、州、準州および地方自治体で水道水の汚染が発生した際には、緊急的な助言を行う。

保健省の指導的役割によって、水道行政の大幅な転換が行われる契機となったのは、2000年5月、オンタリオ州のウォーカートン(Walkerton)で、病原性大腸菌O-157とカンピロバクター(*Campylobacter jejuni*)によって7人が死亡、2,300人を超える住民が感染した水質事故[8]と2001年4月にサスカチュワン州ノースバトルフォード(North Battleford)で1,907人がクリプトスポリジウム症と推定され、275人のクリプトスポリジウム感染が確認されたクリプトスポリジウム水系感染事故である[9,10](Box 5および6参照)。保健省は、2000、2001年と重大な水質事故が立て続けに起きたため、浄水場での水質管理を確実に行うよう、「カナダにおける安全な水道水供給のための手引き：取水口から蛇口まで(Guidance for Safe Drinking Water in Canada : From Intake to Tap)」と題した手引き書を作成した[11]。この手引き書は、水道水質管理の留意点をまとめた概略的な内容であった。その後、2002年には水源から給水まで水道システム全体でマルチバリアアプローチ(多重防御)することにより、水道汚染を防止する「水源から蛇口まで(From Source to Tap)」と題した水道水質管理方針を発表した[12]。これは、水道による住民への健康被害のリスクを減らすためには、水道における各要素、すなわち水源保護から浄水処理、給水システムまでの水道システム全体を把握して管理しなければならないとする考え方である。2004年には、この方針を具体化するための手引き書「水源から蛇口まで：多重防御による安全な水道水供給の手引き(From Source to Tap : Guidance on the Multi-Barrier Approach to Safe Drinking Water)」が、環境省管轄のカナダ環境代表者会議(Canadian Council of Ministers of the Environment : CCME)と保健省管轄の連邦・州・準州水道水委員会(CDW)の共同作業により作成された[13]。手引き書では、水道システムを水源部、浄水システム部、給配水部の3つに分け、それぞれにおいて考えられるリスクを洗い出し、汚染を防ぐ施策の導入方法が記されている(**図-8.2**)。このようにして防止策を幾層にも重ねることで、個々では完全な対策ではなくても、全体として信頼できる安全な水道の管理につながるとしている。

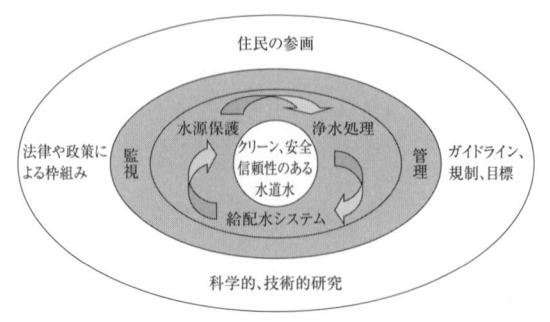

図-8.2 マルチバリアアプローチの概念

Box 5 ノースバトルフォードのクリプトスポリジウム水系感染[1, 2]

　2001年4月にサスカチュワン州ノースバトルフォード（North Battleford）で発生したクリプトスポリジウム水系感染事故では、聞き取り調査や市販薬の売り上げ調査などから住民14,000人のうち5,800人から7,100人が下痢症にかかり、1,907例がクリプトスポリジム症と見積もられ、275人のクリプトスポリジウム感染が確認された。水系感染事故に至る最初の直接的な原因は解明されていないが、感染者が急増する4月に先立つ3月20日に北サスカチュワン川を水源とする浄水場が修理を行い、稚拙な運転管理により濁度除去が不十分となり、水道にクリプトスポリジウムが混入したことが原因と推測されている。ノースバトルフォード浄水場は1950年建設の古い浄水場で、1981年には上向流式高速凝集沈澱装置（up-flow clarifier）（スラリー循環型と思われる）を追加して増強している。

　2000年にこの沈澱池の床にクラックが見つかり、2001年3月20日に修理が行われた。それまで同様の修理は川が凍り、濁度が特に低くなる年明けに行われていたが、この時は3月に修理が行われた。修理を行うため、スラリーが引き抜かれたが、修理後の通常運転に戻す際のスラリーの管理が十分ではなかった。操作員は低濁度の原水がスラリーを形成しにくいことを認識していた。しかし、低濁度の原水にもジアルジアやクリプトスポリジウムが含まれ、重大なリスク要因になるとは考えてもいなかった。また、浄水場の取水口が下水処理場の3.5 km下流に位置していることも操作員に認識されていなかった。3月に浄水場に問題が生じていたにも関わらず、ノースバトルフォードでの水系感染の証拠は、4月24日まで部分的にしか得られていなかった。その一方、カナダ保健省が行った聞き取り調査などの疫学調査によると、浄水処理に不具合があった

この期間に下痢症患者が急増し、4月13日が最多であった。5月2日から14日の間にクリプトスポリジウム陽性患者45人の糞便試料49検体のランダムな12試料のうち遺伝子型が判明した11試料がヒト型（*Cryptosporidium hominis*）であった。浄水場の取水口と上流のノースバトルフォード下水処理場の放流口が同じ岸側にあったため、下水処理水が川の水と十分に混合せず、浄水場に取り込まれ汚染されたと考えられた。この下水処理場は1997年には処理能力が劣っていることをコンサルタント会社から報告されていた。その後、最新の放流水基準に適合するため更新が検討されたが、更新は困難で別の場所に新たな処理場の建設が提案されたものの、2001年4月までこの問題は解決されていなかった。財政上の理由により、下水処理場および浄水場ともつぎはぎ的な修理が行われており、これら施設の処理能力の問題が水系感染事故につながったとされている。

参考文献
[1] 文章の文献9)に同じ。
[2] 文章の文献10)に同じ。

8.2.3 カナダ飲料水水質ガイドライン

連邦政府は飲料水の水質に関して、連邦・州・準州水道水委員会(CDW)が作成したガイドラインを提示しているが、法的な拘束力はなく、州、準州はそれを参考にして水質基準を定めている。以下にカナダ飲料水水質ガイドライン[14]（**表-8.1**）について述べる。

(1) 微生物およびそれに関連する項目

大腸菌のガイドライン値は、100 mL中で検出されないことである。公営の水道システムで大腸菌が検出された場合は、直ちに監督機関に連絡し再検査を行う。再検査では定性試験に代えて汚染程度推定のための定量試験を行うことが望ましいとされている。再検査でも大腸菌が検出された場合の緊急処置として、消毒剤の増量、水道管の洗浄、病気発生の監視、水源の変更、利用者への煮沸勧告などが定められている。大腸菌群のガイドライン値は、浄水場の浄水あるいは消毒していない地下水100 mL中で検出されないことである。配水系においては、同じ検査箇所で連続して陽性とならない、あるいは定められた期間内の検査で試料の10％以上が陽性とならないことと定められている。従属栄養細菌のガイドライン値は設けられてい

表-8.1 カナダ飲料水水質ガイドライン [14] (単位：mg/L)

項　目	最大許容濃度	備考	項　目	最大許容濃度	備考
アルミニウム	[0.1/0.2]*	a	総ハロ硝酸	0.08	
アンチモン	0.006	b	鉄	≦ 0.3 *	
ヒ素	0.010		鉛	0.010	
アトラジンおよびその代謝物	0.005		マラチオン	0.19	
アジンホスメチル	0.02		マンガン	≦ 0.05 *	
バリウム	1.0		水銀	0.001	
ベンゼン	0.005		2-メチル-4-クロロフェノキシ酢酸	0.1	
ベンゾ(a)ピレン	0.00001		メチル-t-ブチルエーテル	0.015 *	
ホウ素	5		メトラクロール	0.05	
臭素酸	0.01		メトリブジン	0.08	
ブロモキシニル	0.005		モノクロロベンゼン	0.08 (≦ 0.03 *)	
カドミウム	0.005		硝酸イオン/亜硝酸塩	45/3.2	f
カルバリル	0.09		ニトリロ三酢酸 (NTA)	0.4	
カルボフラン	0.09		ニトロソジメチルアミン (NDMA)	0.00004	
四塩化炭素	0.002		臭気	異常でないこと *	
クロラミン	3.0		パラコート (2塩化物として)	0.01	g
塩素酸	1		ペンタクロロフェノール	0.06 (≦ 0.03 *)	
塩化物イオン	≦ 250 *		pH	6.5–8.5 *	h
亜塩素酸	1		ホレート	0.002	
クロルピリホス	0.09		ピクロラム	0.19	
クロム	0.05		セレン	0.01	
色度	≦ 15 TCU	d	シマジン	0.01	
銅	≦ 1.0 *	b	ナトリウム	≦ 200 *	i
シアン化合物	0.2		硫酸イオン	≦ 500 *	j
ミクロキスチン-LR	0.0015	c	硫化物	≦ 0.05 *	
ダイアジノン	0.02		味	異常でないこと *	
ジカンバ	0.12		温度	≦ 15℃ *	
1,2-ジクロロベンゼン	0.2 (≦ 0.003 *)	e	テルブホス	0.001	
1,4-ジクロロベンゼン	0.005 (≦ 0.001 *)	e	テトラクロロエチレン	0.03	
1,2-ジクロロエタン	0.005		2,3,4,6-テトラクロロフェノール	0.1 (≦ 0.001 *)	
1,1-ジクロロエチレン	0.014		トルエン	≦ 0.024 *	
ジクロロメタン	0.05		溶解性物質 (TDS)	≦ 500 *	
2,4-ジクロロフェノール	0.9 (≦ 0.0003 *)		トリクロロエチレン	0.005	
2,4-ジクロロフェノキシ酢酸 (2.4-D)	0.1		2,4,6-トリクロロフェノール	0.005 (≦ 0.002 *)	
ジクロホップメチル	0.009		トリフルラリン	0.045	
ジメトエート	0.02		総トリハロメタン	0.1	k
ジクワット	0.07		ウラン	0.02	
ジウロン	0.15		塩化ビニル	0.002	
エチルベンゼン	≦ 0.0024 *		キシレン	≦ 0.3 *	

フッ素	1.5		亜鉛	≤ 5.0 *	b
グリホサート	0.28				

* 外観や運転時の要件等
a アルミニウム系凝集剤を使用する浄水場の運転ガイドラインで、従来法では 0.1 mg/L、その他の方法では 0.2 mg/L に
b 水を採取する前に、配管に水を流し十分に洗浄する
c ミクロキスチンによる健康被害を防ぐためのガイドライン
d TCU : total color unit
e ジクロロベンゼンの総量を測定し、0.005 mg/L を超えた場合、各異性体の濃度を設定している
f 硝酸態窒素として 10 mg/L、亜硝酸態窒素としては 1.0 mg/L を超えないこと
g パラコートイオンとしては 0.007 mg/L
h 単位なし
i ナトリウムは通常の監視プログラムに含まれていることを推奨
j 硫酸イオンが 500 mg/L を超える場合、下痢や脱水を引き起こすことがある
k 年 4 回の平均で表記

ない。微生物に関する 1 ヶ月当たりの試料数は、給水人口により**表-8.2** のとおり定められている。腸管系ウイルスは、浄水処理における目標値として最低 4 log (99.99％) の除去率もしくは不活化率が定められている。ジアルジアおよびクリプトスポリジウムについても、3 log (99.9％) の除去率もしくは不活化率の目標値が定められている。濁度のガイドライン値は、急速ろ過では 0.3 NTU、緩速ろ過では 1.0 NTU、膜ろ過では 0.1 NTU と処理方法によって異なる。

表-8.2 給水人口と試料数[14]

給水人口	1 月当たりの試料数
～4,999 人	4 試料
5,000～90,000 人	1,000 人につき 1 試料
90,001 人～	90 試料 + 10,000 人につき 1 試料

(2) 化学物質に関する項目

耐容一日摂取量 (tolerable daily intake : TDI) から最大許容濃度 (Maximum Acceptable Concentration : MAC) を求めており、一般的に 70 kg の成人が 1 日に 1.5 L の水道水を飲用すると仮定しているが、子供を基準に算出した項目もある。また、水道水からの曝露は 20％ と考えている。化学物質は発がんの可能性によって、①発がん性がある、②発がん性があると思われる、③発がんの可能性がある、④発がん性がないと思われる、⑤評価のためのデータが不十分、の 5 つのカテゴリーに分類している。

サンプリングについては、フッ素添加処理をしている場合は、少なくとも 1 日 1 回はフッ素濃度の分析をして最大許容濃度に適していることを確認し、フッ素添加処理をしていない場合は、最大許容濃度が設定されている化学物質についてのサン

プリングを年に2回実施しなければならない。一貫して検出されない特別な物質がある場合は、州や地方自治体の水道を監督する省庁の同意のうえ、これらの物質のサンプリング頻度を減らしてもよい。全項目の分析は、工業用水や農業用水の廃水によって汚染されていないと考えられる水源から取水する場合は、新規に取水を開始する時に実施し、その後は必要に応じて実施すればよいとされている。公共水道の汚染は、原水に由来することが多く、その疑いがある場合は化学分析のサンプリング頻度を半年、あるいは3ヶ月に1回に増やすか、もしくは監督省庁の決定によってサンプリングが実施される。化学物質の濃度が季節的に変化する場合は最も汚染されており、水消費量が多い期間にサンプリングすることとなっている。

(3) 外観項目

外観項目のサンプリング頻度は、監督する機関によって各水道の状態や顧客の問い合わせにより決定される。外観項目には、臭気、味、色などの利用者の感覚に影響する項目や、良質な水道供給のための浄水処理運転の指標などが含まれている。

(4) 放射性物質に関する項目

放射性物質に関しては、スクリーニングレベルとして、全α放射能として0.5 Bq/L、全β放射能として1.0 Bq/Lが定められ、これ以上の放射能が検出された場合は、放射性核種を測定することが求められている。最大許容濃度が設定された放射性核種は、**表-8.3**のとおりである。

表-8.3 最大許容濃度が定められている放射性核種 [14]

放射性核種	最大許容濃度(Bq/L)
セシウム 137	10
ヨウ素 131	6
鉛 210	0.2
ラジウム 226	0.5
ストロンチウム 90	5
トリチウム	7,000

8.2.4 塩素消毒に関するガイドライン

連邦・州・準州水道水委員会(CDW)が作成したカナダ飲料水水質ガイドラインの技術資料には、塩素消毒の有効性や必要性が記載されている。同ガイドラインには、配水系統における残留塩素保持の記載はなく、各州および自治体に委ねられている。2005年の6つの州および準州からの報告によると、一般的な遊離残留塩素濃度は、浄水場出口で0.4～2.0 mg/L、配水系統末端では0.04～0.8 mg/Lであっ

た[15]。一方、軍用地など連邦政府の管轄となる水道で適用される連邦管轄地域における安全な水道水供給の手引き書(Guidance for Providing Safe Drinking Water in Areas of Federal Jurisdiction)[16]では、浄水処理過程で塩素消毒以外に紫外線消毒やオゾンなども使用することができるが、浄水場出口では、遊離残留塩素は 0.2 mg/L 以上、結合塩素を含んだ場合は合計で 1.0 mg/L 以上残留していなければならないとしている。また、残留塩素と濁度は毎日検査し、大腸菌群と大腸菌については少なくとも週に 1 回検査すべきとしている。

8.2.5 資機材および水道用薬品に関する規制

保健省は、資機材、水道用薬品についての規制を定めていないが、NSF/ANSI (NSF：米国衛生財団、ANSI：米国規格協会)規格に準拠するものを使用することを推奨している[17]。NSF/ANSI 60(飲料水処理用化学薬品規格)には凝集剤、pH 調整剤、フッ素添加剤、軟化剤、金属イオン封鎖剤、腐食またはスケール防止剤、消毒および酸化剤、処理薬品および給水のための薬品が記載されているが、記載されたものに限定されるわけではなく、その他の水道用に使用される薬品類についても使用可能である。NSF/ANSI 61(飲料水処理装置用部品規格)は、水道管、コーティング剤、継ぎ手などの資機材の規格である。NSF の 2010 年 3 月の調査では、NSF/ANSI 60 は 13 の州、準州のうち 9 の州、準州が、NSF/ANSI 61 は 13 の州、準州のうち 11 の州、準州が規格品を用いることを法令で定めている[18]。また、給水装置(NSF/ANSI 53)、微生物不活化装置としての紫外線処理装置(NSF/ANSI 55)、逆浸透浄水処理装置(NSF/ANSI 58)、蒸留装置(NSF/ANSI 62)の規格がある。

8.2.6 州、準州ごとの水道水質管理の状況

カナダには州の水道水質管理制度を比較した公表文書はないが、NGO の Ecojustice(2007 年 9 月以前はシエラ法律防衛基金：Sierra Leagal Defence Fund)が州、準州ごとの水道水質管理制度の評価結果を"Water Proof"と題する文書にまとめ 2001、2006、2011 年に公表している[19]。この報告書では、それぞれの州、準州の水道に関する法律や制度に関する文書を比較し、水源保護、浄水処理に関する基準、水質基準、水質検査、水道システムの技術要件、水質検査機関認証および技術者の資格、情報開示と説明責任の視点から評価を行い、最良の A から取り組みの遅れ

ているFまでの6段階評価を行っている(**図**-8.3および**表**-8.4参照)。2011年のそれによると、13の州、準州のうちオンタリオ州が最も先進的な水道水質管理を行っており、Aと評価されている。カナダ連邦については、飲料水保護の条項が少ないこと、先住民への水質保護施策に進歩がない、環境省の水源水質監視予算が大幅に削減された、ことなどからFとされている。

図-8.3 NGOのEcojusticeによる2011年の各州・準州の水道水質管理の評価[文献19)より一部抜粋]

表-8.4 NGOのEcojusticeによる各州・準州の水道水質管理の評価の推移
[文献19)および20)より一部抜粋]

州・準州	2001年	2006年	2011年*1	特　徴*2
アルバータ州	B	B	C−	工業活動の中心であるにも関わらず、水源保護プログラムによる規制がない。浄水処理および水質基準は5年前と同じままである。
ブリティッシュコロンビア州	D	C+	C+	厳格でないものの浄水処理規則がある。水源保護プログラムは環境水関連法令の大幅改正で規定される予定だが、飲料水と関わる条項はない。
マニトバ州	C−	C+	B+	厳しい浄水処理基準があり、確固とした水源保護プログラムを策定中である。
ニューファンドランド・ラブラドール州	D	C−	B	実施中の水源保護プログラムにより、地下水系水源の大部分が保護されている。水質基準は改訂されている。運転員の資格規定がない。

ニューブランズウィック州	C-	D	B+	厳しい水源保護プログラムにより、人口の大部分の水源が保護されている。浄水処理規則と水質基準は先進的である。
ノースウエスト準州	C	C+	C+	若干の改善が認められるが、水源保護プログラムはない。水利権の確立と水に関する法の抜本的な見直しを行っている。
ノバスコシア州	B-	B	A-	浄水処理と水質検査に厳しい規則がある。また、カナダで最も広範囲をカバーする水源保護プログラムがある。
ヌナブト準州	C	C	D	水源保護規定はなく、浄水処理に関する基準もカナダで最も緩い。
オンタリオ州	B	A-	A	最も先進的な水源保護プログラムを持ち、浄水処理、水質検査、運転員の訓練、情報開示に関してカナダで最も厳格な基準がある。
プリンスエドワードアイランド州	F	C-	B-	92%の水道は法令による規制対象であるが、浄水処理は義務化されていない。
ケベック州	B	B+	B+	清浄な水の取水と浄水処理に厳しい基準が設けられているが、他の州のような水源保護プログラムがない
サスカチュワン州	C	B-	B-	砂ろ過と水質検査の規則があり、情報開示は先進的である。ただし、水源保護プログラムの法令規定はない。
ユーコン準州	D-	C-	C-	浄水処理と汚染防止に関しての基準は改善されており、飲料水と汚染源分離の規定がある。水源保護プログラムはない。

筆者注　＊1　2011年の評価では、2006年までの評価項目に水源保護の項目を加えた評価となっている。
　　　　＊2　特徴に関しては、Water Proof 3[19]の本文ではなく、要約版のWater Proof 3 Canada's Drinking Water Report Card[20]から引用。

8.3 オンタリオ州の水道水質管理と水源保全

これまで述べてきたように、水道行政は州や自治体の管轄である。このため、カナダの人口の4割を占め、首都オタワ(Ottawa)およびカナダ最大の都市トロント(Toronto)を抱え、カナダで最も先進的とされるオンタリオ州の水道水質管理を例に挙げ詳細を記述する。

8.3.1 水道に関する州法の概要

法令一覧表を**表-8.5**に示す。

表-8.5 カナダ(オンタリオ州)における水道水質管理に関係する主な法令

法令の名称		摘要	文献
正式名称	和訳		
Safe Drinking Water Act, 2002 S.O. 2002, Chapter 32	安全飲料水法	水処理と給配水に関する法律	21)
Sustainable Water and Sewage Systems Act, 2002 S.O. 2002, Chapter 29	上下水道持続管理法	水道事業における会計方法および報告義務を定めた法律	22)
Nutrient Management Act, 2002 S.O. 2002, Chapter 4	養分管理法	農場から出る有機物を含む廃棄物の管理に関する法律	23)
Clean Water Act, 2006 S.O. 2006, Chapter 22	水質汚濁防止法	流域単位で設定された水源保護区域における水質汚濁を防止するための法律	24)
Ontario Regulation 170/03 Drinking Water Systems Regulation	水道システム規則	通年使用の水道に対する施行規則	27)

　オンタリオ州において水道行政の核となる法律は安全飲料水法(Safe Drinking Water Act)[21]、上下水道持続管理法(Sustainable Water and Sewage Systems Act)[22]、養分管理法(Nutrient Management Act)[23]と水質汚濁防止法(Clean Water Act)[24]である。これらの法律は、2000年5月に発生した病原性大腸菌O-157による水系感染事故「ウォーカートンの悲劇(Walkerton Tragedy)」(Box 6参照)を総括した検証委員会の調査報告書[25,26]の提言により、2002年以降に抜本的に改正されたものである。提言では、それまでは複数の法律に分かれていた水道に関する水処理と給配水に関する規則をまとめることが必要とされ、安全飲料水法[21]が改定された。また、この法律の下に、通年使用の水道に対する施行規則である水道システム規則(Drinking Water Systems Regulation)[27]が策定された。また、水道を持続可能なものにするための必要な財政管理についての提言は、上下水道持続管理法に反映され、会計などの報告義務が規定されている。さらに、集水域ベースの水源保護についての提言は、農場などから出る有機物を含む廃棄物の管理については養分管理法に、流域単位の水源保護区域を指定し、各区域において水源保護を進めるための施策は水質汚濁防止法に反映されている。

Box 6 **ウォーカートンの悲劇**[1, 2, 3]

　2000年5月、オンタリオ州のウォーカートン(Walkerton)で、病原性大腸菌O-157、カンピロバクター・ジェジュニ(*Campylobacter jejuni*)によって水道水が汚染され、7人が死亡、2,300人を超える住民が感染した。この水系感染事故は、「ウォーカートンの悲劇」と呼ばれている。その後の調査で、水系感染事故は、

以下の要因が重なったことにより発生したことが判明した。
① 汚染原因となった浅井戸の第5井戸は岩盤に囲まれていたが、岩盤上の表土は浅く岩盤には亀裂があった。このため、土壌表面の細菌が井戸に混入しやすかった。
② 水系感染事故前の4月に井戸周辺の農場に有機肥料が撒かれていた。
③ 5月8日から12日に60年に1度の大雨があり、洪水が発生した。
④ 町から運転を請け負っていたウォーカートン公共事業委員会の技術者は、第5井戸の残留塩素濃度と濁度の継続的監視を行っておらず、井戸からの供給水は十分に消毒されていなかった。
⑤ ウォーカートン公共事業委員会の技術者は、5月15日に第5井戸で大腸菌が検出されていた試験結果と、5月初旬に十分に塩素消毒されていなかった水道水を供給した事実を、町の保健所に報告しなかった。

結果的に大雨の降った5月12日直後から住民は汚染された水道水にさらされ、18日から感染が拡大し病院に患者が殺到する事態となった。その後、5月22日に死亡者が発生して以降、最終的に7人が死亡した。この事件で、現場責任者および公共事業委員会統括部長は、残留塩素および濁度の継続的監視を怠り、水質試験結果を隠蔽して不適切な対応を行ったことなどで、偽造文書行使罪、文書偽造、公務義務の不履行の罪に問われ、有罪判決を受けた。

参考文献
[1] 文章の文献8)に同じ。
[2] 文章の文献25)に同じ。
[3] 文章の文献26)に同じ。

8.3.2 水道システムの区分と管理

水道システム規則[27)]により、水道システムは、経営形態、供給能力、居住の有無と運転状況により8種類に区分されている(**表-8.6**)。このうち、居住者用で通年運転するものに限り、環境省の管轄である。その他の非居住者用と民営季節的居住者用システムは、健康長期治療省(The Ministry of Health and Long-Term Care)および地域の保健所長(The Medical Officer of Health)が管轄している。

(1) 公営の居住者用システムにおける管理(公営水道運営免許プログラム)
2002年まで公営の居住者用システム(Municipal residential system)の運営には、

表-8.6 オンタリオ州における水道システムの分類[27]

規　模		公営水道	民営水道	
			通年運転	年間連続60日以内の運転
5戸以下の住宅に供給	飲料水としての供給能力が2.9 L/s 以下のもの	小規模公営非居住者用システム	小規模民営非居住者用システム	
特定の施設に供給していない	飲料水としての供給能力が2.9 L/s 以上のもの	大規模公営非居住者用システム	大規模民営非居住者用システム	
6戸以上100戸以下の住宅に供給または特定の施設に供給している		小規模公営居住者用システム	民営通年居住者用システム	民営季節的居住者用システム
101戸以上の住宅に供給		大規模公営居住者用システム		

注）　網掛け部分は健康長期治療省管轄、それ以外は環境省管轄。

環境省による認可書(Certificates of approval：C of A)が必要であった。C of A とは、水道システムの設立、変更、運転それぞれに関して安全飲料水法に基づいて環境省が認可した文書である。しかしながら、ウォーカートン事件を契機に策定された検証委員会報告[25,26]に基づき、より厳格な審査によって担保される公営水道運営免許プログラム(Municipal Drinking Water Licensing Program)が発案され、2002年に改定された安全飲料水法に規定された。公営水道運営免許プログラムとは、水道システムの運転、保守、管理、システムの変更が水道システム規則[27]やその他の法律、規則に従っていることを保障するための公営の居住者用システムに与えられる免許制度である[28]。公営水道運営免許に必要なものは、財務計画、水道業務認可、認証された運転計画、取水免許証、認証された管理責任者である(図-8.4)。財務計画は自治体の議会の承認が必要であり、運営免許を得るための申請書には、水道システムを構成している各種設備の種類および設置場所(給水システムの場合は地図)、設計基準の適否、将来の更新計画などが必要である。運転計画は、管理責任者によって水道水質管理基準(Drinking Water Quality Management Standard：DWQMS)に基づいて作成され、環境省の局長によって定められた期限までに、認証機関に提出し認証を受けなければならない。なお、この運転計画は環境省により公表される。運営免許の有効期限は5年である。さらに必要により、当局から水処理方法などに関する条件が付け加えられることもある。2002年時点で全自治体は2010年までに運営免許を切り替えることとなっていたが、2011年末に全自治体の運営免許取得が完了している[29]。

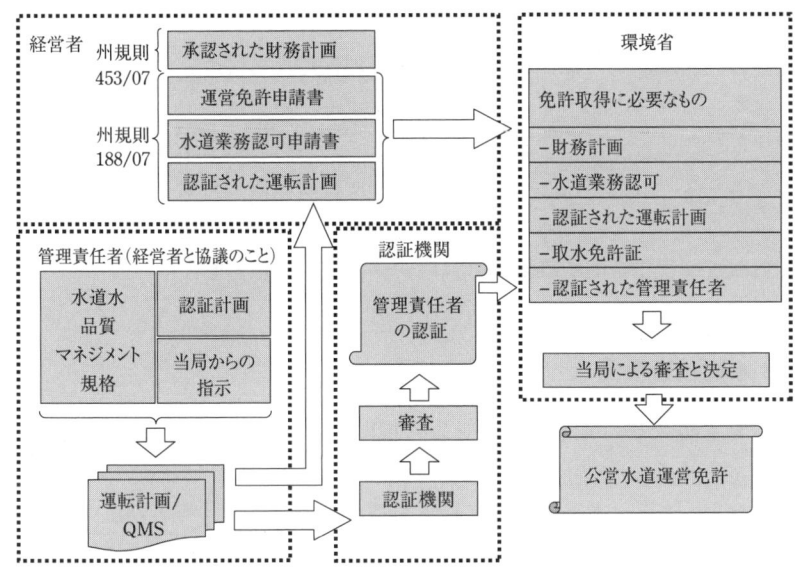

図-8.4 オンタリオ州における公営水道運営免許認可の流れ

(2) 民営の通年居住者用システムにおける管理

水道システム規則[27]によると、民営の通年居住者用システム(Non-municipal year-round residential system)では、システムを設立するには自治体の文書による同意が必要である。システムを設立、変更、運営するためには、システムに適用される水道システム規則の規定に従い、環境省の認可(approval for the system)が必要である。自治体は経営者に財政保証を求めることができる。管理責任者は環境省が認めた認証機関により認証される。また、環境省は必要に応じてシステムの計画、仕様、技術報告書および試運転とその結果の報告を求めることができる。民営の通年居住者用水道システムについても運転計画は公表される。

(3) 非居住者用システムと民営の季節的居住者用システムにおける管理

非居住者用システムと民営の季節的居住者用システムは、環境省ではなく健康長期治療省が管轄する水道システムである。このため、安全飲料水法[21]による管理ではなく、健康保護増進法(Health Protection and Promotion Act)[30]に基づく季節的小規模飲料水システム規則(Ontario Regulation 319/08 Small Drinking Water Systems)[31]によって規制されている。この規則により、保健所の公衆衛生調査員が

地域の管轄水道システムのリスクアセスメントを行い、必要であれば水処理方法、水質検査の頻度や方法、操作員の訓練、記録の保持などについて経営者や操作員に指示をする。これらのシステムを設立、変更するためには、①システムの構築／変更に関する建築認可番号、②施設の処理方法、③供給開始予定日、④所有者の名前と住所、⑤システムの名前と所在地を文書で所轄の保健担当部局へ届出て認可を得なければならない。また、通年運転ではない施設の場合、再開の前に大腸菌と従属栄養細菌および理化学的水質検査を行い、その結果を報告しなければならない。

8.3.3 水道検査機関

安全飲料水法[21]には、水質検査を行う機関は第三者機関による認証を経て環境省の水道水質検査免許(Drinking Water Testing License)を付与されなければならないとする規定がある。その詳細は、浄水場操作者及び水質検査者認証規則(Ontario Regulation 128/04 Certification of Drinking Water System Operators and Water Quality Analysts)[32]で定められている。また、安全飲料水法[21]の法律下に規定された飲料水検査業務規則(Ontario Regulation 248/03 Drinking Water Testing Services)[33]には、水質検査は水道水質検査免許を持つ機関が行わなくてはならないが、27項目(水温、臭い、味、pH、濁度、色度、硬度、アルカリ度、遊離残留塩素、結合残留塩素、二酸化塩素、塩化物イオン、フッ素、硫化物イオン、硫酸イオン、アルミニウム、銅、鉄、マンガン、亜鉛、DOC、メタン、有機態窒素、蒸発残留物、アンモニア、クロラミン、オゾン)に関しては適切な訓練を受けた操作員による検査、または連続監視装置での監視によって代えることができるとの規定がある。また、すべての水質検査結果は5年以上保管しなくてはならない。

8.3.4 水質監視方法と水質基準

(1) 水質監視方法

水道システム規則[27]に水道システムの区分(表-8.6)ごとに検査項目および検査頻度が定められている。検査項目が多く検査頻度が高いのは大規模公営居住者用システムで、次に小規模公営居住者用システムと民営通年居住者用システムである。非居住者用システムおよび民営季節的居住者用システムに関しては、検査項目は少なく検査頻度も低い。検査地点は特に規定のない場合、給配水システムへの流入点か、

同等の場所と定められている。サンプリングはグラブサンプルで行われ、採水方法は検査機関の指示に従う。また、微生物項目のための給水栓水の採水時には残留塩素濃度を同時に測定することが求められている。

(2) 水質基準

水質基準は、オンタリオ州水道水質基準規則(Ontario Regulation 169/03 Ontario Drinking Water Quality Standards)[34]によって規定されている。

a. 微生物　カナダ飲料水水質ガイドラインと同じく、大腸菌と大腸菌群に100 mL中で不検出の基準値が設けられており、従属栄養細菌には基準値が設けられていない。ただし、小規模公営居住者用システムおよび民営通年居住者用システムにおいて、1週間以上の停止あるいは1週間以上経営者と操作員、またその家族の住宅のみに水道水が供給されている場合、また非居住者用システムおよび民営季節的居住者用システムにおいて、1週間以上の停止あるいは1週間以上学校などの特定の施設に供給していない場合、検査は省略できる。

b. 化学物質　オンタリオ州の水質基準は、カナダ飲料水水質ガイドラインと比較すると、アラクロール、アルジカルブ、アルドリンおよびディルドリン、ベンダイオカルブ、シアナジン、ジノセブ、メトキシクロル、パラチオン、クロルデン(総量)、DDTおよびその代謝物、ヘプタクロルおよびヘプタクロルエポキシド、リンデン(総量)、プロメトリン、テメホス、トリアレート、2,4,5-トリクロロフェノキシ酢酸などの農薬類、PCB、ダイオキシンおよびフランの合計18項目多い。カナダ飲料水水質ガイドラインは2012年8月に改訂され、その際にいくつかの項目が削除されているが、オンタリオ州水道水質基準の最新版は2006年に制定されたままであるため、項目数が多くなっている。また、基準値の多くはカナダ飲料水水質ガイドラインと同じであるが、ヒ素のガイドライン値が0.010 mg/Lに対しオンタリオ州基準値が0.025 mg/Lと、値が異なる項目もある。

c. 鉛　公営居住者用システムおよび民営通年居住者用システムにおいて、鉛の検査は夏季と冬季の年2回行われ、サンプリング箇所数は給水人口ごとに定められている。ただし、49,999人以下に供給している水道システムのうち、2年間で90％以上のサンプルが水質基準値(0.01 mg/L)の半分を超えることがなく、なおかつ水質基準値を超えない場合、あるいは4年間90％以上のサンプルが基準値を超えることがない場合と、50,000人以上に供給しているシステムにおいて4年間90％以上のサンプルが基準値を超えることがない場合に検査は省略できる。しかし、この

時も採取箇所数はほぼ半減するものの49,999人以下の場合は3年に1回、50,000人以上の場合は1年に2回（夏季と冬季）検査する必要がある。

d. **放射性物質**　最大許容濃度(MAC)値が定められている放射性核種は78種類あり、各放射性核種の測定値を最大許容濃度で除した値の総和が1を超えないように定められている。放射性物質の最大許容濃度は、国際放射性防護委員会(ICRP)が公表している1977年の勧告文書26[35]に従っている。

8.3.5 水道水の消毒方法

水道水の消毒方法は、水道システム規則[27]の下に定められた手順書であるオンタリオ州における水道水の消毒方法(Procedure for Disinfection of Drinking Water in Ontario)[36]で、浄水処理としての消毒と配水管網での追加塩素処理の詳細が定められている。浄水処理としての消毒では、二酸化塩素、モノクロラミン、遊離塩素、オゾン、紫外線による消毒が認められており、原水に地下水を用いる場合は99％以上のウイルスを除去あるいは不活化する処理を、原水に表流水を用いる場合は、薬品処理を伴ったろ過によりクリプトスポリジウムの99％、ジアルジアの99.9％、ウイルスの99.99％を除去あるいは不活化する処理を行う必要がある。塩素消毒を行う場合、公営居住者用システムにおいては、設計された接触時間のすぐ後の地点で自動監視装置による残留塩素濃度を測定し、検査結果を72時間以内に認証あるいは訓練を受けた操作員によってチェックすることが求められている。機器異常あるいは検査結果の異常により、警報が作動した場合は、供給を停止し、適切な処置を行わなければならない。その他のシステムにおいては、少なくとも設定された接触時間のすぐ後の地点で毎日1回以上残留塩素を測定しなくてはならない。すべての水道システムにおいて残留塩素は0.1 mg/L以下の場合、管理が不適であるとされ、対応が必要とされる。

塩素以外の消毒を行う場合は、機械の故障、停電あるいは中断などによる無処理の水が消費者に触れないこと、認証された操作員によってすぐに復旧できるような体制を整えておくこと、異常が警報などにより速やかに操作員に伝わること、特に紫外線によって消毒されている場合は運転センサーがついていることが求められている。

浄水処理において塩素以外の方法で消毒が行われている場合でも、101戸以上の住宅に供給している水道システムに関しては給配水システムでの塩素消毒が求めら

れ、遊離残留塩素では 0.05 mg/L 以上、結合残留塩素では 0.25 mg/L 以上の保持が必要である。一方、100 戸以下の住宅に供給している水道システムでは、適切な維持管理および水質検査が行われ、すべての供給者に周知している場合には塩素による消毒は省略可能である。

8.3.6 水質基準超過時の対応

水質に異常があった場合の対応については、水道システム規則[27]によって定められている。管理責任者あるいは試験担当者は、以下の場合その水道の監督省である環境省あるいは健康長期治療省（表-8.6）とそれぞれの地域の保健所に報告しなければならない。

① 水質検査の結果が水質基準に不適合であった場合
② 水質基準項目以外の農薬が濃度にかかわらず検出された場合
③ *Aeromonas* spp., *Pseudomonas aeruginosa*, *Staphylococcus aureus*, *Clostridium* spp. あるいは fecal *streptococci*（Group D *streptococci*）が検出された場合
④ フッ素添加を行っている施設では 24 時間以上、フッ素添加をしてない施設では 5 年ごとの検査でフッ素濃度が 1.5 mg/L を超えている場合
⑤ 残留塩素および濁度管理等が適切に行われなかった場合など

このほか、鉛については、検査機関が検査したサンプルが基準を超過していた場合、24 時間以内に文書により、運転管理者または経営者、保健所および環境省の漏洩機動センター（Ministry's Spills Action Center：有害物質の水域、大気、土地への漏洩時に対応する専門部署）に報告しなければならない。口頭により報告をした場合も 24 時間以内に文書による報告をしなくてはならない。水質基準超過時には、問題が解決してから 7 日以内に経緯を説明する報告書の提出義務がある。また、以下の事態が発生した場合は定められた対応方法を取らなければならない。

(1) 不適切な消毒

大規模公営居住者用システムの場合は、消毒設備を速やかに復旧させ、保健所に報告し、保健所より指示があった場合はそれに従う。その他の水道システムの場合は、消毒設備を速やかに復旧させ、住民に他の水道システムに切り替えさせるか 1 分以上沸騰させてから使用することを求める煮沸勧告を行い、保健所に口頭あるいは電話で報告する。その際に保健所より指示があればそれに従う。

(2) 濁度の基準超過

大規模公営居住者用システムの場合は、機器および浄水処理工程での異常の有無を確認し、もし原因が特定されればそれを改善しなくてはならない。その他の水道システムの場合は、機器異常でないことを確認し、ろ過装置の逆洗を行うか、ろ材の交換を行う。もし、他の処理工程に原因があればそれを改善したうえで再検査を行い、それでも濁度が 1 NTU 以上の場合は供給者への煮沸勧告とともに、ろ過装置を修理し、給配水システムを洗浄する。

(3) 残留塩素濃度の低下

直ちにすべての給配水システムを洗浄し、塩素消毒設備を復旧させ、残留塩素濃度を確認する。その結果、遊離残留塩素が 0.05 mg/L 以下、または結合残留塩素が 0.25 mg/L 以下であった場合は、煮沸勧告を行う。

(4) 微生物の検出

大腸菌が検出された場合、大規模公営居住者用システムでは直ちに再検査を行うとともに、遊離残留塩素 0.2 mg/L 以上、または結合残留塩素 1.0 mg/L 以上に増やし、給配水システムを洗浄する。検査は洗浄後 24 時間および 48 時間のサンプルのどちらからも大腸菌が検出されないことを確認するまで継続する。その他の水道システムでは、直ちに煮沸勧告し、塩素消毒を行っている場合は前述のように塩素濃度の強化、塩素消毒を行っていない場合は保健所あるいは、塩素消毒を行っていないシステムにおける是正処置(Procedure for Corrective Action for Systems Not Currently Using Chlorine)[37]で規定されている一時的な消毒を行い、給配水システムを洗浄する。煮沸勧告は、洗浄後 24 時間および 48 時間のサンプルのどちらからも検出されないことを確認するまで継続される。大腸菌群あるいは *Aeromonas* など[*Aeromonas* spp., *Pseudomonas aeruginosa*, *Staphylococcus aureus*, *Clostridium* spp. あるいは fecal *streptococci* (Group D *streptococci*)]が検出された場合、できるだけ早く再検査を行い、大腸菌と同様の消毒処置を図る。

(5) 化学物質、放射性物質の基準超過と基準以外の農薬の検出

化学物質、放射性物質の基準超過と基準以外の農薬が検出された場合は、できるだけ早く再検査を行い、保健所の指示を仰ぐ。また、大規模公営居住者用システムの場合、10%以上のサンプルにおいて水質基準を超過することが続く場合、是正処

置を取ることが求められている。

8.3.7 水道システムの維持管理

(1) 操作員

公営居住者用システムと民営通年居住者用システムでの運転および水質検査は、浄水場操作者及び水質検査者認証規則[32]によって発行された操作員の認証を持つ者に限られ、非居住者用システムと民営季節的居住者用システムでは操作員は訓練を受けなければならない。2004年にオンタリオ州では州政府のサービス機関であるウォーカートンクリーンウォーターセンター(The Walkerton Clean Water Centre：WCWC)を設立し、操作員に対して教育訓練を実施している。また、WCWCは小規模な水道事業体の管理者のために教育、助言や支援を行い、安全な飲料水を維持するための研究などについて環境大臣に助言する。

(2) 濁度およびフッ素の管理

残留塩素以外の日常的な水質管理項目として濁度とフッ素がある。これらの項目の管理方法は、水道システム規則[27]によって定められている。公営居住者用システム、大規模非居住者用システムおよび民営通年居住者用システムの濁度管理は、原水の種類により異なる。原水に地下水を用いる場合、月に1回以上原水の濁度を検査しなければならない。原水に表流水を用いる場合は、原水の濁度検査は不要であるが、ろ過水濁度を連続監視装置で測定しなくてはならない。ただし、大規模非居住者用システムおよび民営通年居住者用システムでは、毎日1回以上のろ過水濁度の検査でもよい。この時、濁度が1 NTU以上の場合、管理が不適と見なされ、対応が必要である。また、非居住者用システムで紫外線によって消毒を行っている場合は、濁度の監視は省略できる。フッ素添加を行っているシステムの場合は、添加装置の末端で1日に1回以上フッ素を検査しなければならない。

(3) 水処理設備などの保守

公営居住者用システムにおいては、危害分析に基づいて設定された保守点検計画に沿って水処理設備の保守点検が行われる。これらの規定は、水道システム規則[27]によって定められている。大規模公営非居住者用システム、民営通年居住者用システムおよび大規模民営非居住者用システムにおいては、認証を受けた操作員

が保守を行い、記録を残す。保守点検の頻度は、衛生工学を専門とする認定された技術者、あるいは装置メーカーより維持管理に関する指導がある場合はそれに従う。それらの指導がない場合で、塩素消毒を行う場合は少なくとも1週間に1度、塩素消毒を行わない場合は少なくとも3ヶ月に1度、すべての水処理設備に対して保守点検を行うよう定められている。小規模公営非居住者用システム、民営季節的居住者用システムおよび小規模民営非居住者用システムにおいては、訓練を受けた者によって上記と同じ保守を行い、記録を残さなければならない。

8.3.8 監査制度

監査制度は、安全飲料水法[21]に規定があり、その詳細は、法令遵守と強制権(Ontario Regulation 242/05 Compliance and Enforcement)[38]で定められている。主任監査員は、環境省水道管理部長が兼務しており、州内の水道システムの監査を行っている。監査対象は、主に公営居住者用システムおよび水道水質検査免許を所持する水質検査機関である。公営居住者用システムは年に1度監査員による監査を受け、このうち3分の1は連絡より24時間以内の抜き打ち監査を実施するよう定められている。

(1) 水道システムに対する監査

監査報告は、主任監査員年報(Annual Report 2010-2011)[29]で公表されている。公営居住者用システム、民営通年居住者用システムおよび子供キャンプ、デイケアセンター、学校などの特定施設に供給している水道システムに対して行われた水質検査の結果は、主任監査員に報告され、2010年度(2010年4月～2011年3月)においては63.9万件であった。公営居住者用システムに関する水質検査は519,861件行われ、そのうち99.87％は水質基準値内であったが、微生物項目が198施設455検体と鉛、トリハロメタン、フッ素などの理化学項目が72施設196検体で基準超過であった。監査結果は45日以内にまとめられ、各水道システムの責任者に報告される。また、必要があれば、州からの改善命令または違反是正勧告が行われる。達成率は年々改善しており、達成率100％の水道システムは2005年度では全水道システムの33％であったのが、2010年度では65％となっている。これらの達成率も水道システムごとに年報報告書で公表される。2010年度において、監査結果に基づく改善命令は5件発令された。

(2) 水質検査機関に対する監査

水道水質検査免許を付与された水質検査機関への監査は、年間2回以上行われる。2010年度においては53の検査機関に合計106回の監査が行われ、そのうち52回が抜き打ち監査であった。監査対象は、免許認可、施設設備、検査方法、水質基準超過時の連絡および報告体制、マネジメント体制、記録、データおよびサンプルの取り扱いに関することである。2010年度には1件の改善命令が発令された[29]。

(3) 違反時の処置

環境省の調査課は、安全飲料水法を含む環境関連法に違反している事例の有無を調査し、対応をする部署である。違反を見つけた場合、監査員は報告書を作成し、調査課へ報告する。調査課は報告書に基づき、必要であれば調査を行い、収集した証拠を検討して課徴金を課すかを判定し、検察官(Crown attorney)が課徴金を課す。2010年度においては、14件の違反が認められ、総額199,300ドルの課徴金が発生した。14件のうち、公営居住者用システムに関することが3件、民営通年居住者用システムが6件、特定施設に供給しているシステムが3件、認証水質検査機関に関するものが2件であった[29]。

8.3.9 水源水質保護の概略

水源水質保護については、水質汚濁防止法[24]に基づき施策が展開されている。水質汚濁防止法の目的は、行政区分の市町村ではなく地域が主体的に水道への脅威を特定して、脅威を取り除いたり影響程度を減らしたりするように活動していくことである。この法律により、36の水源保護区域(Source Protection Area)あるいは複数の区域が集まった地域(region)ごとに、科学的な調査や評価に基づいた実施要綱、水源保護計画、評価報告書が作成され州に提出される[39]。例えば、CTC水源保護地域(CTC Drinking Water Source Protection Region)では、Credit Valley Source Protection Area、Tronto & Region Source Protection Area、Central Lake Ontario Source Protection Areaの3つの水源保護区域が合同で水源保護地域を構成して、実施要綱を作成している(図-8.5)[40]。水源保護区域あるいは地域では、水源保護機構(Source Protection Authority)および水源保護委員会(Source Protection Committee)が設立される。水源保護機構は一般的に自治体の議会で任命された委員で構成され、水源保護委員会を設立する。水源保護委員会は、行政、農・工・商業会、NGOなどの利

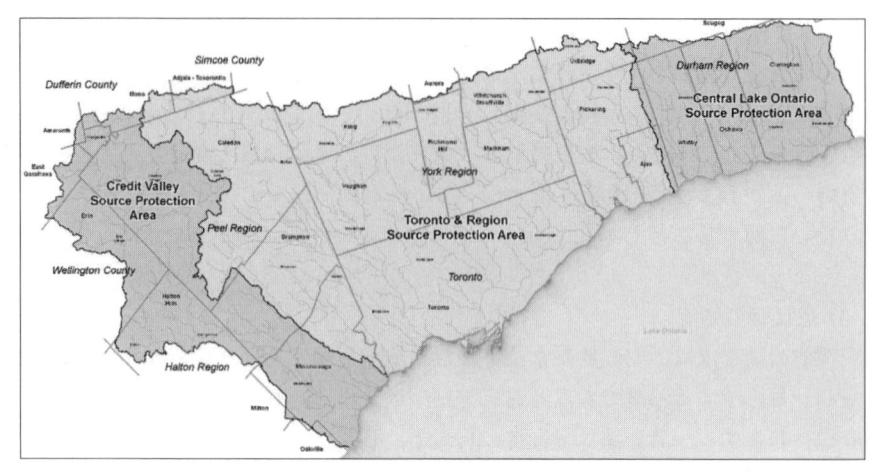

図-8.5　CTC 水源保護地域（CTC Drinking Water Source Protection Region）[40]

害関係者で構成されている。水源保護委員会を通じて、自治体は水源を含む飲料水のリスクを特定し評価するための業務を行う。利害関係者も水源保護委員会の仕事を支援する作業部会を通じて水源保護活動に参加する。また、これらの水源保護活動の財政的裏付けは Ontario Drinking Water Stewardship Program（ODWSP）[39]により行われている。州政府は水源保護計画のために 2007 年から 2012 年までに 2,100 万ドルを支援するとしている。このプログラムでは、地方自治体の所有している貯水池や井戸の水源保護区域に隣接する土地所有者、農家および中小事業者を対象としており、以下の方針に従った活動に支援を行っている。

・井戸の廃棄や改善
・汚水処理施設の調査および改善
・土地の浸食防止と土壌流出防止
・中小事業者が所有する施設による汚染防止のための調査

参考文献

1) Environment Canada：2011 Municipal Water Use Report,
   http://www.ec.gc.ca/Publications/B77CE4D0-80D4-4FEB-AFFA-0201BE6FB37B/2011-Municipal-Water-Use-Report-2009-Stats_Eng.pdf　（2014 年 4 月 11 日）
2) Environment Canada：Federal Water Policy and Legislation,

http://www.ec.gc.ca/eau-water/default.asp?lang=En&n=E05A7F81-1 （2014 年 4 月 11 日）

3) Health Canada：Water Talk-Drinking Water Quality in Canada,
http://www.hc-sc.gc.ca/ewh-semt/alt_formats/hecs-sesc/pdf/pubs/water-eau/drink-potab-eng.pdf （2014 年 4 月 11 日）

4) International Joint Commission：International Joint Commission (IJC) More than a century of cooperation protecting shared waters,
http://www.ijc.org/en_/Protecting_Shared_Resources （2014 年 4 月 11 日）

5) Prairie Provinces Water Board：Prairie Provinces Water Board,
http://www.ppwb.ca/ （2014 年 4 月 11 日）

6) University of Guelph School of Engineering：W James' historical perspective on the development of urban water supply,
http://www.soe.uoguelph.ca/webfiles/wjames/homepage/Teaching/437/wj437hi.htm#canada （2014 年 4 月 11 日）

7) Health Canada：Federal-Provincial-Territorial Committee on Drinking Water (CDW),
http://www.hc-sc.gc.ca/ewh-semt/water-eau/drink-potab/fpt/index-eng.php （2014 年 4 月 11 日）

8) Ministry of attorney general of Ontario：Report of the Walkerton Inquiry,
http://www.attorneygeneral.jus.gov.on.ca/english/about/pubs/walkerton/part1/WI_Summary.pdf （2014 年 4 月 11 日）

9) Public Health Agency of Canada：Waterborne cryptosporidiosis outbreak, North Battleford, Saskatchewan, Spring 2001,
http://www.phac-aspc.gc.ca/publicat/ccdr-rmtc/01vol27/dr2722ea.html （2014 年 4 月 11 日）

10) Association of Environmental Engineering & Science Professors：Waterborne Outbreak of Cryptosporidiosis in North Battleford, Canada,
http://www.aeespfoundation.org/sites/default/files/pdf/AEESP_CS_2.pdf （2014 年 4 月 11 日）

11) Health Canada：Guidance for Safe Drinking Water in Canada : From Intake to Tap,
http://www.hc-sc.gc.ca/ewh-semt/alt_formats/hecs-sesc/pdf/pubs/water-eau/guidancetotap-document/guidancetotap-document-eng.pdf （2014 年 4 月 11 日）

12) Health Canada：From Source to Tap: The Multi-Barrier Approach to Safe Drinking Water,
http://www.hc-sc.gc.ca/ewh-semt/pubs/water-eau/tap-source-robinet/index-eng.php （2014 年 4 月 11 日）

13) Canadian Council of Ministers of the Environment：From Source to Tap: Guidance on the Multi-Barrier Approach to Safe Drinking Water,
http://www.ccme.ca/assets/pdf/mba_guidance_doc_e.pdf （2014 年 4 月 11 日）

14) Health Canada：Guidelines for Canadian Drinking Water Quality Summary Table (2012),
http://www.hc-sc.gc.ca/ewh-semt/alt_formats/pdf/pubs/water-eau/2012-sum_guide-res_recom/2012-sum_guide-res_recom-eng.pdf （2014 年 4 月 11 日）

15) Health Canada：Guidelines for Canadian Drinking Water Quality, Guideline Technical Document-Chlorine,
http://www.hc-sc.gc.ca/ewh-semt/alt_formats/hecs-sesc/pdf/pubs/water-eau/chlorine-chlore/tech_doc_chlor-eng.pdf （2014 年 4 月 11 日）

16) Health Canada：Guidance for Providing Safe Drinking Water in Areas of Federal Jurisdiction - Version 2 (May, 2013),

http://www.hc-sc.gc.ca/ewh-semt/pubs/water-eau/guidance-federal-conseils/index-eng.php （2014 年 4 月 11 日）

17) Health Canada：Products and Materials that Come into Contact with Drinking Water, http://www.hc-sc.gc.ca/ewh-semt/water-eau/drink-potab/mater/index-eng.php （2014 年 4 月 11 日）

18) NSF International：Survey of ASDWA Members-Use of NSF Standards and ETV Reports March 2010, http://fluoride-class-action.com/wp-content/uploads/nsf-survey-of-asdwa-members-use-of-nsf-standards-and-etv-reports-3-2010.pdf （2014 年 4 月 11 日）

19) Ecojustice：Waterproof 3, http://www.ecojustice.ca/files/updated-full-waterproof/at_download/file （2014 年 4 月 11 日）

20) Ecojustice：Waterproof 3-Canada's Drinking Water Report Card, http://www.ecojustice.ca/publications/files/waterproof-3 （2014 年 4 月 11 日）

21) Ministry of the Environment of Ontario：Safe drinking water Act, 2002 S.O. 2002, Chapter 32, http://www.e-laws.gov.on.ca/html/statutes/english/elaws_statutes_02s32_e.htm （2014 年 4 月 11 日）

22) Ministry of the Environment of Ontario：Sustainable Water and Sewage Systems Act, 2002 S.O. 2002, Chapter 29, http://www.e-laws.gov.on.ca/html/source/statutes/english/2002/elaws_src_s02029_e.htm （2014 年 4 月 11 日）

23) Ministry of the Environment of Ontario：Nutrient Management Act, 2002 S.O. 2002, Chapter 4, http://www.e-laws.gov.on.ca/html/statutes/english/elaws_statutes_02n04_e.htm （2014 年 4 月 11 日）

24) Ministry of the Environment of Ontario：Clean Water Act, 2006 S.O. 2006, Chapter 22, http://www.e-laws.gov.on.ca/html/statutes/english/elaws_statutes_06c22_e.htm （2014 年 4 月 11 日）

25) Ministry of the Attorney General of Ontario：Part One Report of the Walkerton Commission of Inquiry, http://www.attorneygeneral.jus.gov.on.ca/english/about/pubs/walkerton/part1/ （2014 年 4 月 11 日）

26) Ministry of the Attorney General of Ontario：Part Two Report of the Walkerton Commission of Inquiry, http://www.attorneygeneral.jus.gov.on.ca/english/about/pubs/walkerton/part2/ （2014 年 4 月 11 日）

27) Ministry of the Environment of Ontario：Ontario Regulation 170/03 Drinking Water Systems, http://www.e-laws.gov.on.ca/html/regs/english/elaws_regs_030170_e.htm （2014 年 4 月 11 日）

28) Ministry of the Environment of Ontario：Municipal drinking water systems: licencing, registration and permits, http://www.ontario.ca/environment-and-energy/municipal-drinking-water-systems-licencing-registration-and-permits （2014 年 4 月 11 日）

29) Ministry of the Environment of Ontario：Annual Report 2010-2011, https://dr6j45jk9xcmk.cloudfront.net/documents/1192/19-chiefs-drinking-water-report-en.pdf （2014 年 4 月 11 日）

30) Ministry of Health and Long-Term Care of Ontario：Health Protection and Promotion Act R.S.O.1990, CHAPTER H.7, http://www.e-laws.gov.on.ca/html/statutes/english/elaws_statutes_90h07_e.htm （2014 年 4 月 11 日）

31) Ministry of Health and Long-Term Care of Ontario：Ontario Regulation 319/08 Small Drinking Water Systems, http://www.e-laws.gov.on.ca/html/regs/english/elaws_regs_080319_e.htm （2014 年 4 月 11 日）

32) Ministry of the Environment of Ontario：Ontario Regulation 128/04 Certification of Drinking Water System Operators and Water Quality Analysts,
http://www.e-laws.gov.on.ca/html/regs/english/elaws_regs_040128_e.htm （2014 年 4 月 11 日）
33) Ministry of the Environment of Ontario：Ontario Regulation 248/03 Drinking Water Testing Services,
http://www.e-laws.gov.on.ca/html/regs/english/elaws_regs_030248_e.htm （2014 年 4 月 11 日）
34) Ministry of the Environment of Ontario：Safe Drinking Water Act, 2002 Ontario Regulation 169/03 Ontario Drinking Water Quality Standards,
http://www.e-laws.gov.on.ca/html/regs/english/elaws_regs_030169_e.htm （2014 年 4 月 11 日）
35) International Commission on Radiological Protection：Recommendations of the ICRP, ICRP Publication 26,
http://www.icrp.org/publication.asp?id=ICRP%20Publication%2026 （2014 年 4 月 11 日）
36) Ministry of the Environment of Ontario：Procedure for Disinfection of Drinking Water in Ontario,
http://dr6j45jk9xcmk.cloudfront.net/documents/1182/99-disinfection-of-drinking-water-en.pdf （2014 年 4 月 14 日）
37) Ministry of the Environment of Ontario：Procedure for Corrective Action for Systems Not Currently Using Chlorine,
http://dr6j45jk9xcmk.cloudfront.net/documents/1272/135-corrective-action-en.pdf （2014 年 4 月 14 日）
38) Ministry of the Environment of Ontario：Ontario Regulation 242/05 Compliance and Enforcement,
http://www.e-laws.gov.on.ca/html/regs/english/elaws_regs_050242_e.htm （2014 年 4 月 11 日）
39) Conservation Ontario：Source Protection Area & Regions,
http://www.conservation-ontario.on.ca/what-we-do/source-water-protection （2014 年 4 月 11 日）
40) CTC Source Protection Region ：Drinking Water Source Protection CTC Source Protection Region,
http://www.ctcswp.ca/ （2014 年 4 月 11 日）

第9章
ドイツにおける水道の水質管理と水源保全

　ドイツでは、欧州連合（EU）の指令（Directive）に基づいた水道の水質管理および水源保全が行われている。水道水質管理の面においては、消毒や残留消毒剤の保持を義務付けていないが、消毒剤その他水道用薬品の使用方法、水道水質基準超過時などにおける対処方法、水道水質のサーベイランス、さらには給水装置のレジオネラに関する定期検査などについて定められている。水道用資機材や給水装置の材質などについても、近日中に詳細な規定が策定される予定である。また、水源保全の面においては、全国にわたって広範な地域を水源保護区域に指定して地下水や貯水池水を保護しているほか、排水賦課金制度の実施による公共用水域の水質保全などを行っている。

ドイツの基礎データ

　国名：ドイツ連邦共和国（16州からなる）
　面積：35.7万 km^2
　人口：8,199.0万人（2012年）
　人口密度：229.6人/km^2（2012年）
　年降水量：ベルリン 578.3 mm、フランクフルト 622.7 mm
　乳児死亡率：3.0‰（2010年）
　1人当たり国民総所得：43,070ドル（2010年）
　通貨：ユーロ（EUR）（2014年4月現在、1 EUR＝約141円）

出典（たたし、通貨を除く）：データブック オブ・ザ・ワールド世界各国要覧と最新統計2013年版、二宮書店、2013

ドイツの水道の基本情報

　基本法令：飲料水規則（Trinkwasserverordnung）[1]

水道事業体数：6,211[2]（2007年）
普及率：約99%[2]（2007年）
1人1日当たり平均給水量：122 L[2]（2007年）
水質基準：病原微生物2項目、健康影響がある化学物質27項目および一般指標22項目について限界値を規定。
消毒などに関する規制：消毒義務なし。消毒方法については規制あり。

9.1 水道の概要と規制

ドイツは、旧西ドイツの10州、旧東ドイツの5州と、ベルリン州の16州からなる連邦国家であり、欧州連合（EU）加盟国の一つである。正式な国名はドイツ連邦共和国であるが、ここではドイツと略称する。現在のドイツは、歴史的な事件であるベルリンの壁崩壊の後、1990年10月3日の東西ドイツの再統合によって生まれた。ドイツでは、連邦政府が憲法や法令などを定めているが、行政上の実質的な権限は各州政府が有しており、伝統的に各州の自主性が尊重されている。2011年現在のドイツの人口は8,216.3万人、面積は35.7万km^2、人口密度は約230.1人/km^2である。年平均降水量は700 mmと、日本の1,668 mmに比べてはるかに少ない[3]。

以下では、ドイツにおける水道の概要と水道における規制の枠組みについて述べる。

9.1.1 水道の概要

ドイツでは、19世紀の中頃から近代的な水道が整備され始めた。ドイツの主要都市における水道の歴史的発展については、鯖田[4,5]が詳しく紹介している。これによれば、1848年にハンブルク（Hamburg）において、エルベ（Elbe）川の水を沈殿させてから鋳鉄管を使って有圧で給水するという、イギリス人技師の設計による市営水道の運転が開始された。この施設は、1942年の大火災の反省を踏まえて建設されたものである。また、ハンブルクに隣接するアルトナ（Altona）では、1859年に同じエルベ川の水を緩速ろ過して給水するようになった。このほか、ミュンヘン（München）では、1867年にイーザル（Izar）川の水を緩速ろ過して給水する施設が、さらに1983年にはバイエルン・アルプスからの湧水を40 km導水する施設が造られた。また、1872年にはケルン（Köln）で地下水を水源とする水道が整備された。

これらの都市のうち特にハンブルクでは、当初、河川水を無処理でそのまま給水していたためコレラ、腸チフスなどが流行していたが、その後、緩速ろ過を行うようになってからは明らかな状況の改善が認められた。このようなろ過による水質改善がもたらす効果は、のちに Mills-Reincke の現象（Box 7 参照）と名付けられ、水道における非常に重要な知見として広く認識されるようになった。このことは、水道水源として表流水より地下水などを重視するドイツの水道のあり方に、大きな影響を及ぼしていると考えられる。

> **Box 7　Mills-Reincke の現象**
>
> 　Mills-Reincke の現象については、今からちょうど半世紀前に桑原[1]が次のように解説している。
>
> 　　「1893 年 9 月 Mills はマサツセッツ州（Massachusetts）のローレンス（Laurence）で、いままで未沪過のまま給水していたものを沪過給水に改めたところ、腸チフス罹患率の激減を認めたのみならず、他の疾病による一般死亡率も低下することを認めた。1893 年 5 月 Reincke はハンブルグ（Hamburg）市に給水するエルベ（Elbe）河の水を沪過して給水するように改善したところ、Mills と同様の現象を見た。後に Sedwick、Mac Nutt などにより、このことを Mills-Reincke の現象と称されるに至った。このことは水質を改善することによって、腸チフスの減少はもち論、他の消化器系伝染病も減少すること、また胃腸疾患、とくに小児の下痢腸炎による死亡が減少するためと考えられる。」
>
> 　ここに記されている「沪過」とは、緩速ろ過のことである。この頃のハンブルクにおける水道の状況などについては、鯖田[2, 3]や金子[4]が詳しく述べている。ハンブルクでは、1892 年にコレラが大流行して 8,600 人ほどが死亡した。この時、ハンブルクではエルベ川を水源とする水道が既に整備されていたが、浄水処理はまだ行われておらず、ちょうど前年の 1891 年に緩速ろ過池の建設工事が始まったところであった。しかし、同じエルベ川の下流側で水道原水を取水している隣のアルトナ（Altona）では、既に緩速ろ過を行っていた。そのため、コレラによる死亡率などはアルトナの方がはるかに低かった。その後の経緯については上記のとおりである。また、緩速ろ過が死亡率低下に及ぼす効果については、Sedgwick and Macnutt[5]が Mills や Reincke による知見を引用しつつ詳細な議論を展開している。

19世紀後半は、欧米や日本の各地で水道や下水道が整備され始めた時期であり、また、いわゆる上下水道論争が盛んであった時期でもある。このような時代背景のもとで、水道における浄水処理がもたらす効果が疫学的に示されたことは、大変意義深いことであり、今日の水と衛生に関する議論の中でも、このMills-Reinckeの現象は重要なキーワードとして取り上げられている[6]。

参考文献

[1] 斎藤潔監修、桑原驥児著：衛生工学入門－水質衛生－（絶版）、績文堂、1964。
[2] 本章の文献4)に同じる。
[3] 本章の文献5)に同じ。
[4] 金子光美編著：水質衛生学、技報堂出版、1996。
[5] W. T. Sedgwick and J. Scott Macnutt：On the Mills-Reincke Phenomenon and Hazen's Theorem concerning the Decrease in Mortality from Diseases Other than Typhoid Fever following the Purification of Public Water-Supplies. The Journal of Infectious Diseases, 1910; 7(4): 489-564. http://www.jstor.org/stable/30073304?seq=4　（2013年11月5日）
[6] World Bank: Environmental Health and Child Survival: Epidemiology, Economics, Experiences, 2008. http://documents.worldbank.org/curated/en/2008/01/9788497/environmental-health-child-survival-epidemiology-economics-experiences　（2014年2月6日）

今日のドイツにおける水道の概要は、連邦環境省[正式名称は環境自然保護原子炉安全省(Bundesministerium für Umwelt, Naturschutz und Reaktorsicherheit) で、BundesumweltministeriumまたはBMUと略称される。下部組織として環境庁(Umweltbundesamt、略称UBA)がある]の報告書[2]などによれば、以下のとおりである。すなわち、2007年の年間給水量はおよそ51億m^3で、そのうち家庭用および小規模営業用がおよそ36億m^3、営業用、公共用、水道事業者の自家用および漏水が残りのおよそ15億m^3である。水道水源の3/4は地下水または湧水に、残りは表流水などに依存している。水道事業者の総数は6,211である。2007年の給水人口は8,160万人以上で、普及率は約99％である。1人1日当たりの平均給水量は122Lと少なく、ノルトラインヴェストファーレン(Nordrhein-Westfalen)州の135Lからザクセン(Sachsen)州の85Lまで、州によってかなり大きな開きがある。また、この1人1日当たりの平均給水量の値は、1990年から2007年までの間に25L減少している。その理由は、主として利用者による節水行動と節水器具の普及によると考えられている。

さらに、EUの飲料水指令(Drinking Water Directive)[6]の規定に従って、連邦保健省と連邦環境庁が共同で3年に1度作成して公表している水道水質報告書[7]（9.2.5

参照)によれば、EUが報告を義務付けている日平均給水量 1,000 m^3 もしくは給水人口 5,000 人を超える水道は、2010 年には 2,283 事業者であり、その総給水人口は 7,016 万人(全人口の 85.8％に相当)、総給水量は 42 億 1,279 万 m^3 である。また、その原水の水源別内訳は、地下水が 73.8％、表流水が 14.5％、バンクフィルトレーション水が 5.5％、人工涵養地下水が 6.2％、その他が 0.03％である。

9.1.2 水道の規制

ドイツでは、水管理に関する基本法として水管理法(Wasserhaushaltsgesetz または WHG)[8]が制定されており、これに基づいて連邦の水に関する各種の法令や各州の水法などが制定されている(表-9.1 参照)。連邦の水に関する法令のうち、水道に直接関係するものは、飲料水規則(Trinkwasserverordnung)[1]と給水一般条件規則(Verordnung über Allgemeine Bedingungen für die Versorgung mit Wasser)[16]である。前者の飲料水規則は、水道水質管理に深く関わるものである。飲料水規則は、人の健康保護を目的として制定されているもので、その内容は EU の飲料水指令[6]に準拠している。後者の給水一般条件規則では、いわゆる供給規程や給水条例にほぼ相当することについての一般的な規定が示されている。本章でこのあと紹介する内容の多くは、このうち飲料水規則によるものである。飲料水規則は、最近、2011 年と 2012 年の 2 度にわたって改正されており、それぞれ第 1 次改正[17]および第 2 次改正[18]と呼ばれている。以下で述べるのは、特に断らない限りこの第 2 次改正を踏まえた内容である。なお、連邦政府で水道行政を担当しているのは保健省(Bundesministerium für Gesundheit: BMG)と環境庁である。

ドイツでは、憲法［ドイツ連邦共和国基本法(Grundgesetz für die Bundesrepublik Deutschland: GG)］および各州の州法に基づいて、水道事業は公共サービスの一環として、地方自治体がその責任において、自らまたは第三者に委託して行わなければならないとされている。実際の事業運営形態としては、地方自治体自らによるもののほか、民間企業に委託して行っているものや、複数の地方自治体が日本の一部事務組合に相当するような組織を設立して行っているものなど、様々である。また、飲料水規則によれば、水道事業を行うに当たって国による認可などは特に必要とされていないが、水道の設置、水道事業の開始、水道施設のうち、水質に影響を及ぼす可能性のある部分についての構造的・技術的条件の変更などにあたっては、遅くとも 4 週間前までに各州の保健担当部局に届け出ることが必要である。この時、水

表-9.1　ドイツの水道水質

法令の名称	
正式名称	略称(和訳)
Gesetz zur Ordnung des Wasserhaushalts	Wasserhaushaltsgesetz または WHG(水管理法)
Gesetz zur Verhütung und Bekämpfung von Infektionskrankenheiten beim Menschen	Infektionsschutzgesetz または IfSG(感染症予防法)
Verordnung über die Qualität von Wasser für den menschlichen Gebzrauch	Trinkwasserverordnung または TrinkwV(飲料水規則)
Gesetz über Abgaben für das Einleiten von Abwasser in Gewässer	Abwasserabgabengesetz または AbwAG(排水賦課金法)
Verordnung über Anforderungen an das Einleiten von Abwasser in Gewässer	Abwasserverordnung または AbwV(排水規則)
Verordnung zum Schutz des Grundwassers	Grundwasserverordnung または GrwV(地下水規則)
Verordnung zum Schutz der Oberflächengewässer	Oberflächengewässerverordnung または OGewV(表流水規則)
Gesetz zum Schutz der Kulturpflanzen	Pflanzenschutzgesetz または PflSchG(農作物保護法)
Verordnung über die Anwendung von Düngemitteln, Bodenhilfsstoffen, Kultursubstraten und Pflanzenhilfsmitteln nach den Grundsätzen der guten fachlichen Praxis beim Düngen	Düngeverordnung または DüV (肥料規則)

注)　この表に掲げた法令は、すべて連邦政府によるものである。これらとは別に、各州政府が独自に制定

道事業者は、各州の保健担当部局の求めに応じて技術計画書などを提出しなければならない。

　飲料水規則においては、飲料水供給の形態について、次のように区分している。
① 給水量 $10\ m^3$/日以上の、もしくは管路で中間需要者に給水する設備、または給水人口50人以上の設備であって、管路網を含む(集中型給水施設)
② 給水量 $10\ m^3$/日未満の、もしくは営業用・公共用の設備で、①もしくは③に該当しない設備であって、管路網を含む(分散型小規模給水施設)
③ 給水量 $10\ m^3$/日未満の自家用設備であって、給水装置を含む(小規模専用給水施設)
④ 車両、船舶、航空機およびその他輸送機器の給水設備であって、①、②もしくは⑥に該当する設備から給水を受ける点と使用点の間にあるすべての管、用具、機器、貯水槽などを含む(輸送機器給水施設)
⑤ ①もしくは②に該当する設備から利用者が水の供給を受ける給水装置(常時給

管理に関係する主な法令

概　　要	文献
水管理全般にわたる基本法。水源保護区域についても定めている。	8)
感染症の予防全般に関する法律。病原体についても規定している。	9)
飲料水の安全管理に関する規則。水質基準や消毒についても定めている。	1)
水域に放流される排水への賦課金に関する法律。ドイツで初めて定められた環境税で、汚染者負担の原則に基づいている。	10)
水域への排水の放流に関する規則。業種ごとの最低要件（排水基準）について定めている。	11)
地下水の量的および化学的観点からの保全に関する規則。	12)
表流水の生態学的および化学的観点からの保全に関する規則。	13)
農薬の適正使用などに関する法律。	14)
農地での肥料などの施用管理に関する規則。農地への窒素負荷の上限についても定めている。	15)

している水法などがある。

水）
⑥ 常時は用いられない、または随時①、②もしくは⑤に該当する設備に接続して用いられる給水設備（随時給水）

したがって、上記のうち①と②が水道事業に、③が専用水道に、⑤が給水装置にそれぞれ相当する。以下では、特に断らないまま常に単に水道事業者と記しているが、これは上記の①と②のことを指している。

9.2 水道水質管理の制度と動向

ここでは、飲料水規則の内容を中心に水道水質管理に関する規制についてまとめて述べる。

飲料水規則の正式名称をそのまま和訳すれば、人が消費する水の品質に関する規則となるが、ナチュラルミネラルウォーターや医療用水はその適用対象からは除外

されている。ここで言う人が消費する水とは、飲料水（Trinkwasser）と食品加工用水である。したがって、この飲料水にはボトル水なども含まれている。ただし、以下では、明らかにボトル水などだけを対象としたことは除外して、いわゆる水道水を対象としたことに限って記述することとし、用語としても飲料水でなく水道水を用いることにする。また、飲料水の利用目的や用途についても明確な記載があるが、その内容は水道水の場合と基本的に同じなのでここでは省略する。

9.2.1 制度の概要と水質基準

飲料水規則では、飲料水の定義、水質基準などの水質要件、水質検査における採水場所、基準超過時の対処方法、水道用薬品と浄水処理方法、水道事業者の通報・水質検査などに関する義務、各州の保健担当部局によるサーベイランスと指示、違反した場合の罰則などについて規定している。

飲料水規則では、まず水道水の水質に関して、「人が消費する水は、病原体を含まず、健康に良いもので、清浄でなければならない」としている。そのうえで、病原微生物については、感染症予防法（Infektionsschutzgesetz）[9]で定める病原体（人の感染症の原因となる増殖力のあるウイルス、細菌、真菌、寄生虫）であって、水を介して感染し得るものを、人の健康を損なうおそれがあるような濃度で含まないこととしている。また、化学物質についても、同様に人の健康を損なうおそれがあるような濃度で含まないこととしている。そして、これらのことと併せて、水道水質基準として**表-9.2**に示すような限界値が設定されている。これらの限界値が適用されるのは、使用点においてである。基準項目は、病原微生物2項目、健康影響がある化学物質27項目（うち15項目は給配水過程でその濃度が通常は変化しないもの、残り12項目は給配水過程でその濃度が変化する可能性があるもの）、および一般指標22項目の計51項目である。これらのすべての水質項目につき遵守義務がある［より正確に記すと、病原微生物と健康影響がある化学物質については"dürfen ...... nicht überschritten werden"（超えてはならない）、一般指標については"müssen ...... eingehalten sein"（守らなければならない）と、規定上両者で表現が微妙に異なっている］。なお、化学物質については、個別の状況に応じて可能な限り低い濃度を保つようにすべきであるとも規定されている。

水道水質基準の中で、比較的最近において追加または変更があったいくつかの項目などについて、以下にまとめて述べておく。まず、微生物については、2011年

9.2 水道水質管理の制度と動向

表-9.2 ドイツの水道水質基準 [1]

病原微生物

番号	項目	限界値(個/100 mL)
1	大腸菌	0
2	腸球菌	0

健康影響がある化学物質:通常、給配水過程でその濃度が上昇しないもの

番号	項目	限界値(mg/L)
1	アクリルアミド	0.00010
2	ベンゼン	0.0010
3	ホウ素	1.0
4	臭素酸	0.010
5	クロム	0.050
6	シアン	0.050
7	1,2-ジクロロエタン	0.0030
8	フッ素	1.5
9	硝酸イオン	50
10	農薬*1	0.00010
11	総農薬*2	0.00050
12	水銀	0.0010
13	セレン	0.010
14	テトラクロロエチレンおよびトリクロロエチレン	0.010
15	ウラン	0.010

筆者注 *1 個別の農薬(代謝生成物を含む)について、限界値が定められている。当該水道の集水域に存在していそうなものについて、監視することが求められている。
*2 個別の農薬(代謝生成物を含む)について測定・定量した値の合計値について、限界値が定められている。

健康影響がある化学物質:給配水過程でその濃度が上昇することがあるもの

番号	項目	限界値(mg/L)
1	アンチモン	0.0050
2	ヒ素	0.010
3	ベンゾ(a)ピレン	0.000010
4	鉛	0.010
5	カドミウム	0.0030
6	エピクロロヒドリン	0.00010
7	銅	2.0
8	ニッケル	0.020
9	亜硝酸イオン	0.50
10	多環芳香族炭化水素	0.00010
11	トリハロメタン	0.050
12	塩化ビニル	0.00050

一般指標

番号	項目	単位	限界値
1	アルミニウム	mg/L	0.200
2	アンモニア*1	mg/L	0.50
3	塩化物イオン	mg/L	250
4	ウエルシュ菌（芽胞を含む）	個/100 mL	0
5	大腸菌群	個/100 mL	0
6	鉄	mg/L	0.200
7	色度（436 nm 吸光度）	m^{-1}	0.5
8	臭気強度		23℃で3
9	味		消費者に受け入れられ、かつ、異常な変化がないこと
10	コロニー数*2、22℃		異常な変化がないこと
11	コロニー数*2、36℃		異常な変化がないこと
12	電気伝導度	μS/cm	20℃で2,500
13	マンガン	mg/L	0.05
14	ナトリウム	mg/L	200
15	TOC		異常な変化がないこと
16	酸素消費量*3	mg/L O_2	5
17	硫酸イオン	mg/L	240
18	濁度	NTU	1.0
19	pH		6.5以上9.5以下
20	カルサイト溶解能 (Calcitlösekapazität)*4	mg $CaCO_3$/L	5
21	トリチウム	Bq/L	100
22	総指示線量	mSv/年	0.1

筆者注 *1　NH_4^+として。
　　　 *2　ISO 6222：1999の方法による。
　　　 *3　過マンガン酸カリウム法による。TOCを分析していれば、この項目は必須ではない。
　　　 *4　2011年の第1次改正により、限界値が新たに定められた。

給水装置に関する特別指標

項目	技術対策値
レジオネラ	100/100 mL

筆者注　2011年の第1次改正により、この技術対策値が新たに定められた。

に大腸菌群が病原微生物のリストから削除されて、一般指標のリストに新たに加えられた。化学物質については、臭素酸の限界値が2008年にそれまでの0.025 mg/Lから0.010 mg/Lに強化された。鉛の限界値は、2003年にそれまでの0.04 mg/Lか

ら 0.025 mg/L に、さらに 2013 年 12 月 1 日からは 0.010 mg/L に強化されている。2011 年には、ウランが新たに追加され、また、カドミウムの限界値がそれまでの 0.005 mg/L から 0.0030 mg/L に強化された。このほか、トリハロメタンについては、以前から EU 飲料水指令の 0.1 mg/L より厳しい 0.05 mg/L が限界値として採用されている。このほか、**表-9.2** の末尾に示すように、給水装置に関する特別指標としてレジオネラについての技術対策値が 2011 年に新たに定められている。これについては別に 9.2.6 で詳しく述べる。

健康影響がある化学物質に関しては、EU 飲料水指令に準拠して、州の保健担当部局の許可のもとにデロゲーション（2.2.1 参照）が認められている。すなわち、ある水質項目について限界値を超過し、しかも、その超過が改善措置により 30 日以内に解消できず、その水を供給し続けても人の健康に影響を及ぼすおそれがなく、かつ、代替手段がない場合には、限界値を超える特定の濃度以下の水を特定期間供給することが認められる。この期間は可能な限り短くすることが求められており、3 年を超えてはならないとされている。また、その後は状況に応じて、3 年間の延長を 2 度まで行うことが許されている。

水道事業者には水質検査が義務付けられており、規模に応じて頻度などが定められている。水道事業者は、水質試験結果の記録の写しを、試験終了後 2 週間以内に州の保健担当部局に送らなければならない。水質検査の試験方法は、一部のものに限って指定されている。大半の化学物質については特に指定がないが、連邦環境庁が認めたもので、一定以上の分析精度を確保できるものであることが条件となっている。また、水質検査とそのための試料採取を行う試験機関には、次のようなことが求められている。

① 一定以上の分析能力を有すること
② 公に認められている技術標準に従って業務を行っていること
③ 内部精度管理システムを適用していること
④ 少なくとも年 1 回は外部精度管理プログラムに参加していること
⑤ 業務に十分に精通した職員を備えていること
⑥ 水道の水質検査について、EU 加盟国の認証機関によって認証されていること

以上の条件を満たす試験機関に限って、水質検査と試料採取を行うことができる。試験機関の認可は全国に通用する。各州の担当部局は、その州で認可した試験機関のリストを公表しなければならない。

9.2.2 浄水処理と消毒

浄水処理はもとより、取水から配水に至るまでの間においては、連邦保健省によるポジティブリスト(使用が許可されているもののリスト)に記載された薬品だけを使用することができること、このポジティブリストには以下のことが併せて示されるべきことなどが、飲料水規則で定められている。
① 純度
② 使用目的(その目的に限って使用が許される)
③ 許容注入率
④ 処理後における当該薬品と反応生成物の許容最大残留濃度
⑤ その他の注入条件

また、消毒においては、その有効性が十分に確認されていて、注入条件などが上記のポジティブリストに記載されている方法に限ってその適用が許されることも、同時に飲料水規則で定められている。

以上のような規定に基づいて、連邦環境庁では水道用薬品および消毒方法に関するポジティブリスト[19]を策定しており、この中で下記のような薬品や処理方法と、それぞれを適用する際の具体的な要件を示している。各薬品の許容注入率は、健康影響がある化学物質の濃度の薬品注入に伴う上昇が、水質基準の限界値の1/10未満となるように定められている[2]。

1) 薬品
    ・液体または気体の薬品(59品目):各々につき、使用目的、純度の要件、許容注入率、処理後の最大濃度、その他注意事項などを記載。
    ・固体の薬品(24品目):各々につき、使用目的、純度の要件、許容注入率、その他注意事項などを記載。ウラン除去のための特殊なポリマーも含まれている。
    ・消毒剤(次亜塩素酸カルシウム、塩素、二酸化塩素、次亜塩素酸ナトリウムおよびオゾンの5品目):各々につき、使用目的、純度の要件、許容注入率、処理後の濃度範囲、注目すべき反応生成物、その他注意事項などを記載。
2) 消毒方法(紫外線、液化塩素、液体次亜塩素酸ナトリウムおよびカルシウム、生成次亜、生成二酸化塩素、生成オゾンの6方法):各々につき、使用目的、ドイツガス水道協会(Deutsche Vereinigung des Gas- und Wasserfaches:DVGW)による技術規定、適用要件、その他注意事項などを記載。

3) 連邦国防省の委任による国防軍用薬品、連邦内務省の委任による防衛時の民需用薬品、ならびに、災害時または水道に重大な危険が及ぶ甚大被害時に防災担当部局の同意のもとに用いられる民需用薬品（4品目）：各々につき、使用目的、純度の要件、許容注入率、その他注意事項などを記載。

この水道用薬品および消毒方法に関するポジティブリストは、これまで頻繁に改正されてきており、現時点では、飲料水規則の第2次改正を受けて策定された第17次改正版が用いられている。この第17次改正版の特徴は、それまで期限付きで例外的に使用が認められていた水道用薬品や消毒方法が、この飲料水規則改正に伴って新たに別に定められることになったことである。この例外規定は、その水道用薬品や消毒方法を試験的に用いることによって、人の健康や環境を損なうことがないことが十分に確認されていることを条件に、それについて実証試験を行うことを認めているものである。現在、ヒドロキシルアパタイトなど5品目の薬品について、試験的に用いることが認められている[20]。

飲料水規則では、感染症予防法で指定されている病原体(9.2.1参照)を含まないこと、および水道水質基準で定められている微生物が限界値を超えないことの2つの要件が、消毒を行うことにより初めて達成できる場合には、上記の水道用薬品および消毒方法に関するポジティブリストに記載された遊離塩素、二酸化塩素またはその他の消毒剤もしくは消毒方法による十分な消毒の能力を、備えていなければならないと定められている。飲料水規則では、これ以外の場合について消毒義務に関する規定はない。消毒剤の最大注入率について、上記ポジティブリストでは、塩素（遊離塩素として）1.2 mg/L、二酸化塩素 0.4 mg/L、オゾン 10 mg/L と決められている。また、消毒後における消毒剤の残留濃度についても、このポジティブリストにおいて、遊離塩素は最小値 0.1 ～ 最大値 0.3 mg/L、二酸化塩素は最小値 0.05 ～ 最大値 0.2 mg/L、オゾンは最大値 0.05 mg/L と決められている。給配水過程における残留塩素などの消毒剤の保持については、特に何も定められていない。

水道事業者には、実際に使用した水道用薬品とその濃度について少なくとも週ごとに記録しておくこと、ならびにその6ヶ月前までの記録を利用者などの求めに応じて公開できるようにしておくことが義務付けられている。

9.2.3 水道用資機材および給水装置

水道用資機材や給水装置の材質について、第1次改正以前の飲料水規則では次の

ような一般的な規定があるだけであった。

- どのような物質であれ、浄水処理や給配水の過程で水道水中に、公に認められている技術標準に照らして不可避と見なされる以上に溶出しないこと。
- この飲料水規則が定める人の健康保護を、直接または間接に損なうものでないこと。
- 水の臭味を変えないこと。

さらに、これらの要件は、施設や装置の計画・施工・運転を、公に認められている技術標準に適合させることによって満たされると規定していた。これらの規定を実質的に補完するものとして、ドイツ規格協会（Deutsches Institut für Normung: DIN）とドイツガス水道協会の規格が用いられてきた。その後、2011年第1次改正での若干の修正を経て、2012年第2次改正で大幅な変更が行われた。すなわち、基本的な考え方は上記の3要件と変わらないが、水道水と接触する資機材の材料などに関する衛生面からの義務的評価基礎資料（verbindliche Bewertungsgrundlagen）を、連邦環境庁が新たに策定することが規定された。これには、試験の項目やクライテリアのほか、材料のポジティブリストなども含まれる見込みである。現在、その作業が進められており[21]、近いうちにその結果を取りまとめたうえで公布され、2年間の猶予期間の後に義務として施行されることになっている。なお、この作業は、ドイツだけでなく、フランス、オランダおよびイギリスを含めたEU加盟4ヶ国の協調のもとに進められている。

9.2.4 水道水質基準超過時などにおける対応

飲料水規則によれば、水道事業者は、水道水の水質が水質基準の限界値を超過した場合には、直ちに州の保健担当部局に通報するとともに、その原因を調査して対応策を講じなければならない。また、水道事業者は、水道水質の感知し得るような変化や、水源周辺または水道施設での水道水質に影響を及ぼすおそれがあるような異常事態については、直ちに保健担当部局に通報しなければならない。水道水の基準超過につながり得るような原水の水質上の問題について知った時にも、そのことについて保健担当部局に通報しなければならない。以上のことを担保するために、水道事業者が契約する試験機関は、水質基準の限界値を超過した場合などは直ちに水道事業者に通知することを、その契約において保証しておくことが求められている。水質基準を超過した場合などにおける水道水の供給は、人の健康に対して直接

の危害をもたらすような濃度の病原体によって配水管網中の水道水が汚染され、十分に消毒することができないか、人の健康に対して急性の危害をもたらすような濃度の化学物質によって汚染されて、当該配水管網の運転を即刻停止しなければならない場合でない限り、保健担当部局による対策の決定があるまでそのまま続けることが許される。水道事業者は、上記のような理由により配水管網の運転を停止した際に、他の手段による給水への切り替えをどうするかや、基準超過時にどこへ誰が情報伝達するかといったことを含めて、その地域の特性を踏まえた事故対応計画を策定しておかなければならない。

一方、各州の保健担当部局が水道水の水質基準超過を知った場合には、それが人の健康に危害を及ぼすおそれがあるかどうか、ならびに当該施設の運転をそのまま継続してもよいかどうかについて、直ちに判断することが求められる。この時、給水停止もしくは水道水の使用制限が、人の健康に危害を及ぼすおそれがないかどうかについても配慮しなければならない。そして、州の保健担当部局は水道事業者に対してその決定を直ちに伝え、危害を回避するために必要な対策を指示する。基準超過の原因が不明の場合には、その究明を水道事業者に指示するかまたは自ら行うこととされている。

特に人の健康への危害が予想される場合には、州の保健担当部局は、水道事業者に対して代替手段による給水について検討を指示すること、ならびにそれが不可能な場合には、給水を続けることが許される状況にあるかどうかを検討するとともに、必要な対応策を指示することが求められている。しかし、それでも危害を排除することが不可能な場合には、州の保健担当部局は関連施設の運転停止を指示することが定められている。当該水道では、人の健康に対して直接の危害をもたらすような濃度の病原体によって配水管網中の水道水が汚染され、それを十分に消毒することができない場合や、人の健康に対して急性の危害をもたらすような濃度の化学物質によって汚染された場合には、当該配水管網の運転を即刻停止しなければならない。

いずれにせよ、各州の保健担当部局は、基準超過時においては水質を回復させるために必要な対策を直ちに講じること、ならびにそれらの対策に優先順位を付けて実施することを水道事業者に指示することが求められている。

9.2.5 水道水質のサーベイランス

水道水質のサーベイランスは州の責務とされている。飲料水規則において、各州

の保健担当部局は、必要な検査を通して本規則への適合性をチェックすることにより、水道施設のサーベイランスを行わなければならないと規定されている。これには、後で述べる水源保護区域を含めた水道施設の現場査察や、試料採取と水質検査などが含まれる。サーベイランスを行うため、各州の保健担当部局の担当者には、水道施設などへの立ち入り（業務時間内の立ち入りのほか、差し迫った危険を防ぐための業務時間外の立ち入りを含む）、試料の採取、記録の検査、その他必要な情報の聴取などの権限が付与されている。保健担当部局は、試料採取と水質検査を州政府が認めた第三者に委託して行わせることもできる。水道事業者が水質検査を第三者に委託している場合には、水道事業者はその結果を保健担当部局に伝えなければならない。サーベイランスの頻度は原則として年1回であるが、状況に応じて3年に1回まで下げることも可能とされている。

　各州の保健担当部局は、毎年3月15日までに州の最上位担当部局に対して、給水量が10 m^3/日以上かまたは給水人口が50人以上の水道についての、前年の水質について報告することになっている。これを受けて、州の最上位担当部局は、同年の4月15日までに連邦保健省に報告書を提出する。この書式は、EU飲料水指令[6]および連邦保健省の規定に合ったものでなければならない。以上のような飲料水規則の規定、ならびにEU加盟国は3年に1度水質報告書を作成して利用者に公表しなければならないというEC飲料水指令の規定に従って、全国の水道水質について、連邦保健省と連邦環境庁が共同で3年ごとに報告書として取りまとめて公表している。参考までに、2002-2004年版[22]、2005-2007年版[23]および2008-2010年版[7]の報告書（これらのうち最新のものを除いては、連邦環境庁のホームページから既に削除されている）から、その内容の一端を以下に記載する。なお、これらの報告書では、EU飲料水指令で報告が義務付けられている日平均給水量1,000 m^3、もしくは給水人口5,000人を超える水道だけがその対象として取り上げられている。

　水道水質報告書の主な記載内容は、水道水質に関する規制と各州の担当部局、水道（対象は上記のように限定されている）の現状、暦年ごとの水道水質、飲料水規則に基づいて許可されているデロゲーション（9.2.1参照）の一覧などである。このうち、水道の現状については、2008-2010年版報告書に基づいてその概要を先に9.1.1で紹介した。また、水道水質については、水質基準の限界値の遵守・超過状況などが記載されている。これによれば、例年、大半の水質項目について99％以上の高い達成率が得られており、過去9年間で限界値を上回る測定値の割合が1％を超えたことがある項目は、一部の個別農薬、大腸菌群、硝酸イオンなどに限られている。こ

のほかデロゲーションについては、個別の許可事例ごとに、水質項目、利用者数、給水量、許可期間、超過限界値および当該水質項目についての過去の実績値などと併せて、その必要性の根拠と改善措置が記載されている。

9.2.6 レジオネラの検査

先に 9.2.1 で述べたように、2011 年の飲料水規則第 1 次改正によってレジオネラが新たに給水装置に関する特別指標として指定され、技術対策値(Technischer Maßnahmenwert)100/100 mL が設定された。この値について遵守義務はないが、大型給湯設備の管理者または所有者は定期的に水質検査を行うことが義務付けられている。大型給湯設備とは、容量 400 L を超える給湯器または配管の内容積が 3 L を超える給湯器のことを指しており、業務用や集合住宅用の設備がこれに該当するが、1-2 家族用の設備は対象としていない。検査頻度は少なくとも年 1 回と定められているが、個人住宅の場合など共同で使われているものでなければ、少なくとも 3 年に 1 回でよいとされている。初回検査の期限は 2013 年 12 月 31 日である。検査の結果、レジオネラの検出数が上記の技術対策値を超えていることが明らかになった時には、限界値が定められている微生物や健康影響がある化学物質の場合と同様に、その管理者または所有者は、各州の州法で指定されている保健担当部局に直ちに届け出なければならない。また、それと同時に、現場査察を含む原因究明調査、危機分析、利用者の健康保護のための技術対策を実施することなどが求められている。なお、以上のことについて、当初 2011 年の飲料水規則第 1 次改正では、例外なく年 1 回の頻度で検査を行うこととされていたが、翌 2012 年の第 2 次改正では、上記のように個人住宅の場合などは 3 年に 1 回に緩和された。

以上のようなレジオネラに関する規制は、これまで全くなかったわけではない。第 1 次改正前の飲料水規則でも、例えば学校、幼稚園、病院など、公共の目的で水が使われている施設では、レジオネラに関する検査を行わなければならないと定められていた。この第 1 次改正で大きく変わった点は、検査が義務付けられたことである。ちなみに、近年ドイツでは毎年新たに少なくとも 20,000 ～ 32,000 人がレジオネラ肺炎と診断され、そのうち 15% までが死亡していて、レジオネラに起因して発症し、穏やかな経過をたどるポンティアック熱の患者は、この 10 倍から 100 倍にも上ると推定されている[24]。そのため、レジオネラ対策が重要な課題となっており、飲料水規則の第 1 次および第 2 次改正はこのようなことと深く関わってい

る。

9.3 水源保全のための施策と取り組み

　ドイツでは、以前より水環境保全を目的とした各種の法令が施行されている。一方、EUでは、近年、水枠組指令（Water Framework Directive）[25]をはじめとして、水環境保全に係るいくつかの指令などが制定されている。これらを受けて、ドイツでは、水管理についての基本法である水管理法の見直しのほか、既存の法令の改正や新たな法令の制定などが行われている。

　以下では、このような動きを踏まえながら、水道水源の保全に関わりの深いことを中心に、ドイツにおける水環境保全の施策と取り組みについて述べる。

9.3.1 水源保護区域の設定

　ドイツでは、他のいくつかのヨーロッパ諸国の場合と同様に水源保護区域（Wasserschtzgebiet）の指定を行っている。水管理法（Wasserhaushaltsgesetz）[9]では、次のことが公共の福祉のために求められる限り、各州政府においては、その州法に基づいて水源保護区域を設定することができるとしている。

① 既存のまたは将来予定されている水道水源を有害な影響から護ること、
② 地下水を豊かにすること、または、
③ 地表を侵食する雨水の流出、ならびに土壌成分、肥料もしくは農薬の水域（筆者注：地下水を含む。原文では"Gewässer"）への流入を避けること。

これを受けて、各州ではそれぞれの水法（Wassergesetz）に基づいて水源保護区域の指定を行っている。

　水管理法の規定によれば、水源保護のために必要な限り、水源保護区域では州法や監督官庁の決定に基づいて次のようなことができる。

① 特定の行為を禁止、または、制限付きで許可すること
② 土地の所有者および利用者に以下のことを義務付けること
　a) その土地で特定の行為を行うこと、特にその土地を特定の用途に限って使用すること
　b) その土地の管理についての書類を作成し、保管し、監督官庁の求めに応じて提示すること

c) 特定の処置、すなわち、水源と土地の観察、保護指定内容の監視、囲いの設置ならびに掲示、植樹および植林について受忍すること

③ 受益者が上記② c)の処置を行うことを義務付けること

水源保護区域は、1953年にドイツガス水道協会（DVGW）が、「地下水および湧水の取水施設に係る保護区域（Schutzgebiete für Grund- und Quellwassergewinnungsanlagen）」を指針として公表したことに端を発している。水源保護区域に関するDVGWの指針としては、その後、貯水池と湖沼を対象とした同様の指針がそれぞれ作成されたが、このうち湖沼を対象としたものは1975年版を最後に廃止され、現在は地下水を対象としたもの（W 101）[26]と貯水池を対象としたもの（W 102）[27]だけが使われている。湖沼を対象としたもの（W 103）が廃止された経緯や理由は十分に明らかでないが、貯水池を対象としたもの（W 102）の冒頭には、湖沼や河川から原水を直接取水する場合にも同様にこのW102を適用することができると明記されており、湖沼や河川を対象としたものを別に設けておく必要性はないとの判断によるもののようである。

水源保護区域は、次のような3段階に区分されている。

ゾーンⅠ 取水域（Fassungsbereich）：井戸の直近周囲（通常、少なくとも周囲10 mの範囲）。他目的への利用や人の立ち入りが禁止される。

ゾーンⅡ 狭域保護区域（engere Schutzzone）：地下水が取水井まで浸透して到達するのに要する時間が、少なくとも50日の範囲。土壌表層を損傷する行為が禁止される。

ゾーンⅢ 広域保護区域（weitere Schutzzone）：ゾーンⅡの外側の集水域。水を汚染するおそれのある行為が禁止される。

ドイツの場合に限らず、このような水源保護区域は、化学物質や微生物の移動速度と一定時間当たりの移動距離を考慮してその設定が行われている[28]。上記の各ゾーンにおいて禁止されている行為の例は、**表-9.3**に示すとおりである。

2010年現在、全国で指定されている水源保護区域は13,232箇所で、その総面積はおよそ50,000 km^2（ドイツの国土面積の13.9％）にものぼっている[2]。先に述べたように、ドイツの水道では地下水および湧水への依存率が非常に高い。そのため、全国の広範囲にわたる水源保護区域の指定は、水道水源として用いられているこれらの地下水や湧水の水質汚染防止に極めて重要な役割を果たしている。

表-9.3 ドイツの水源保護区域において規制されている行為の例[28]

区域のタイプ	区域の分類	規制または禁止されている行為
広域保護区域	ゾーンⅢB	・工場 ・水に危害を及ぼすおそれのある物質を輸送するためのパイプライン ・下水処理施設、地中への排水の処分 ・廃棄物処理施設 ・農業(家畜飼育、肥料および農薬の散布) ・飛行場、軍事施設 ・荷捌き場(貨物列車操車場、トラック荷積み場) ・水に危害を及ぼすおそれのある浸透性物質の使用 ・採掘
	ゾーンⅢA	ゾーンⅢBに掲げる危害因子のほか、 ・下水道 ・表流水への排水の放流 ・輸送システム(当該システムから発生する排水がゾーンⅢAから管路でその外に運び出されない限りにおいて) ・石油基地、自動車レース場 ・鉱物採取および採石(地表面近くの資源) ・地下水を保持する地層の貫通(例えば、土木工事)、穿孔 ・道路および線路での農薬の使用
狭域保護区域	ゾーンⅡ	ゾーンⅢAに掲げる危害因子のほか、 ・道路、線路およびそれに類する輸送施設 ・水に危害を及ぼすおそれのある放射性物質またはその他の物質の輸送 ・燃料油およびディーゼル油の貯蔵、肥料および農薬の貯蔵 ・建設工事 ・放牧 ・下水または排水の輸送 ・汚染された表流水 ・地中への雨水の処分 ・遊泳およびキャンプ施設 ・射撃および爆破
取水域	ゾーンⅠ	ゾーンⅡに掲げる危害因子のほかに、 ・あらゆる交通(乗用車または歩行者を問わず) ・農業または林業のための使用 ・肥料および農薬の使用

9.3.2 排水規制と排水賦課金制度

水域への排水の直接放流は、排水規則(Abwasserverordnung)[11]によって規制されている。排水規則では、57業種のそれぞれにつき最低要件(排水基準)が定められている。一例として、都市下水放流水についての最低要件を**表-9.4**に示す。生下水についての1人当たりのBOD_5負荷量原単位は60g/日なので、BOD_5負荷量で

表されたこの表の最左欄の下水処理場の規模をこの原単位で割ることによって、処理人口に読み替えることができる。なお、表中の COD は重クロム酸カリウム法による値である。

　また、上記のような排水規制とは別に、排水賦課金法(Abwasserabgabengesetz)[10]において、水域へ排水を放流することに対して課金することが定められている。本法はドイツで初めて採用された環境税であり、汚染者負担の原則(polluter-pays principle: PPP)に基づくものである。課金額は、表-9.5 に示すように、汚染物質の量と有害度に基づいて決められている。表中の1有害単位は、住民1人が1年間に発生させる生下水に起因する有害物量に、ほぼ相当するものとして決められている数値である。表の最右欄の「濃度および年間負荷量の閾値」を超えない場合には、賦課金は課せられない。課金額は、当初 1981 年には1有害単位当たり 12 DM(ドイツマルク)であったが、その後何度か改正されて 1997 年からは 70 DM、さらに 2002 年からは 35.79 EUR(ユーロ)となり、現在に至っている。排水賦課金は州政府に支払われることになっており、これによって得られた収入は水環境保全施策に用いなければならないことになっている。

表-9.4　排水規則に基づく都市下水放流水の最低要件[11]

下水処理場の規模[*1] (kg BOD_5/日)	化学的酸素要求量 COD[*2] (mg/L)	生物化学的酸素要求量 BOD_5[*2] (mg/L)	アンモニア態窒素 NH_4-N[*2] (mg/L)	全窒素(アンモニア態、亜硝酸態および硝酸態窒素の合計量)[*2] (mg/L)	全リン[*2] (mg/L)
< 60	150	40	−	−	−
60〜300	110	25	−	−	−
>300〜600	90	20	10	−	−
>600〜6,000	90	20	10	18	2
>6,000	75	15	10	13	1

筆者注　*1　生下水の BOD_5 負荷量として
　　　　*2　適切に採取されたランダム試料または2時間のコンポジット試料

表-9.5　排水賦課金法に基づく有害物質と有害単位 [10]

No.	評価される有害物質(群)	1 有害単位に相当する測定単位	濃度および年間負荷量の閾値
1	化学的酸素要求量(COD)として測定される酸化可能な物質	50 kg 酸素	20 mg/L および年間 250 kg
2	リン	3 kg	0.1 mg/L および年間 15 kg
3	窒素 硝酸態窒素、亜硝酸態窒素およびアンモニア態窒素の合計量として	25 kg	5 mg/L および年間 125 kg
4	有機ハロゲン化合物 有機物と結合した吸着可能なハロゲン(adsorbierbare organisch gebundene Halogene：AOX)として	2 kg ハロゲン 有機物と結合した塩素として計算	100 μg/L および年間 10 kg
5	金属およびその化合物		
5.1	水銀	20 g	1 μg/L および年間 100 g
5.2	カドミウム	100 g	5 μg/L および年間 500 g
5.3	クロム	500 g	50 μg/L および年間 2.5 kg
5.4	ニッケル	500 g	50 μg/L および年間 2.5 kg
5.5	鉛	500 g	50 μg/L および年間 2.5 kg
5.6	銅	1,000 g	100 μg/L および年間 5 kg
6	魚毒性	6,000 m^3 排水量を G_{EI} で除して	G_{EI} = 2

注）G_{EI}：魚卵試験において排水が毒性を示さない限界の希釈率

9.3.3 その他の規制など

上記のほか、ドイツでは、EU の水枠組指令、地下水指令(Groundwater Directive)[29] などに準拠して、2010 年には地下水規則(Grundwasserverordnung)[12] が改正され、2011 年には新たに表流水規則(Oberflächengewässerverordnung)[13] が制定されている。このうち地下水規則では、地下水の水量収支の健全なバランスの確保と化学物質による汚染の防止を主なねらいとして、それぞれの観点からの監督官庁による地下水の等級分け(Einstufung)や監視について定めている。特にいくつかの化学物質については、人の健康と環境の保護を目的として閾値(Schwellenwert)が設定されている。EU 地下水指令で地下水質基準として定められている硝酸イオン 50 mg/L と個別農薬 0.1 μg/L および総農薬 0.5 μg/L については、これらの値がそのまま用いられており、それ以外の項目については、ドイツの水道水質基準の限界値かそれ以下の値となっている。また、表流水規則では、表流水の生態学的および化学的状

態の悪化防止と改善をねらいとして、それぞれの観点から表流水の種別に応じた評価方法や環境質基準(Umweltqualitätsnorm)が定められている。このほか、水道水源として用いられている場合においては、その水質悪化の防止や水道水源としての利用についての掲示、さらには給水人口規模に応じた取水点における一定頻度で水質監視などについても定められている。

上記のように、ドイツの水環境保全における重要な焦点の一つは化学物質である。そして、化学物質の中でも以前から特に注目されているのは硝酸塩である。硝酸塩による汚染は、表流水についても広く認められているが、地下水においてより顕著である。ちなみに2010年のデータによれば、全国の地下水701測定点のうち硝酸塩の濃度(NO_3として)が＞50～90 mg/Lの地点は10.0%、＞90 mg/Lの地点は4.7%であった。硝酸塩による水環境汚染の防止は、欧州各国に共通の重要課題である。そして、その汚染の主たる原因は農業活動にある。そのため、EUでは、農業活動に起因する水環境の硝酸塩による汚染防止を目的として、EC硝酸塩指令(Nitrates Directive)[30]を制定している。これに準拠してドイツでは肥料規則(Düngeverordnung)[15]を制定しており、この中でEU硝酸塩指令に合わせて、農地における窒素肥料の年間施用量の上限値を170 kgN/haに規制している。

農薬による水環境汚染の防止も、ドイツなど欧州各国における重要な課題である。そのため、EUでは農薬について、農薬流通規則(Regulation concerning the placing of plant protection products on the market)[31]や農薬使用指令(Directive on the sustainable use of pesticides)[32]を定めており、これらに基づいてドイツでは、農薬の適正な使用などについて農作物保護法(Pflanzenschutzgesetz)[14]で定めている。近年、地下水の農薬による汚染には改善傾向が認められているが、これはアトラジンなど使用禁止になった農薬の検出事例が少なくなってきていることによるとされている[2]。

このほか、ドイツの多くの州では、地下水を含め水源からの取水に対して賦課金を課しており、水道事業者の場合にはこれを水道料金に上乗せしている。その目的は、取水量をできるだけ少なくすることを通して水源を保護することにある。この取水賦課金による収入は、水環境の保全に支出されることが多いとされている[2]。

参考文献

1) Bundesministerium der Justiz：Verordnung über die Qualität von Wasser für den menschlichen Gebrauch (Trinkwasserverordnung-TrinkwV 2001), http://bundesrecht.juris.de/trinkwv_2001/index.html （2013年

8月26日)
2) Umweltbundesamt：Water Resource Management in Germany, Part 1 – Fundamentals, 2010,
http://www.umweltbundesamt.de/uba-info-medien-e/3770.html　(2013年8月26日)
3) 国土交通省土地・水資源局水資源部：平成24年度版日本の水資源について～持続可能な水利用の確保に向けて～、平成24年8月、http://www.mlit.go.jp/tochimizushigen/mizsei/hakusyo/H24/　(2013年8月26日)
4) 鯖田豊之：水道の文化-西欧と日本-、新潮選書、1983
5) 鯖田豊之：都市はいかにしてつくられたか、朝日選書、1988
6) European Union：Council Directive 98/83/EC of 3 November 1998 on the quality of water intended for human consumption,
http://europa.eu/legislation_summaries/environment/water_protection_management/l28079_en.htm#amendingact　(2013年8月20日)
7) Umweltbundesamt: Bericht des Bundesministeriums für Gesundheit und des Umweltbundesamtes an die Verbraucherinnen und Verbraucher über die Qualität von Wasser für den menschlichen Gebrauch (Trinkwasser) in Deutschland, Dezember 2011,
http://www.umweltbundesamt.de/uba-info-medien/4238.html
8) Bundesministerium der Justiz：Gesetz zur Ordnung des Wasserhaushalts (Wasserhaushaltsgesetz-WHG),
http://www.gesetze-im-internet.de/whg_2009/index.html　(2013年8月27日)
9) Bundesministerium der Justiz：Gesetz zur Verhütung und Bekämpfung von Infektionskrankenheiten beim Menschen (Infektionsschutzgesetz-IfSG),
http://bundesrecht.juris.de/ifsg/index.html　(2013年8月27日)
10) Bundesministerium der Justiz：Gesetz über Abgaben für das Einleiten von Abwasser in Gewässer (Abwasserabgabengesetz; AbwAG),
http://bundesrecht.juris.de/abwag/index.html　(2013年8月27日)
11) Bundesministerium der Justiz：Verordnung über Anforderungen an das Einleiten von Abwasser in Gewässer (Abwasserverordnung-AbwV),
http://bundesrecht.juris.de/abwv/index.html　(2013年8月27日)
12) Bundesministerium der Justiz：Verordnung zum Schutz des Grundwassers (Grundwasserverordnung-GrwV),
http://www.gesetze-im-internet.de/grwv_2010/index.html　(2013年11月8日)
13) Bundesministerium der Justiz：Verordnung zum Schutz der Oberflächengewässer (Oberflächengewässerverordnung-OGewV),
http://www.gesetze-im-internet.de/ogewv/index.html　(2013年11月8日)
14) Bundesministerium der Justiz：Gesetz zum Schutz der Kulturpflanzen (Pflanzenschutzgesetz - PflSchG),
http://www.gesetze-im-internet.de/pflschg_2012/　(2013年11月14日)
15) Bundesministerium der Justiz：Verordnung über die Anwendung von Düngemitteln, Bodenhilfsstoffen, Kultursubstraten und Pflanzenhilfsmitteln nach den Grundsätzen der guten fachlichen Praxis beim Düngen (Düngeverordnung-DüV),
http://www.gesetze-im-internet.de/d_v/index.html　(2013年8月27日)
16) Bundesministerium der Justiz：Verordnung über Allgemeine Bedingungen für die Versorgung mit Wasser (AVBWasserV),

http://www.gesetze-im-internet.de/avbwasserv/index.html （2013 年 10 月 4 日）

17) Bundesministerium für Gesundheit: Erste Verordnung zur Änderung der Trinkwasserverordnung vom 3. Mai 2011, http://www.waterquality.de/elisabeth.willmitzer/twvo.pdf （2013 年 10 月 13 日）

18) Bundesministerium für Gesundheit：Zweite Verordnung zur Änderung der Trinkwasserverordnung vom 5. Dezember 2012, http://www.landkreis-emmendingen.de/PDF/Pressemitteilung_Novellierte_TrinkwVO.PDF?ObjSvrID=1406&ObjID=3572&ObjLa=1&Ext=PDF&WTR=1&_ts=1356010901 （2013 年 10 月 13 日）

19) Umweltbundesamt：Bekanntmachung der Liste der Aufbereitungsstoffe und Desinfektionsverfahren gemäß § 11 der Trinkwasserverordnung – 17. Änderung - (Stand: November 2012), http://www.umweltbundesamt.de/sites/default/files/medien/481/dokumente/17_aenderung_aufbereitungsstoffe_desinfektionsverfahren_11_trinkwv_11_2012.pdf （2013 年 10 月 13 日）

20) Umweltbundesamt：Ausnahmegenehmigungen gemäß § 12 Trinkwasserverordnung 2001, http://www.umweltbundesamt.de/sites/default/files/medien/481/dokumente/121210_erste_bekanntmachung_der_ausnahmegenehmigungen.pdf （2013 年 10 月 15 日）

21) Umweltbundesamt：Festlegung von Bewertungsgrundlagen für Materialien und Werkstoffe im Kontakt mit Trinkwasser, http://www.umweltbundesamt.de/sites/default/files/medien/419/dokumente/bewertungsgrundlagen_fuer_materialien_und_werkstoffe_im_trinkwasser.pdf （2013 年 10 月 3 日）

22) Umweltbundesamt：Bericht des Bundesministeriums für Gesundheit und des Umweltbundesamtes an die Verbraucherinnen und Verbraucher über die Qualität von Wasser für den menschlichen Gebrauch (Trinkwasser) in Deutschland, Dezember 2005.

23) Umweltbundesamt：Bericht des Bundesministeriums für Gesundheit und des Umweltbundesamtes an die Verbraucherinnen und Verbraucher über die Qualität von Wasser für den menschlichen Gebrauch (Trinkwasser) in Deutschland, Dezember 2008.

24) Umweltbundesamt：Legionellen: Aktuelle Fragen zum Vollzug der geänderten Trinkwasserverordnung (TrinkwV), http://www.umweltbundesamt.de/sites/default/files/medien/publikation/long/3983.pdf （2013 年 10 月 15 日）

25) European Union：Directive 2000/60/EC of the European Parliament and of the Council of 23 October 2000 establishing a framework for Community action in the field of water policy (Water Framework Directive), http://europa.eu/legislation_summaries/environment/water_protection_management/l28002b_en.htm （2013 年 11 月 10 日）

26) Deutsche Vereinigung des Gas- und Wasserfaches：Technische Regel-Arbeitsblatt W 101: Richtlinien für Trinkwasserschutzgebiete; Teil 1: Schutzgebiete für Grundwasser, Juni 2006

27) Deutsche Vereinigung des Gas- und Wasserfaches：Technische Regel-Arbeitsblatt W 102: Richtlinien für Trinkwasserschutzgebiete; II. Teil: Schutzgebiete für Talsperren, April 2002

28) Ed：O. Schmoll, G. Howard, J. Chilton and I. Chorus：Protecting Groundwater for Health, IWA Publishing, 2006, http://www.who.int/water_sanitation_health/publications/protecting_groundwater/en/index.html （2013 年 8 月 26 日）

29) European Union：Directive 2006/118/EC of the European Parliament and of the Council of 12 December

2006 on the protection of groundwater against pollution and deterioration (Groundwater Directive).
http://europa.eu/legislation_summaries/environment/water_protection_management/l28139_en.htm
(2013 年 11 月 13 日)

30) European Union : Council Directive 91/676/EEC of 12 December 1991 concerning the protection of waters against pollution caused by nitrates from agricultural sources (EC Nitrates Directive).
http://europa.eu/legislation_summaries/environment/water_protection_management/l28013_en.htm
(2013 年 8 月 27 日)

31) European Union : Regulation (EC) No. 1107/2009 of the European Parliament and of the Council of 21 October 2009 concerning the placing of plant protection products on the market and repealing Council Directives 79/117/EEC and 91/414/EE.
http://europa.eu/legislation_summaries/food_safety/plant_health_checks/sa0016_en.htm　(2013 年 11 月 14 日)

32) European Union : Directive 2009/128/EC of the European Parliament and of the Council of 21 October 2009 establishing a framework for Community action to achieve the sustainable use of pesticides.
http://eur-lex.europa.eu/legal-content/EN/TXT/?qid=1397803938794&uri=CELEX:32009L0128　(2014 年 4 月 18 日)

第 10 章
ニュージーランドにおける水道の水質管理と水源保全

　ニュージーランド政府は、1993 年に保健局を保健省に改組して水道事業の監督強化に取り組むとともに、水道事業の登録、水道事業者の格付け制度、ニュージーランド版水安全計画などの様々な水質管理に関連する制度を創設した。さらに、2008 年に保健（飲料水）法を改正し、以前に創設されていた様々な制度の導入、水質基準の遵守などを義務化することにした。また、ニュージーランド環境省は水道水源の水質保全を図るために水道水源のための環境基準制度を創設するなど、国の関係機関が連携しながら、現在および将来の水道水質の安全性確保に向けた取り組みを強化している。

ニュージーランドの基礎データ

　国名：ニュージーランド
　面積：27.0 万 km^2
　人口：446.1 万人（2012 年）
　人口密度：16.5 人/km^2（2012 年）
　年降水量：ウェリントン 1,256.0 mm
　乳児死亡率：5.0‰（2010 年）
　1 人当たり国民総所得：28,770 ドル（2010 年）
　通貨：ニュージーランドドル（NZD）（2014 年 4 月現在、1NZD＝約 89 円）
出典（ただし、通貨と除く）：データブック オブ・ザ・ワールド世界各国要覧と最新統計 2013 年版、二宮書店、2013

ニュージーランドの水道の基本情報

　基本法令：保健（飲料水）法［Health (Drinking Water) Act］
　水道事業体数：約 3,000[1)]

> 普及率：データなし
> 1人1日当たり平均給水量：約 180 L[2] (オークランド市)
> 水質基準：微生物3項目、理化学項目116項目、放射線および放射性物質3項目について最大許容値を設定
> 消毒に関する規制：消毒義務なし。消毒方法については規制あり。

10.1 水道の概要

10.1.1 水道建設の経緯

最初の公共用水道は1874年に首都のウェリントン(Wellington)に建設され、オークランド(Auckland)でもほぼ同じ頃に公共用水道が建設されている。水道が建設された1800年代後半は、欧州からの移民が増加した時期であり、ニュージーランド独立の30年以上前になる。

10.1.2 水道の監督

(1) 政府の取り組み

ニュージーランドでは、1993年、それまで水道を監督していた保健局(Department of Health)を保健省(Ministry of Health)に改組し、水道の監督強化に取り組み続けている。保健省は、このような取り組みに至った背景[3]として、当時の保健局が供給される水道水質についてほとんど情報を持ち合わせていなかったことを指摘している。当時の問題点として、45〜50％の水道において塩素注入に関する監視が適切でなかったこと、28％の水道では配水区域における細菌検査を実施していなかったこと、細菌検査を配水区域内で実施している水道においても40％はその頻度が4回/年しか行われていなかったこと、などを挙げている。

水道を監督する根拠法は、保健(飲料水)法[Health (Drinking Water) Act]であり、同法は2008年に保健(飲料水)改正法2007として改正され、水道事業の登録が義務付けられるとともに、一定規模以上の水道事業体には、水道事業者の格付け制度、ニュージーランド版水安全計画としての公衆衛生リスク管理計画(Public Health Risk Management Plan：PHRMP)などの様々な水質管理に関連する制度が適用されることになった[1]。

(2) 地区保健局（District Health Board：DHB）[4]

保健省は水道に関する法律や水質基準などの制定とその確実な施行を担っており、水道事業者を直接監督する役割は地域ごとに設置されたDHBが担当している。DHBは、地域の衛生状態の改善と促進、プライマリ・ケア、セカンダリーケア、障害者へのサービス提供の業務に加え、水道分野では適切な水道水質が維持されていることを確認する役割が与えられている。水道水質の異常など緊急の場合に給水停止を命じる権限を有している。

(3) 水道水評価官（Drinking-Water Assessor：DWA）[1]

従来、DHBに配属された健康保護官（Health Protection Officer）により行われてきた水道の監督は、保健（飲料水）改正法2007の成立によりDWAが担うことになった。DWAは同法の規定に基づいて任命された機関、または機関に雇用された個人もしくは契約者で、国家資格に位置付けられている過程を終了した後、ISO17020に基づいてDWAとして認定される。DWAは水道事業者に対する立ち入りの権限、記録の閲覧と複写、情報提供の要求、査察・調査・検査の実施などの権限が付与される。

10.1.3 水道の制度

(1) 水道事業の登録 [1]

保健（飲料水）改正法2007の成立以前は登録の義務がなかったため、正確な水道事業体数は確認されていないものの、保健省はニュージーランド全国で3,000近くあると推定している。

(2) 水道の定義と水道事業の種類

保健（飲料水）改正法2007[5]は、飲料水供給（drinking-water supply）を「飲料水を給水点（給水点は含まない）まで供給する公有または私有の常設および臨時のシステムで、給水タンク車を使用する場合も含む」と定義している。また、保健（飲料水）改正法2007が適用される水道の規模を、給水人口が25人以上で年間の給水日数が60日以上、または給水人口と年間の給水日数の積が6,000人・日以上の水道としており、水道管または給水タンク車による供給方法を問わず、この条件を満たす給水システムが水道として取り扱われる。比較的規模の大きい水道はDistrict、City

表-10.1 水道事業者の分類[5]

水道の種類	主な要件
大規模水道事業者(Large drinking-water suppliers)	給水人口が 10,001 人超で年間給水日数が 60 日超
中規模水道事業者(Medium drinking-water suppliers)	給水人口が 5,001 人～10,000 人で年間給水日数が 60 日超
小規模水道事業体(Minor drinking-water suppliers)	給水人口が 501 人～5,000 人で年間給水日数が 60 日超
極小規模水道事業体(Small drinking-water suppliers)	給水人口が 101 人～500 人で年間給水日数が 60 日超
近隣水道事業体(Neighborhood drinking-water suppliers)	給水人口が 25 人～100 人で年間給水日数が 60 日超、または年間の給水人口と給水日数の積が 6,000・人・日超
農村水道事業体(Rural agricultural drinking-water suppliers)	上記 5 つの水道事業者のうちで、給水量の 75％以上が農業に使用されているもの

Council などの地方自治体により運営されており、小規模な水道として公共機関以外が設置した水道および学校内の給水施設などが含まれる。同法に基づく水道の分類を**表-10.1** に示した。

(3) 地方自治体と水道事業の運営

地方自治体には広域的な組織(Regional Council)と地域的な組織(Territorial Authority)がある。地域的な組織は 73 あり、そのうちの 16 は人口 5 万人以上の City で、残りは District である。地域的な組織に分類される自治体は上下水道、雨水管理、地域災害対策、地域交通計画、建築規制、土地開発規制などの事務を行っている。一方、広域的な組織に分類される自治体は環境保全、海岸・河川管理、大規模災害対策、広域的な交通計画など国土管理に関する広域的事務を行っている。

地域的な組織に分類される自治体が運営する水道の数は全体の 20％程度であるが、全人口の約 70％に給水している。水道の課題として、公衆衛生施策の確立が各自治体に求められているが、複数の水道では経済的、財政的な問題を抱えているとされている。

10.1.4 水道に関する法律および制度の概要 [6]

(1) 水道に関する法律

ニュージーランドでは、水源水質は環境省が所管する水道水源のための環境基準

表-10.2 ニュージーランドの水道水質管理に関係する主な法令

法令の名称		概　　要	文献
正式名称	和　訳		
Health (Drinking Water) Amendment Act 2007	保健(飲料水) 改正法 2007	衛生的な水道水の供給を目的に水質基準の遵守、水安全計画の導入、記録の保管と結果の公表などを定めている。	5)
Building Act	建築物法	建築物内の貯水槽および給水管内の水道水の管理について規定している。また、地下水などを水源とする建築物内での給水に関しても適用される。	7)
Resource Management Act	水資源管理法	環境を保全するための基本法。水道水源の保全を目的とした水環境基準の設定およびそれに基づく具体的な水質保全の手順を定めている。	8)

(National Environmental Standard for Sources of Human Drinking Water：NES)、浄水場および配水システムは前述の保健(飲料水)改正法、貯水槽などの給水システムは事業革新雇用省(Ministry of Business, Innovation and Employment)が所管する建築物法(Building Act)により管理している。

表-10.2にニュージーランドにおける水道水質管理に関係する主な法令を示す。

(2) 保健(飲料水)改正法 2007[5)]

保健(飲料水)改正法 2007 は、適用は任意とされてきた様々な水質管理制度を義務化するために改正された。保健省によれば、それぞれの制度を有機的に連携させた総合的な管理システムとして運用することが可能になり、水道の関係者、住民や報道機関、水道事業者および政府、自治体の担当者が水道事業に対して相互に最大の支援が行えるようになったとしている。義務化された主な内容は、次のとおりである。

① 水質基準の遵守と基準適合のための、実用的かつ必要な対策の導入
② 水道事業者に対するニュージーランド版水安全計画(PHRMP)の導入
③ 水源から給水栓までの汚染防止に有効かつ合理的な対策の実施
④ 水道水評価官(DWA)制度の実施
⑤ 法律の遵守に関する記録の保管と公表
⑥ 緊急時における適切な対応
⑦ 罰則の導入による法律遵守の改善

法律の施行以前においてこれらの制度は義務化されておらず、水道事業者の自主

的な努力、申請などに委ねられていた。

(3) 小規模事業体への技術、財政支援制度 [9]

　保健（飲料水）改正法2007の成立に伴い水質基準の遵守が義務化された。保健省は保健（飲料水）改正法の成立を見越し、水質基準の遵守を担保するための措置として2005年に小規模事業体に対する技術支援プログラム（Technical Assistance Programme：TAP）および財政支援プログラム（Drinking-water Subsidy Scheme）を設けた。TAPは給水人口が5,000人以下の水道事業体が費用を必要とせず利用することが可能で、後述するニュージーランド版水安全計画の策定支援に焦点を置いており、水道施設の効率的、効果的な運転支援が行えるとしている。財政支援プログラムは安全な水道水の供給に必要な設備の設置に必要な資金の提供を行うもので、まずTAPを適用して技術的な改善点を特定することが求められている。

(4) 水道事業体の格付け制度 [10]

a. 格付け制度の目的　格付け制度の目的は水道事業体の安全で良質な水道水の安定供給能力を公表することであり、格付けの評価に当たっては公平で正確に行われていることが第三者機関により確認されるシステムが確立されている。同制度により、水道システムの改善・改良の取り組みの促進、利用者からの水道に対する改善要求内容の具体化の支援、水道の設置者からの水道の運営担当者に対する運営状況の提示、水道事業者間での最高格付けの取得に向けた取り組みが期待されている。現在は給水人口500人以上の水道事業体を対象としており、将来的には25人以上の事業体に拡大する予定にしている。格付けの結果は公表されており、概ね5年ごとに見直されている。

b. 格付けの評価と活用　格付けの評価では、水道水が水質基準に適合していることの確認に加え、安全な水道水を送り続けるためのマルチバリア（例えば、浄水処理など、水道水の安全性を確保するための手段を複数組み合わせたもの）が適切に構築されていることが確認される。評価結果は、1）水源および浄水処理、2）配水システムを個別に、最高の評価（A1、a1）から最低の評価（E、e）まで6段階で評価し、結果は大文字と小文字の2文字を組み合わせて公表される。大文字は水源および浄水処理を、小文字は配水システムの評価を示している。給水人口が1万人以上の水道事業体ではB、a、5,001〜1万人の水道事業体ではB、b、5,000人以下の水道事業体ではC、c以上の格付け結果が求められている。

c. **評価の手順**　　評価は定められた資格を有する DWA が行う。水源・浄水処理の格付けは 33 の要素を審査する。大腸菌、原虫、プライオリティ 2 物質［10.2.1（1）参照］などの基準への適合、記録の保存、水質モニタリング体制、内部監査の実施、水安全計画の策定と運用状況などが評価される。浄水に残留塩素が保持されない場合は最高で B の評価とされる。最も格付けが高い A1 の取得には、水道水の外観項目が指針値に適合していること、および ISO などの品質管理システムを導入していることが必要である。

配水区域は配水管の経年度、水圧の監視、漏水防止計画、配水管洗浄計画など 22 の要素について審査を行い、減点法で評価される。不適合な事象に応じて減点ポイントが定められており、大腸菌基準への不適合は 23 ポイント、残留塩素が維持されていない場合は 12 ポイント、配水圧に関する記録の不備は 2 ポイントなどである。a、a1 の評価を取得するためには減点ポイントが 10 以下、b の場合は 20 以下、c の場合は 30 以下でなければならないとされている。

10.2 水道水質管理の制度と動向

10.2.1 水道水の水質基準 [11]

水質基準の制定は 1984 年で、水質基準の項目と最大許容値（Maximum Acceptable Value：MAV）および水質基準の適合判定基準（Compliance Criteria）などが定められている。最近では 2008 年に改定されている。

(1) 水質基準の全体構成およびその概要

a. **全体の構成と概要**　　水質基準の設定において、項目ごとの毒性は、ほぼ WHO 飲料水水質ガイドラインに沿った評価を行って MAV を設定している。適合判定基準は複雑で、水道の様々な条件によって基準が異なっており、水質項目のカテゴリーごとに詳細に定められている。

水質基準項目として微生物が 3 項目、化学物質が 116 項目、放射性物質が 3 項目挙げられている。一覧を**表**-10.3 に示した。そのほか、遵守義務のない 34 の外観項目とその指針値が示されている。水質検査において、必要でない項目の測定をできるだけ減らすことを目的として、検査項目、非検査項目の選択基準を定めている。

b. **基準項目の分類**　　基準項目の健康影響度および各水道事業体の存在実態に応

表-10.3 ニュージーランドの水道水質基準[11]

微生物

項　目	最大許容値
大腸菌	100 mL 中に 1 未満
ウイルス	信頼性のある根拠を欠くため設定せず
原虫	感染力のある(オー)シストが 100 L 中に 1 未満

無機化学物質

項　目	最大許容値	項　目	最大許容値
アンチモン	0.02 mg/L	フッ素	1.4 mg/L
ヒ素	0.01 mg/L	鉛	0.01 mg/L
バリウム	0.7 mg/L	マンガン	0.4 mg/L
ホウ素	1.4 mg/L	水銀	0.007 mg/L
臭素酸	0.01 mg/L	モリブデン	0.07 mg/L
カドミウム	0.004 mg/L	モノクロラミン	3 mg/L
塩素酸	0.8 mg/L	ニッケル	0.08 mg/L
塩素	5 mg/L	硝酸イオン(短期)	50 mg/L
亜塩素酸	0.8 mg/L	亜硝酸イオン(長期)	0.2 mg/L
クロム	0.05 mg/L	亜硝酸イオン(短期)	3 mg/L
銅	2 mg/L	セレン	0.01 mg/L
シアン	0.6 mg/L	ウラン	0.02 mg/L
塩化シアン	0.8 mg/L		

放射性物質

項　目	最大許容値
α 線	0.10 Bq/L
ラドン	100 Bq/L
β 線	0.50 Bq/L

有機化学物質

項　目	最大許容値	項　目	最大許容値
アクリルアミド	0.0005 mg/L	フェノプロップ	0.01 mg/L
アラクロール	0.02 mg/L	ヘキサクロロブタジエン	0.0007 mg/L
アルディカーブ	0.01 mg/L	ヘキサジノン	0.4 mg/L
アルドリン、ディエルドリン	0.00004 mg/L	ホモアナトキシン-a	0.002 mg/L
アナトキシン-a	0.006 mg/L	イソプロツロン	0.01 mg/L
アナトキシン-a(s)	0.001 mg/L	リンデン	0.002 mg/L
アトラジン	0.002 mg/L	MCPA	0.002 mg/L

グチオン	0.004 mg/L	メコプロップ	0.01 mg/L
ベンゼン	0.01 mg/L	メタラキシル	0.1 mg/L
ベンゾ(a)ピレン	0.0007 mg/L	メトキシクロール	0.02 mg/L
ブロマシル	0.4 mg/L	メトラクロール	0.01 mg/L
ブロモジクロロメタン	0.06 mg/L	メトリブジン	0.07 mg/L
ブロモホルム	0.1 mg/L	ミクロキスチン	0.001 mg/L
カルボフラン	0.008 mg/L	モリネート	0.007 mg/L
四塩化炭素	0.005 mg/L	モノクロロ酢酸	0.02 mg/L
クロルデン	0.0002 mg/L	ニトリロ三酢酸	0.2 mg/L
クロロホルム	0.4 mg/L	ノジュラリン	0.001 mg/L
クロロトルロン	0.04 mg/L	オリザリン	0.4 mg/L
クロルピリホス	0.04 mg/L	オキサジアゾン	0.2 mg/L
シアナジン	0.0007 mg/L	ペンディメタリン	0.02 mg/L
シリンドロスペルモプシン	0.001 mg/L	ペンタクロロフェノール	0.009 mg/L
2,4-D	0.04 mg/L	ピクロラム	0.2 mg/L
2,4-DB	0.1 mg/L	ピリミホスメチル	0.1 mg/L
DDT	0.001 mg/L	プリミスルフォンメチル	0.9 mg/L
フタル酸-ジ-2-エチルヘキシル	0.009 mg/L	プロミシドン	0.7 mg/L
1,2-ジブロモ-3-クロロプロパン	0.001 mg/L	ピロパジン	0.07 mg/L
ジブロアセトニトリル	0.08 mg/L	ピリプロキシフェン	0.4 mg/L
ジブロモクロロメタン	0.15 mg/L	サキシトキシン	0.003 mg/L
1,2-ジブロモメタン	0.0004 mg/L	シマジン	0.002 mg/L
ジクロロ酢酸	0.05 mg/L	スチレン	0.03 mg/L
ジクロロアセトニトリル	0.02 mg/L	2,4,5-T	0.01 mg/L
1,2-ジクロロベンゼン	1.5 mg/L	ターバシル	0.04 mg/L
1,4-ジクロロベンゼン	0.4 mg/L	テルブチラリン	0.008 mg/L
1,2-ジクロロエタン	0.03 mg/L	テトラクロロエチレン	0.05 mg/L
1,2-ジクロロエチレン	0.06 mg/L	チアベンザゾール	0.4 mg/L
ジクロロメタン	0.02 mg/L	トルエン	0.8 mg/L
1,2-ジクロロプロパン	0.05 mg/L	トリクロロ酢酸	0.2 mg/L
1,3-ジクロロプロペン	0.02 mg/L	トリクロロエチレン	0.02 mg/L
ジクロロプロップ	0.1 mg/L	2,4,6-トリクロロフェノール	0.2 mg/L
ジメトエート	0.008 mg/L	トリクロピル	0.1 mg/L
1,4-ジオキサン	0.05 mg/L	トリフルラリン	0.03 mg/L
ジウロン	0.02 mg/L	トリハロメタン	濃度比の総和が1以内
EDTA	0.7 mg/L	塩化ビニル	0.0003 mg/L
エンドリン	0.001 mg/L	キシレン	0.6 mg/L

エピクロロヒドリン	0.0005 mg/L	1080（モノフルオロ酢酸ナトリウム）	0.0035 mg/L
エチルベンゼン	0.3 mg/L		

著者注　水質基準項目は浄水場、配水区域ごとに定められた要件に該当する項目を水質検査する。詳細は10.2.1(1)c. 水質検査と水質基準の適合判定基準を参照。

じて4つに分類し、水質検査を効率的に行う仕組みが導入されている。基本的に、大腸菌、原虫（ウィルスも含まれるが、基準は設定されていない）はプライオリティ1に分類され、それ以外の物質は水道水中の濃度に応じてプライオリティ2から4に分類される。プライオリティ1および2に分類された項目は水質検査を行う必要がある。

c. **水質検査と水質基準の適合判定基準**　　水質検査は、プライオリティ1および2に分類された水質項目の濃度がMAV以下であることを確認するために行われる。一方、水質基準の適合判定基準は、そのような水道水が常に供給されていることを確実にするために設けられている。水質検査は、当該物質を測定する検査と処理プロセスに関連した指標を測定する場合の2通りが設定されている。指標を測定する場合は、MAVに代わって管理目標（Operational Requirement Limit）が適用される。

水道事業体の個別の浄水場、配水区域ごとに、下記の条件がすべて満たされている場合は、水質基準に適合したと判定される。

- MAVまたは管理目標値を超過した回数が表-10.4に示されている許容回数以下であること。
- 12ヶ月間にわたりプライオリティ1および2に分類された項目と管理目標が、求められている頻度、条件を満たして測定されていること。
- 水質検査の方法が定められた方法であること。
- MAVを超過した場合に定められた対応が実施されていること。

表-10.4　水質基準を満足していると判定できる超過（陽性）数の上限 [11]

超過（陽性）数	全検査数
0	38-76
1	77-108
2	109-138
3	139-166
4	167-193
5	194-220
6	221-246
7	247-272
8	273-298
9	299-323
10	324-348
....	....
....	....
159	3,606-3,626

(2) 細菌および原虫に関する水質基準の適合判定基準

大腸菌に関する適合判定基準は、浄水場出口と配水区域それぞれに設定されてお

り、残留消毒剤濃度が連続測定されているかどうか、汚染のない井戸水と確認された原水かどうかなどの要因により異なる。

表-10.5 原水中のオーシスト数と求められる log 除去率[11]

原水 10 L 中の平均オーシスト数	要求される log 除去率
0.75 未満	3（99.9％）
0.75〜9.99	4（99.99％）
10 以上	5（99.999％）

水質基準では原虫そのものの検査は求めておらず、処理による対応を求めている。処理方法は、原水の汚染リスク評価結果に基づいて選択することとされている。リスク評価は、給水人口が 1 万人以上の場合は、原水中のクリプトスポリジウムを 1 年間に 26 回測定し、結果を表-10.5 に当てはめ、処理によって達成すべき除去率を求める。水質基準には処理方法ごと、また処理方法の組み合わせによるオーシストの除去率が示されており、必要な除去率が保障できる処理方法を選択するか単独の処理を組み合わせて除去率を確保する。給水人口が 1 万人未満の水道では水源地域にある汚染源のリスク評価に基づいて必要除去率を選択する。必要な除去率は、表流水では $3\log(99.9\%)$ 〜 $5\log(99.999\%)$ とされている。汚染がないと確認された井戸水を原水とする場合は原虫の処理は求められておらず、それ以外の場合では井戸の状況に応じて $2\log(99\%)$ 〜 $5\log(99.999\%)$ の除去率を選択することが定められている。

(3) シアノトキシンに関する水質基準の適合判定基準

シアノトキシンは有毒藻類が産生する藻類毒素で、ミクロキスチン、アナトキシン-a およびアナトキシン-a(s) が水質基準の化学物質に分類されている。これらは一時的、または季節的に発生するなどの理由により、他の化学物質と異なるプライオリティの分類方法が提示されている。過去に水の華が発生したことがある水源、または DWA が必要と判断した場合は、水道水中のシアノトキシン濃度を測定し、結果が MAV の 50％を超える場合はプライオリティ 2 に分類したうえで、定められた頻度で水質検査することが求められている。シアノトキシンが MAV を超過した場合は直ちに水質基準不適合と判断し、代替水源の水道水を供給することなどが定められている。

(4) 化学物質に関する水質基準の適合判定基準

a. プライオリティの分類　　水質基準では、シアノトキシン以外に 113 の化学物質をリストアップしている。各水道事業体ごとにこれらの物質について水源、浄水場、配水区域における汚染の可能性を評価し、その結果を基に DWA がプライオリ

ティ2に分類する化学物質の候補を選定する。選定された物質をプライオリティ2化学物質特定計画（The Priority 2 Chemical Determinands Identification Programme）に基づいて測定し、MAVの50％を超過している物質がプライオリティ2に分類される。分類される物質は水道事業体ごとに異なることになる。水道事業体はこれらの物質の水質検査を行う。

b. 水質検査の頻度　プライオリティ2物質は浄水処理によって付加される物質、それ以外の物質で浄水場以降で濃度が変化しない物質および浄水場以降で濃度が変化する物質に分類される。この分類に基づいて、各物質の検査場所が決定される。これらの物質は、フッ素（フッ素添加を行っている場合）、塩素（MAVを超過していないことの確認）、シアノトキシンを除き、少なくとも1ヶ月に1回以上測定しなければならない。フッ素、塩素は1週間に1回以上、シアノトキシンは藻類の増殖期に1週間に2回以上測定することが求められる。12ヶ月間の測定でMAVの50％を超過しないことが確認できればDWAに当該物質のプライオリティ3への格下げと水質検査の終了を要請することができる。

c. その他の項目の適合判定基準　「放射性物質に関する適合判定基準」および「規模が小さい水道および給水タンク車により給水する水道に関する適合判定基準」が定められている。

10.2.2 水道の消毒に関する規則

(1) 概　要

水質基準では塩素、二酸化塩素、オゾン、紫外線を消毒剤として使用することを想定した規定が設けられているが、水道水の消毒は義務付けられていない。また、浄水場で消毒を行わない場合および浄水場での消毒後に配水区域で消毒剤が残留しない場合を想定した規定も設けられている。いずれの場合においても浄水場の出口における大腸菌の基準に適合することを基本としており、消毒の有無、消毒方法および給水人口に応じて検査頻度がきめ細かく定められている。

消毒を行わずに給水する場合、安全であると認定された井戸水（Secure Bore Water）を水源とする浄水場の大腸菌検査は、それ以外を水源とする浄水場に比べて検査頻度が大きく緩和されており、同国の南島に位置するクライストチャーチ（Christchurch）ではこの規定を準用して消毒していない水道水を給水している。配水区域では大腸菌の基準が一律に設定されており、給水人口に応じて四半期ごとの

(2) 浄水場出口の適合判定基準

浄水場での消毒処理について下記の5つの場合を想定し、それぞれについて満足すべき大腸菌検査および他の技術的な要件を設定している。

① 消毒なしまたは消毒されているが消毒剤が残留していない場合および結合塩素消毒(クライテリア1)
② 塩素消毒しており塩素濃度を連続監視している場合(クライテリア2A)、給水人口が5,000人以下で塩素消毒しており塩素濃度を連続監視していない場合(クライテリア2B)
③ 二酸化塩素消毒(クライテリア3)
④ オゾン消毒(クライテリア4)
⑤ 紫外線消毒(クライテリア5)

それぞれのクライテリアに定められている大腸菌の最低検査頻度を表-10.6に示した。クライテリア1のうち、汚染されていないと認定された井戸水を水源とする場合は、他の場合と比べて検査頻度が大幅に緩和されている。一方、認定されていない井戸水などを水源とする水道において消毒されていない水道もしくは消毒剤が残留していない水道水は、表-10.6の頻度で行う検査をすべて満足すれば供給することが可能である。クライテリア2Aでは、連続的な残留塩素濃度の監視を大腸菌の検査に置き換えることができるとされており、大腸菌の検査は省略できる。残留

表-10.6 大腸菌の検査頻度[11]

水道のタイプ (クライテリア)	給水人口	最低検査頻度	検査と検査の 最大間隔日数
安全認定された井戸水 (クライテリア1)	すべて	1ヶ月に1回*	45(135)*
消毒なし 消毒剤が残留していない場合 結合塩素消毒 (クライテリア1)	500人以下 501人～10,000人 10,000人超	1週間に1回 1週間に2回 毎日	13 5 1
塩素消毒しており塩素濃度を連続監視していない場合 (クライテリア2B)	500人以下 501人～5,000人	2週間に1回 1週間に1回	22 13
オゾン (クライテリア4)	すべて	2週間に1回	22

* 要件を満たせば最大3ヶ月に1回まで検査を省略できる。

塩素濃度の下限は0.2 mg/Lとされており、この濃度を下回った場合はDWAに報告することとされている。また、0.1 mg/L未満になった場合は大腸菌が陽性となった時と同じ対応を行うことが求められている。1日のうちで0.2 mg/L以上の測定結果が98%以上の場合は水質基準に適合していると判定される。

クライテリア2Bでは大腸菌の検査に加え、残留塩素濃度、pH、濁度の測定が求められており、給水人口に応じて1週間に1～2回の測定頻度が定められている。塩素濃度が0.2 mg/Lを下回った場合はクライテリア2Aの場合と同じ対応が求められている。

クライテリア3ではクライテリア2Aとほぼ同じ規定が設けられており、二酸化塩素の連続測定が求められている。クライテリア4ではオゾン消毒において一定のCt値を確保することなどが規定されている。クライテリア5では紫外線消毒における紫外線量、濁度およびその他の維持管理基準などが定められている。

大腸菌検査が陽性になった場合、残留塩素濃度が0.1 mg/Lを下回った場合、オゾンのCt値および紫外線量が一定値を下回った場合、濁度が定められた濃度を超過した場合は、DWAへの報告、配水区域での大腸菌検査、原因の究明と是正、水源調査（浄水場に問題がない場合）、応急給水などを緊急に行うよう規定されている。

(3) 配水区域の適合判定基準

配水区域の給水人口に応じた大腸菌の検査頻度が設定されている。配水区域の給水人口が500人以上で適切な残留塩素濃度が維持されている場合、大腸菌検査数の75%を配水区域で行う残留塩素検査で置き換えることが認められている。残留塩素濃度の下限は滞留部を除き0.2 mg/Lで、これを下回った場合は大腸菌検査を行うこととされている。滞留部では0.1 mg/Lを下回った場合に大腸菌検査を行うこととされている。いずれも、検査結果の陽性数が検査数に対して定められた数以下の場合、水質基準に適合していると判定される。大腸菌検査で陽性が確認された場合、浄水場で陽性が確認された場合とほぼ同様の対応を配水区域について行わなければならない。

(4) 汚染されていない井戸水 (Secure Bore Water) の要件

a. **地表または気候の影響を受けていない井戸水**　　確認は次の3方法のいずれかによるとされている。滞留時間による場合、帯水層での滞留時間が1年未満の水の割合が0.005%未満であることが条件とされており、トリチウム、クロロフルオロ

カーボンもしくは六フッ化硫黄のいずれかを測定して判定する。水質項目の濃度変動による場合は、一定期間内(1～3年)の測定における3つの水質項目の変動係数がすべて一定値を上回らないこととされている。対象水質項目は電気伝導率、塩化物イオン、硝酸態窒素で、変動係数の上限はそれぞれ3、4、2.5%である。確認に用いる化学物質が含まれていないなど、上記の方法で確認できない場合、根拠のある水理モデルを用いた方法の利用が認められる。

b. **防護された井戸から汲み上げた井戸水**　井戸の防護に関して、頭頂部の保護と周辺部5mの範囲内での動物侵入防止措置および井戸の建設資材に関する規定がある。また、井戸の防護に関して定期確認するよう規定されている。深さが10m未満の井戸水、10～30mの井戸水で大腸菌検査において陰性の結果が得られていない場合は「汚染されていない井戸水」とは認定されない。

10.2.3 水安全計画 [12]

(1) 制度の概要

水安全計画としてPHRMP[10.1.2(1)参照]が制度化されており、保健(飲料水)改正法2007では、給水人口が500人以上の水道事業体に作成と導入を義務付けている。また、規模の小さい水道事業体にも策定を推奨している。保健省は、「水道におけるPHRMP策定のための指針(A Framework on How to Prepare and Develop Public Health Risk Management Plans for Drinking-water Supplies)」、「PHRMP策定のための各処理過程に関する情報(Public Health Risk Management Plan Guides)」など、水道事業体におけるPHRMPの策定を支援するプログラムを公開している。

(2) 策定のための支援

「水道におけるPHRMP策定のための指針」は、水道事業体がPHRMPを策定する場合の詳細な手順を示したもので、PHRMPの意義と策定、策定アプローチ方法の多様性の明示(策定方法は限定しない)、個々の水道における独自の検討の必要性などを記述している。また、「PHRMP策定のための各処理過程に関する情報」は、水道事業体がPHRMPの策定を容易に行うことを目的としたもので、水道の水源、浄水処理、配水施設において検討すべき事項が水源の種類、処理の種類ごとに整理された総数40以上のガイドとして公開されている。個々の水道事業体の処理フローに従ってガイドを選択することにより、水安全計画の体系とその概要がほぼ定まる

ように工夫されている。

10.2.4 サーベイランスと情報の公開

(1) サーベイランスの制度

水道水評価官［10.1.2(3)参照］が水道事業体における水質検査の実施状況、水質基準の適合状況、水質管理の記録、浄水場の運転記録などを監査するシステムが確立されている。

(2) 情報の公開

ニュージーランド水道水情報システム(Water Information New Zealand：WINZ)[13]は様々な水道水質に関する情報を収集するネットワークシステムであり、水道事業の特徴、各水道の格付け結果、水質基準の達成状況など水質管理に必要な情報が収集されている。一般に公開されている情報は、給水人口などの一般情報および浄水場、配水区域ごとの水質基準適合状況、適合していない場合の不適合要件、最新の格付けの結果、プライオリティ2に分類された事業体ごとの水質基準項目などである。また、格付けの評価時に収集された情報、水安全計画策定時のリスク評価情報、水質検査計画に関する詳細情報なども収集されているとされているが、閲覧は関係者のみが可能で、一般には公開されていない。

化学物質および微生物の水質検査結果は水質統計[14]として毎年作成されており、保健省のホームページで全文が入手可能になっている。

10.3 水源保全のための施策と取り組み [15]

10.3.1 導入の経緯

ニュージーランド環境省は、水道水源域の水質保全を目的とした環境基準(National environmental standards: NES)を2007年に公布し、広域的な自治体に対して地域的な計画を策定する際に、水道水源を保全する考えを盛り込むよう求めている。環境基準の根拠法は水資源管理法(Resource Management Act 1991)[8]であり、下流部の水道水質を守るために上流部の活動を規制する妥当性について、保健(飲料水)改正法2007が水道事業体に対して水質基準を満足するために実際的かつ必要

な対策を導入することを求めていることも根拠としている。保健省は同法が導入された背景として、国内16の広域的な自治体のうち、水道水源に対して包括的な保護の規定を持っているのは3つにすぎず、NESを水道水の安全性を確保するためのマルチバリアの一つとして位置付けたとしている。対象は、水道水源になっている表流水、湖水、地下水で、同法は水源水質を保護するための手順を定めている。

10.3.2 制度の概要

　NESは、水道水源を保全するために実効的な対応を可能にしている。水道水源の上流部で認可されている排水、利水、ダム、水の流れの変更などが原因で水道の安全性に悪影響を与えている可能性がある場合、水源の水質に影響する排水の禁止など、水道水質に影響する行為の許可を取り消すことができる。また、地域計画において許可された活動が、既存の浄水処理で造りだされる水道水の安全性に悪影響を及ぼさないことを確実にするよう求めている。さらに、化学物質の漏出事故など、下流部の水質に悪影響を及ぼす可能性があるような水質事故が発生した場合、下流の水道事業者に対する通報など、原因者が行うべき行為を予め設定しておくよう定めている。

10.3.3 広域的な自治体の役割

　広域的な自治体が水源水質に影響するような行為の認可のための規則を導入する場合に考慮すべき事項が定められている。まず、水道水源の性質および流域の特性を考慮したうえで認可する行為のアセスメントを行うことが定められている。また、認可の条件を設定することおよび認可した行為が既存の方法で処理された水道水の安全性や水道水としての性状を損ねトないことを確認するよう定めている。この内容は、地方計画が新たに策定される場合や修正される場合に適用される。NESは、水道水源の保護に不十分であると地域的な自治体が考える場合は、水資源管理法を根拠としてさらに厳しい規則を導入することを可能としている。

参考文献

1）New Zealand Ministry of Health：Drinking-water legislation, http://www.health.govt.nz/our-work/environmental-health/drinking-water/drinking-waterlegislation　（2013 年 12 月 8 日）

2) Convention Management New Zealand：Auckland Water Use Study - Monitoring of Residential Water End Uses,
http://www.cmnzl.co.nz/assets/sm/5916/61/10.PN051Roberti.pdf　（2013 年 12 月 8 日）

3) 寺嶋勝彦、国包章一：ニュージーランドにおける水道の水質管理制度、水道協会雑誌、2010：79(1)：24-34。

4) New Zealand Ministry of Health：District health boards,
http://www.health.govt.nz/new-zealand-health-system/key-health-sector-organisations-and-people/district-health-boards　（2013 年 12 月 8 日）

5) New Zealand Legislation：Health（Drinking Water）Amendment Act, 2007,
http://www.legislation.govt.nz/act/public/2007/0092/5.0/DLM969835.html　（2013 年 12 月 8 日）

6) New Zealand Ministry of Health：Drinking-water,
http://www.health.govt.nz/our-work/environmental-health/drinking-water　（2013 年 12 月 8 日）

7) New Zealand Legislation：Building Act 2004,
http://www.legislation. govt.nz/act/publ ic/2004/0072/latest/DLM306036. html　（2014 年 4 月 19 日）

8) New Zealand Legislation : Resource Management Act 1991,
http://www.legislation.govt.nz/act/public/1991/0069/latest/DLM230265. html　（2014 年 4 月 19 日）

9) New Zealand Ministry of Health：Drinking water assistance programme,
http://www.health.govy.nz/our-wprk/environmental-health/drinking-water/drinking-water-assistance-programme　（2013 年 12 月 8 日）

10) ESR Water Group：Public Health Grading of Supplies,
http://www.drinkingwater.esr.cri.nz/general/grading.asp　（2013 年 12 月 8 日）

11) New Zealand Ministry of Health：Drinking-water Standards for New Zealand 2005, (Revised 2008),
http://www.health.govt,nz/publication/drinking-water-standards-new-zealand-2005-revised-2008-0　（2013 年 12 月 8 日）

12) New Zealand Ministry of Health：A Framework on How to Prepare and Develop Public Health Risk Management Plans for Drinking-water Supplies,
http://www.health.govt.nz/publication/framework-how-prepare-and-develop-public-health-risk-management-plans-drinking-water-supplies　（2013 年 12 月 8 日）

13) ESR Water Group：Drinking Water for New Zealand,
http://www.drinkingwater.esr.cri.nz/default.asp　（2013 年 12 月 8 日）

14) New Zealand Ministry of Health：Annual Report on Drinking-water Quality 2011-2012,
http://www.health.govt.nz/publication/annual-report-drinking-water-quality-2011-2012　（2013 年 12 月 8 日）

15) New Zealand Ministry for the Environment：National Environmental Standard for Sources of Human Drinking Water,
http://www.mfe.govt.nz/laws/standards/drinking-water-source-standard.html　（2013 年 12 月 8 日）

索　引

【あ】
アエロモナス菌　145,146
亜塩素酸　35,125,196,252
アクションレベル　81,85,93
アナトキシン　252,255
安全飲料水法　75,76,78,79,123,190,202,204-206,212,213
アンモニア　124,207,228
アンモニア態窒素　170,240
アンモニウムイオン　145-147

【い】
イオン交換　19
イギリス技術顧問団　112
イギリス生物多様性行動計画　116
医薬品　23,52
飲料水管理法　163-165,168,175
飲料水管理法施行規則　163
飲料水管理法施行令　163
飲料水規則　219,223-225,230,231,233-236
飲料水計画　86
飲料水検査業務規則　206
飲料水指令　22,45,51-53,62,65,106,111,142,222,229,234
飲料水水源評価及び保護計画　95
飲料水の水質基準及び検査等に関する規則　95,163,164,169
飲料水法　141-143
飲料水保護地域　113
飲料水令　142,146,149
飲用井戸　14
飲用禁止勧告　92

【う】
ウイルス　79,88,90,149,157,158,163,165,171,174,190,208,209,226,252,254
ウイルソン病　81
ウエルシュ菌　54,109,145,147,228

ウォーカートンの悲劇　202,203
運営免許　189,204
運転計画　204,205

【え】
衛生安全基準　163,165,175
液化塩素　230
液体次亜塩素酸カルシウム　230
液体次亜塩素酸ナトリウム　230
塩素　80,90,125,129,148,149,196,209,230,252,256
塩素酸　34,80,90,93,173,196,252
塩素消毒　23,38,76,139,198,208-212,257
塩素処理　129,133
塩素注入　94,246

【お】
欧州化学品規制　67
欧州水情報システム　60
欧州水政策　61
欧州連合環境法実施・施行ネットワーク　50
オーシスト　16,158,163,171,174,252,255
オーストラリア飲料水ガイドライン　121-123,129,131,134
オーストラリア水再利用ガイドライン　23,123
汚染事故　3,15,17,21,178,179
汚染者負担の原則　51,58,59,107,116,150,225,239
汚染単位数　151,152
汚染物質排出削減制度プログラム　75,78,97
オゾン　129,149,207,230,256
オゾン消毒　90,208,257
オゾン処理　3,32,76
汚濁総量管理　157,165,167,168,178-182
オランダ水道協会　141,143
オンタリオ州水道水質基準規則　207

【か】
改正水道法　141

索引

改善命令　212
ガイドライン値　12,20,122,124,126,128,131,195,197
外部精度管理　107,229
改良された飲料水源　11
化学物質の審査及び製造等の規制に関する法律
　　32,41
格付け　23,245,246,250,260
河川流域管理計画　59,64-66,70,141
課徴金　213
活性炭　175
活性炭処理　3,32
カナダ飲料水水質ガイドライン　189,190,192,193,
　　195,196,198,207
カナダ環境代表者会議　193
簡易水道　29,31
簡易専用水道　29
環境影響防止法　130,135
環境基準　32,39,40,97,104,245,248,260,261
環境基本法　32,40
環境税　225
環境責任指令　51,58
環境認可規則2010　115
環境法　104
韓国上下水道協会　162,165,176
監査　45,110,212,213,260
感染症予防法　224,226,231
緩速ろ過　76,79,90,161,197,221
カンピロバクター　15,26,143,149,193,203

【き】

危害因子　24,238
危害分析重要管理点方式　24,123
危機管理　177
危険物質指令　51,57,61
気候変動　18,27,58,61,71
基準違反　88,89
基準超過　38,55,94,111,209,210,212,226,232
基準適合　249-251,254,260
基準不適合　112
規制候補項目　57

規制候補物質　86
季節的小規模飲料水システム規則　206
逆浸透　19
給水一般条件規則　223
給水制限　131
給水装置　18,37,107,110,163,177,199,219,225,228,229,
　　231,235
給水装置の構造及び材質の基準　32,37
給水停止　3,38,131,165
急性影響　21,25
急速ろ過　16,31,76,79,90,161,197,220,221
凝集剤　16,17,88,109,175,197,199
許容負荷量プログラム　75,97
緊急MCL違反　79,88,89
緊急時　27,249

【く】

クリプトスポリジウム　3,15,16,26,38,79,88,90,133,
　　134,143,149,158,163,171,174,193,194,197,208,255
クリプトスポリジウム感染　194
クリプトスポリジウム集団下痢症　16,39
クリプトスポリジウム症　39,193
クリプトスポリジウム水系感染　194
クロラミン　80,90,196,207
クロラミン消毒　208

【け】

経済的インセンティブ　23,96
珪藻土ろ過　79,90
結合塩素　129,174,199
結合塩素消毒　257
結合塩素処理　38,133
結合残留塩素　172,206,209,210
下痢　16,79,197
下痢症　8,25,195
健康安全法　92
健康被害　12,16,18,24,25,39,178,193
健康保護増進法　205
検査機関　86,87,133,165,206,207,209,213
建築物法　249

索引　　　　　　　　　　　　　　　　　　265

原虫　15,16,38,149,190,251,252,254

【こ】
公営水道運営免許　204
公営水道運営免許プログラム　203,204
公衆衛生規則　129
公衆衛生法　121,123,131,134
公衆衛生目標　86,87
公衆衛生リスク管理計画　246
洪水指令　71
高置水槽　29
高度浄水処理　3,32,161
国際飲料水供給と衛生処理の10年　10
国際合同委員会　191
国際放射性防護委員会　208
国際水協会　24
国家保健医療調査委員会　122
国家水計画　141
コレラ　8,221

【さ】
再検査　37,89,133,195,211,215
最小動水圧　31
再生水　27,123
最大許容値　124,126,143,144,145,251,252
最大許容濃度　75,78,79,87,196-198
最大残留消毒剤濃度　90
再利用　27,160
サキシトキシン　253
査察　98,234,235,247
サーベイランス　75,91,103,110,219,226,233,260
暫定表流水処理強化規則　88
残留塩素　35,91,163,172,174,199,203,207,208,210,212,213,231,251,257
残留塩素保持　28,30,39,91,110,139,140,158,172,198
残留消毒剤　91,255
残留消毒剤保持　91,121,165,219,231

【し】
次亜塩素酸カルシウム　230

次亜塩素酸ナトリウム　93,230
シアノトキシン　255
ジアルジア　79,88,90,133,134,143,149,158,163,165,171,174,194,197,208
支援プログラム　24,250,259
紫外線　129,211,230,256,258
紫外線照射　39
紫外線消毒　90,149,199,208,209,212,257,258
紫外線処理　190,199
時間給水　15
資機材　18,37,87,109,149,163,165,175,199,219,231
試験機関　229,232
資産管理計画　104
指示線量　228
シスト　93,158,163,171,174,252
施設基準　31,32,37,165,175
実効線量　145,147
実質安全量　36
疾病負荷　9,149
シドニー集水域管理法　130,135
シドニー水法　130
煮沸勧告　27,92,131,134,195,210,211
州環境計画政策（シドニー水道水源）2011　136
修正硝酸塩汚染防止規則 2008　107,116
従属栄養細菌　35,79,91,145,147,195,206,207
臭素酸　34,53,80,90,108,125,144,147,173,196,227,229,252
集団感染　15,22
集団下痢症　3,15,38
住民周知規則　78,91,92
重要管理点　24
取水停止　3,38
遵守義務　40,226,245,250,251
障害調整生存年数　26
消化器系疾病　79
小規模給水施設　158,159,160-162,168,224
小規模事業体　250
小規模水道　5,15,18,31,92,211,248
小規模貯水槽水道　29
上下水道持続管理法　202,203

硝酸イオン　53,81,108,115,125,143,144,147,227,234,252
硝酸塩　23,51,59,60,62,68,114,116,196,241
硝酸塩影響地域　114
硝酸塩汚染防止規則 2008　107,116
硝酸塩監視区域　23,103,107,113,115,116
硝酸塩指令　45,51,59,60,62,115,241
硝酸態窒素　12,14,92,143,170,197,239,240,259
硝酸態窒素及び亜硝酸態窒素　14,34
浄水施設運営管理士　165,176
浄水場操作員及び水質検査者認証規則　206,211
浄水処理基準　157,158,163,165,169-171,201
消毒　22,25,28,36,38,75,76,88,103,104,110,121,122,128,129,140,144,148,158,161,190,203,208,220,225,230,231,233,246,257
消毒義務　26,28,104,122,220,246,256
消毒効果　110
消毒剤　21,80,88,90,91,109,110,128,175,195,199,219,230,257
消毒剤及び消毒副生成物規則　78,90
消毒設備　210
消毒副生成物　18,80,90,93,103,104,110,133,148,158,169,170,172,173
消毒副生成物前駆物質　90
消毒方法　129,208,220,230,230,246,256
消費者　22,54,91,92,145,176
消費者信頼規則　78,91,92
消費者信頼レポート　75,86,92,93,95
情報公開　77,85,163,165,174,260
処理技術要件　78,79
シリンドロスペルモプシン　253
人工涵養　27,149,223
浸透ろ過　149

【す】

水系感染　193,194,203
水系感染症　5,12,26,39,76
水系管理委員会　165,167,178,180-182
水系管理基金　165,167,182-184
水源涵養林　41
水源管理規則　163,164
水源水質保護区域　189
水源二法　40
水源評価計画　75,94,95
水源保護委員会　213,215
水源保護機構　213
水源保護区域　23,41,96,163,165,184,202,213,215,219,225,234,236-238
水源保護計画　75,94,95,213,215
水源保護プログラム　201
水質汚濁防止法　32,40,202,203,213
水質監視　25,45,52,59,60,69,128,179,180,183,200,206,241
水質監視計画　112
水質監視項目　69,172,173
水質管理計画　150,151,260
水質管理目標設定項目　33,35,38
水質基準　13,22,26,28,32,33,37-40,53,61,62,75,76,78,85-87,103,104,106,107,122,128,129,131,140,142,143,146,149,150,153,154,157,158,163,165,168-172,174,180,190,192,195,200,207-209,220,225-227,229,230,240,245-247,249-252,254-258,260,261
水質基準違反　163,165,178
水質基準超過　37,121,133,168,174,189,209,210,213,219,232,233,234
水質基準適合　104
水質基準不適合　111,209
水質協議会　41
水質検査　36-39,86,91,111,128-131,133,134,148,162,163,172,174,177,189,200,201,206,207,209,211,212,226,229,234,235,251,254-256,260
水質検査機関　189,200,213,214
水質検査計画　37,131
水質浄化法　75,78,96
水質保護区域　114
推奨最大不純物濃度　128
水道（給水装置）規則 1999　107,110
水道原水水質保全事業の実施の促進に関する法律　32,40
水道事業運営及び管理の実態評価の規定　176
水道システム規則　202-209,212

索　引

水道施設の技術的基準　31,32,37
水道水監視プログラム　131
水道水検査官事務所　103,104
水道水質管理基準　205
水道水質管理計画　135
水道(水質)規則 2000　103,106,107,111
水道水質検査免許　206,207,212,213
水道水評価官　247,249,260
水道整備基本計画　165,169
水道評価委員会　163
水道法　29,32,37,38,40,141,142,157-159,162,164,165, 168,169,174-177,183,184
水道法施行規則　30,33,37,38,163,164,171,172,175
水道法施行令　33,163-165,174,175,184
水道用資機材と製品の衛生安全基準認証等に関する規則　164
水道用水供給事業　29,32,37
水道用薬品　37,84,87,88,109,128,134,199,219,226,230
水道用薬品の基準及び規格並びに表示基準　175
水道料金　5,160,162,182

【せ】

生活の質　49
生活環境の保全に関する環境基準　39
制御手段　24
制限区域　135
生成オゾン　230
生成次亜　230
生成二酸化塩素　230
生息地指令　115
生物処理　32
世界保健機関　8,172
是正勧告　213
是正処置　89,211
全国検査機関協会　133
全国水道情報システム　174
全国水道総合計画　165,169
専用水道　29,37,77,158-160,162,165,168,175,225

【そ】

総農薬方式　38
藻類毒素　122,124,172,255
村落水道　158-162,168,169

【た】

第 1 種飲料水規則　77,92
耐塩素性　38
耐塩素性病原微生物　157
大腸菌　33,34,37,53,79,89,90,92,94,107,124,133,134, 143,147,149,170,195,199,203,206,207,210,211,227, 251,252,254-258
大腸菌群　54,79,107,109,133,134,145,147,170,195,199, 207,211,228,229,234
大腸菌群規則　78,88,89,91
大腸菌ファージ　90,124
第 2 種飲料水規則　79,85
第 2 種最大許容濃度　78,85,87
第 2 段階消毒剤及び消毒副生成物規制　90
耐容一日摂取量　36,197
多重防御　193
立ち入り　39,113,234
立ち入り禁止　135,237
立ち入り検査　39
立ち入り制限　121,135
立ち入り調査　131

【ち】

地下水規則　78,90,91,224,240
地下水規則 1998　107,114
地下水規則 2009　115
地下水指令　45,51,58,69,70,240
地下水法　142,153
地下水揚水許可証　153
腸管系ウイルス　143,149,197
長期第 1 次表流水処理強化規則　88
長期第 2 次表流水処理強化規則　90
長期曝露　21,25,78,79,84
腸球菌　53,90,107,124,143,147,149,227
腸チフス　221

直接ろ過　79,90
貯水槽　29,165
貯水槽水道　29,39

【つ】
追加塩素処理　208

【て】
適合判定基準　251,254-258
デロゲーション　55,56,67,111,229,234
電気透析　19

【と】
ドイツガス水道協会　230,232,237
ドイツ規格協会　232
銅及び鉛規則　78,85
統合的汚染回避及び制御指令　51,57,62,67
統合的水資源管理　180
特定水道利水障害の防止のための水道水源水域の水質保全に関する特別措置法　32,40
特別区域　135
独立採算　4,29
都市下水処理指令　51,60,62,115
土地利用規制　113,114,157,183
トリハロメタン　18,34,54,80,90,108,125,133,144,148,170,196,212,227,229,253
トリハロメタン生成能　32
トリハロメタン生成量　41
トリハロメタン前駆物質　32

【な】
内閣府食品安全委員会　33
内部監査　146-148,251
内部精度管理　229
内分泌攪乱化学物質　23

【に】
二酸化塩素　35,80,90,92,125,206,230,256,258
二酸化塩素消毒　90,129,208,257
日本水道協会　39

ニュージーランド水道水情報システム　260

【の】
農作物保護法　224,241
農村水道　130,248
農薬　32,35,38,59,68,82,83,92,108,114,122,126,128,131-133,135,144,146,147,158,170,173,209,211,225,227,234,236,238,240
農薬使用指令　241
農薬取締法　32,41
農薬流通規則　241
ノジュラリン　253
ノロウイルス　172,173

【は】
排出賦課金　167
排水基準　32,39,40,62
排水規則　224,238
排水許可証　142,150,151,153
排水賦課金　142,150-152,219,238
排水賦課金法　224,239
バクテリオファージ　143,149
発がん性　12,197
発がん物質　36
発がんリスク　80,82-84
バリア　26,128,149
ハロ酢酸　80,90,170,196
バンクフィルトレーション　223
斑状歯　13,81
判断基準　89,177

【ひ】
微生物学的リスクの定量評価　23,26,139,140,143,149
微生物除去　88
微生物制御要件　88
ヒ素　8,12,34,53,80,108,125,144,147,152,170,175,196,208,227,252
ヒ素規則　78,85
人の健康の保護に関する環境基準　39
1人1日当たり平均給水量　28,31,104,122,140,158,

索　引

160,190,220,222,246
評価値　33
病原性大腸菌　89
病原性大腸菌 O-157　15,193,202,203
病原体　149,225,226,233
病原微生物　2,8,15,24-26,79,88,96,97,149,169,171,172,
　174,220,226-229
表流水汚濁防止法　142,150,151
表流水規則　224,240
表流水処理規則　78,88,91
肥料規則　224
品質管理システム　107,251
品質保証プログラム　123,129,131,134

【ふ】

富栄養化管理計画　116
賦課金　51,103,117,151,152,225,241
普及率　28,76,104,122,139,158,160,190,220,222,246
副生成物　21,148
フッ素　8,12,34,53,81,85,108,125,144,147,170,197,206,
　210,211,212,227,252,256
フッ素症　13
フッ素添加　13,128,132,197,199,209,211,256
プライオリティ2化学物質特定計画　256
プライスキャップ制　5,104,105
ブルーベビー症候群　81
プレーリー地方水専門委員会　192
糞便性大腸菌群　79,89,94,124,170,174
糞便性連鎖球菌　147

【へ】

平均体重　22
米国衛生財団　87,199
米国規格協会　87,199

【ほ】

放射性核種　22,40,198,208
放射性核種規則　78,85
放射性物質　3,39,54,92,122,126,177,198,208,210,251,
　252,256

放射線　84,109,122,145
放射能　109,124,147,177,198
保健(飲料水)改正法 2007　246,247,249,250,259,260
保健(飲料水)法　245,246
ポジティブリスト　230-232
ボン憲章　25
ポンティアック熱　235

【ま】

毎月検査 MCL 違反　88,89
膜ろ過　32,76,109,161,197
マルチバリア　193,250,261
慢性影響　25
慢性ヒ素中毒　13

【み】

未改良の飲料水源　10
ミクロキスチン　124,172,173,196,197,253,255
水安全計画　5,22,24,40,110,135,245,249,259
水環境管理基本計画　183
未規制項目　23,85,86
未規制項目監視規則　78,85
未規制物質　86
水管理委員会　139,142,150,151
水管理委員会法　142
水管理法　223,224,236
水供給・衛生処理共同監視計画　11
水業務管理局　104
水許可証　153
水資源管理法　249,260
水資源法　142
水資源法 1991　107,116
水の化学分析と監視に関する技術基準指令　51,57
水辺区域　23,157,165,167,168,178,179,181,182
水法　141,142
水法 1989　107,113
水利用負担金　157,165,167,169,178-180,182,183
水枠組指令　23,45,51,59,61,65,116,236,240
ミレニアム開発目標　9,10

索　引

【め】
メトヘモグロビン血症　14

【も】
目標最大許容濃度　75,77,79
目標最大残留消毒剤濃度　80,90
モノクロラミン　125,252

【ゆ】
有害単位　239,240
有効率　30
有収率　30,141,160
遊離塩素　129,170,231
遊離残留塩素　38,147,172,199,206,209,210

【よ】
要検討項目　33,35,38
揚水規制　152
養分管理法　202
用量－反応関係　149
用量－反応モデル　26,149
予防原則　48,68
予防保全　23,24

四大河川水管理総合対策　157,178-180,183
四大河川水系法　184

【り】
リーチ規則　67,68
立地規制　23
料金上限規制　105
緑膿菌　53

【れ】
レジオネラ　79,219,228,229,235,236
レジオネラ症　79
レジオネラ肺炎　235
連邦・州・準州水道水委員会　192,193,195
連邦水方針　190

【ろ】
漏水率　15,31,160
ろ過　16,28,39,79,90,149,190,208,221
ろ過水濁度　16,39,90,211
ろ過装置　210
ろ過池逆流洗浄水リサイクル規則　88
ロタウイルス　26

索　引

【A】

Abwasserabgabengesetz　224,239
Abwasserverordnung　224,238
Aeromonas　211
α線　84,126,145,252
α放射能　198
α粒子　84
American National Standards Institute　87
ANSI　87,199
Arsenic Rule　78
Australian Drinking Water Guidelines　122,128
Australian Guidelines for Water Recycling　22,123

【B】

β線　84,87,126,145,152
β放射能　198
β粒子　84
Bonn Charter　25
Building Act　249

【C】

Camelford 水質汚染事故　17
Canadian Council of Ministers of the Environment　193
CCME　193
CDW　192,193,195
Clean Water Act　78,96,202
Commission Directive on Technical Specifications for ChemicalAnalysis and Monitoring of Water Status　51,57
Compliance Criteria　251
Consumer Confidence Report Rule　78
critical control point　24
Ct 値　258
CWA　75,78,96

【D】

DALYs　26
Dangerous Substances Directive　51,57,61
Defra　104,109,116

derogation　55
Deutsches Institut fur Normung　232
Deutsche Vereinigung des Gas-und Wasserfaches　230
DIN　232
Directive for Integrated Pollution Prevention and Control　50,57,62
Directive on the sustainable use of pesticides　241
disability-adjusted life years　26
DisinfectantsandDisinfection Byproducts Rule　78
Drinking Water Directive　22,51,52,62,106,112,142,222
Drinking Water Inspectorate　104
Drinking Water Monitoring Program　131
Drinking Water Program　86
Drinking Water Protected Areas　113
Drinking Water Quality Management Plan　135
Drinking Water Quality Management Standard　205
Drinking Water Source Assessment and Protection　95
Drinking Water Systems Regulation　202
Drinking Water Testing License　206
Drinking-Water Assessor　247
Drinkwaterbesluit　142,146
Drinkwaterwet　141,142
DrWPAs　113
Dungeverordnung　224
DVGW　230,237
DWA　247,249,251,255,256,258
DWI　103,104,109-111
DWQMS　205

【E】

ELD　58
Environment Act 1995　104
Environmental Liability Directive　51,58
Environmental Permitting (England and Wales) Regulations 2010　115
European Union Network for the Implementation and Enforcement of Environmental Law　50
European Water Policy　61
Eurostat　61

【F】

Federal Water Policy　190
Federal-Provincial-Territorial Committee on Drinking Water　192
Floods Directive　71

【G】

Grondwaterwet　142,153
Ground Water Rule　78
Groundwater Directive　51,58,240
Grundwasserverordnung　224,240
Guidelines for Canadian Drinking Water Quality　193

【H】

HAA5　80
Habitats Directive　116
HACCP　24,123
hazard　24
Hazard Analysis and Critical Control Point　24,123
Health & Safe Code　92
Health (Drinking Water) Act　245,246
Health (Drinking Water) Amendment Act 2007　249
Health Protection and Promotion Act　206

【I】

IMPEL　50
improved drinking-water sources　11
Infektionsschutzgesetz　224,226
Integrated Water Resource Management　180
International Drinking Water Supply and Sanitation Decade　10
International Joint Commission　191
International Water Association　24
IPPC　51,57,62,67
ISO17020　247
ISO9001　123
IWA　24
IWRM　180

【J】

JMP　11
Joint-Monitoring Programme for Water Supply and Sanitation　11

【L】

Lead and Copper Rule　78
Lowermoor 水質汚染事故　17
Lowermoor water pollution incident　17

【M】

MAC　197
MAV　251,254-256
Maximum Acceptable Concentration　197
Maximum Acceptable Value　251
Maximum Contaminant Level　78,79
Maximum Contaminant Level Goal　78,79
Maximum Residual Disinfectant Level　90
Maximum Residual Disinfectant Level Goal　90
MCL　75,78,79,81,82,86,87,89,92,93
MCLG　75,78,79,82,86,92,93
MDGs　9
Millennium Development Goals　9
Mills-Reincke の現象　221,222
MRDL　90,92
MRDLG　80,90,92
Municipal Drinking Water Licensing Program　204

【N】

NATA　134
National Association of Testing Authorities　134
National environmental standards　260
National Health and Medical Research Council　122
National Pollutant Discharge Elimination System　98
National Primary Drinking Water Regulations　77
National Sanitation Foundation International　87
National Secondary Drinking Water Regulations　78
NES　260,261
NEWater　27
Nitrates Directive　51,59,62,115,241

Nitrate sensitive areas 114
Nitrate Vulenerable Zones 113
NPDES 75,98
NSF 87,199
NSF/ANSI 87,199
Nutrient Management Act 202
NVZs 113,115

[O]
Oberflächengewässerverordnung 224,240
Office of Water Services 104
Ofwat 104
Ontario Regulation 128/04 Certification of Drinking Water System Operators and Water Quality Analysts 206
Ontario Regulation 169/03 Ontario Drinking WaterQuality Standards 207
Ontario Regulation 248/03 Drinking Water Testing Services 206
Ontario Regulation 319/08 Small Drinking Water Systems 206

[P]
Pflanzenschutzgesetz 224,241
PHG 86,87,92,93
PHRMP 246,249,259,260
polluter-pays principle 58,239
PPP 58,59,239
PPWB 192
Prairie Provinces Water Board 192
precautionary approach 68
Protection of the Environment Operation Act 130,135
Public Health Act 121,123
Public Health Goal 86
Public Health Regulation 129
Public Health Risk Management Plan 246
Public Notification Rule 78

[Q]
QMRA 23,26,139,140,143,148-150
Quality of Life 49
Quantitative Microbiological Risk Assessment 23, 143

[R]
Radionuclides Rule 78
RBMPs 59,64,65,66,70,71
REACH 67
Recommended Maximum Impurity Concentration 128
Registraion,Evaluation,Authorization,and Restriction of Chemicals 67
Regulation concerning the placing of plant protection products on the market 241
Resource Management Act 1991 249,260
River Basin Management Plans 59

[S]
Safe Drinking Water Act 75,78,123,190,202
SDWA 75,76,78,86,87
Secondary Maximum Contaminant Level 78,85
SMCL 78,85,86,87
Source Protection Area 213
Source Protection Authority 213
Source Protection Committee 213
Source Protection Zones 114
Source Water Assessment Plan 94
SPZs 114
State Environmental Planning Policy (Sydney Drinking Water Catchment) 2011 136
Surface Water Treatment Rule 78
Sustainable Water and Sewage Systems Act 202
SWAP 94
Sydney Water Act 130
Sydney Water Catchment Management Act 130,135

[T]
TDI 36,197

The Groundwater (England and Wales) Regulations 2009　115
The Groundwater Regulations 1998　107,114
The Nitrate Pollution Prevention Regulations 2008　116
The Nitrate Pollution Prevention (Wales) Regulations 2008 (as amended)　107,116
The Priority 2 Chemical Determinants Identification Programme　256
The Water Information System for Europe　60
The Water Supply (Water Fittings) Regulations 1999　107,110
The Water Supply (Water Quality) Regulations 2000　103,106,107
TMDL　75,97
tolerable daily intake　36,197
Total Coliform Rule　78
Total Maximum Daily Loads　97
Treatment Technique　78
Trinkwasserverordnung　223,224
TT　78-83,89,93
TT違反　89

【U】
UK Biodiversity Action Plan　116
UK TAG　112
unimproved drinking-water sources　11
United Kingdom Technical Advisory Group　112
Unregulated Contaminant Monitoring Rule　78
Urban Waste Water Treatment Directive　115
Urban Wastewater Treatment Directive　55,62

【V】
Verordnung über Allgemeine Bedingungen für Versorgung mit Wasser　223
Vewin　141
virtually safe dose　36
VSD　36

【W】
Walkerton Tragedy　202
Wasserhaushaltsgesetz　224,236
Wasserschutzgebiet　41
Water Act 1989　107
Water Framework Directive　22,51,236
Water Information New Zealand　260
Water Information System for Europe　60
Water protection zones　113
Water Resources Act 1991　107,116
Water Safety Plan　22
Water Safety Potal　24
Waterleidingwet　141
Waterschappen　150
Waterschapswet　142
Waterwet　141,142
Wet op de waterhuishouding　142
Wet verontreiniging oppervlaktewateren　142,150
WFD　45,51,52,55,56,59,61-66,68-71,112
WFD CIRCA　61
WHO　5,7,8,19
WHO 飲料水水質ガイドライン　12,13,19-22,24,26,33,39,53,124,172,251
WHO Guidelines for Drinking-water Quality　19
WHO 情報交換プラットホーム　61
WINZ　260
WISE　60
World Health Organization　8
WSP　22

水道水質管理と水源保全
―各国の制度と動向―

2014年6月20日 1版1刷 発行

定価はカバーに表示してあります。

ISBN978-4-7655-3463-5 C3051

編者　国　包　章　一

発行者　長　　　滋　彦

発行所　技報堂出版株式会社

〒101-0051 東京都千代田区神田神保町 1-2-5
電話　営業　(03)(5217)0885
　　　編集　(03)(5217)0881
FAX　　　　 (03)(5217)0886
振替口座　00140-4-10
http://gihodobooks.jp/

日本書籍出版協会会員
自然科学書協会会員
工学書協会会員
土木・建築書協会会員

Printed in Japan

ⓒ Shouichi Kunikane, 2014

装幀・ジンキッズ　　印刷・製本　昭和情報プロセス

落丁・乱丁はお取替えいたします。

|JCOPY| <(社)出版者著作権管理機構 委託出版物>

本書の無断複写は著作権法上での例外を除き禁じられています。複写される場合は、そのつど事前に、(社)出版者著作権管理機構（電話 03-3513-6969, FAX 03-3513-6979, e-mail: info@jcopy.or.jp）の許諾を得てください。